跟著實務學習

HTML、CSS
JavaScript
Bootstrap
JQuery
JQueryMobile
網頁設計

含ITS HTML&CSS
國際認證模擬試題

圖文並茂逐步解說，易學易懂！

作者序

因網際網路的蓬勃發展，人們只要透過網路與行動裝置就能掌握不同的資訊，而在這些裝置上所執行的程式不外乎行動網站與應用程式(App)，針對網站開發技術主要分為前端與後端，前端技術以 HTML、CSS、JavaScript、jQuery 為基礎，更進一步可搭配 Bootstrap 套件開發出響應式網頁，讓網站能針對不同裝置與瀏覽器自動調整適合的內容與排版，針對不同的行動裝置平台，則可透過 jQuery Mobile 製作跨平台行動裝置網頁。

有鑑於市面上前端技術書籍不易上手，不利教學。因此本書由科大教師(僑光科技大學多媒體與遊戲設計系蔡文龍與曾芷琳兩位副教授)、資策會名師(蔡捷雲)與微軟最有價值專家(歐志信)共同編著，書籍內容融入 Information Technology Specialist(簡稱 ITS) HTML and CSS 國際認證考綱，並同時進行試教，精選適合章節與技能，讓初學者進行同步閱讀與上機實作，以實例帶領初學者由淺入深逐步熟悉前端技術，確保初學者自學前端技術時也能快速上手，同時訓練學生順利考取 ITS HTML and CSS 國際認證。書中範例圖文並茂，且使用淺顯易懂的語法與豐富的實際範例，是一本自學與教授前端技術與網頁設計課程的好書。

本書備有提供教師使用的教學投影片、習題題目與解答，採用本書的授課教師可向碁峰業務索取，以供教學使用。若有關本書的任何問題可來信至 itPCBook@gmail.com，我們會儘快答覆。本書雖經多次精心校對，難免百密一疏，尚祈讀者先進不吝指正，以期再版時能更趨紮實。感謝碁峰同仁的鼓勵與協助，使得本書得以順利出書。在此聲明，書中所提及相關產品名稱皆為各所屬公司之註冊商標。

蔡文龍·歐志信·曾芷琳·蔡捷雲　編著

中華民國 112 年 12 月

目錄

Chapter 5 CSS 基礎

Chapter 6 CSS 顏色、文字、段落與列表設計

Chapter 7 CSS 背景、區域與外框設計

Chapter 8　CSS 變形、轉換與動畫設計

Chapter 9　JavaScript 語言、變數與運算子

Chapter 12　jQuery 基礎與選擇器的使用

Chapter 13　jQuery 函式、特效與事件應用

Chapter 14　Bootstrap 套件與基礎元件使用

Chapter 15 Bootstrap JS 互動組件

Chapter 16 jQuery Mobile 跨平台網頁設計

附錄 A ITS HTML & CSS 國際認證模擬試題【A 卷】

附錄 B ITS HTML & CSS 國際認證模擬試題【B 卷】

▶下載說明

本書範例檔請至以下碁峰網站下載
`http://books.gotop.com.tw/download/AEL026100`，其內容僅
供合法持有本書的讀者使用，未經授權不得抄襲、轉載或任意散佈。

01 認識 HTML 與網頁開發工具

花若盛開，蝴蝶自來；你若精彩，天自安排。

▶ 學習目標

HTML 是一種用於建立網頁的標準語言，透過標籤 (Tag) 與想要在網頁上呈現的文件內容所組成，主要用來設定網頁文件的結構與內容。本章介紹 HTML5、CSS3、JavaScript、jQuery、Bootstrap 以及 jQueryMobile 等前端技術簡介，同時介紹使用 Visual Studio 與 Visual Studio Code 建立網站與網頁。

1.1 網頁開發技術簡介

　　網路的快速發展帶動各種不同的數位裝置崛起，現今只要透過網路與裝置就能即時掌握不同的資訊。在人手多機的時代下，沒有單一技術或單一平台可以掌握絕對優勢，因此跨平台成為未來發展的關鍵指標，對於企業而言，就必須要具備能開發出在不同的裝置上，皆富有優良的使用者經驗的技術，而在開發的角色分工中，通常分為前端工程師與後端工程師。前端工程師通常需要具備 HTML5、JavaScript、CSS3 等基礎功夫，並且搭配響應式網頁設計(Responsive Web Design, RWD)，讓網頁能針對不同的裝置與瀏覽器 (例如手機、筆記型電腦、桌上型電腦、平板) 的螢幕尺寸，自動調整為適用的內容與排版，達到最佳的使用者瀏覽經驗，好的網頁設計可以讓訪客在不同裝置上，均可便利地瀏覽網站，因為好的瀏覽效果與互動性能留住訪客。後端工程師則須熟悉開發語言與架構(例如 ASP.NET MVC、PHP 或 JSP)、資料庫語法 (例如 Microsoft SQL Server、MySQL) 、伺服器設定 (例如 Apache、IIS) 或雲端 (例如 Azure、AWS) 以及資安防範 (例如 XSS、SQL Injection)。本書以前端技術教學為主，包含 HTML5、CSS3、JavaScript、jQuery、jQueryMobile 與 Bootstrap，說明如下表所示：

前端技術	說明
HTML 5	HTML 是一種用於建立網頁的標準語言，透過標籤 (Tag) 與想要在網頁上呈現的文件內容來組成，主要用來設定網頁文件的結構與內容。參閱 1~4 章。 HTML5 網頁設計精髓在於 HTML、CSS3 與 JavaScript 三者整合。
CSS 3	CSS 主要功能是控制網頁的排版、顯示、顏色、動畫效果...等， 另外 CSS 還提供特殊效果，例如陰影、圓角、漸層...等，能取代或是減少以 Photoshop 等繪圖軟體所設計出來的大型檔案，讓網頁執行時變得更順暢。參閱 5~8 章。
JS	JavaScript 程式語言可讓開發人員呈現多元的物件，像是靜態的資訊、表單驗證、多媒體視訊、2D/3D 動畫…等等，同時又可建立具使用者體驗的網頁。參閱 9~11 章。

	jQuery 是一套 JavaScript 函式庫，可用來操作文件物件模型 (DOM)，讓網頁更具互動性，使用上比 JavaScript 更精簡、更方便。此外 jQuery 還加強了非同步傳輸 (AJAX) 以及事件 (Event) 的功能，讓開發人員可以容易存取伺服器端的資源。參閱 12~13 章。
	Bootstrap 是使用 HTML、CSS 和 JavaScript 套件。同時也是世界上最受歡迎的前端元件庫，可以建立響應式、行動優先的 Web 專案。參閱 14~15 章。
	jQuery 推出的 jQuery Mobile 可用來製作跨平台的行動裝置網頁，讓開發人員透過 jQuery Mobile 套件設計出跨平台 Web App (即行動網頁)，同時支援桌機各類瀏覽器，以及 iOS 與 Android 行動裝置的瀏覽器。參閱 16 章。

1.2　HTML 簡介

　　HTML (Hyper Text Markup Language) 是一種用於建立網頁的標準語言，透過標籤 (Tag) 與想要在網頁上呈現的文件內容所組成，HTML5 是 HTML 下一個主要的修訂版本，HTML5 大幅簡化 HTML 語法結構，解決了 HTML 互動性不足、語法不易等缺點，除此之外，HTML5 在儲存資料上，提供了應用程式快取 (App Cache)、區域儲存 (Local Storage)、區域資料庫 (IndexDB) 以及檔案系統 API 在用戶端的裝置儲存資料；針對裝置存取上，提供了地理定位支援的 Geolocation API、攝影裝置、麥克風的存取，讓使用者可以充分運用裝置設備，提供更好的使用者體驗；而針對網頁內容上，HTML5 內建 audio 與 video 標籤，可直接建立支援影音視訊撥放的網路服務，並提供 2D 與 3D 圖形描繪與視覺效果實作技術，在效能上也大幅改良。

1.3　RWD 響應式網頁設計概念與優缺點

　　「響應式網頁設計 (Responsive Web Design)」簡稱為 RWD，又被稱為回應式、自適應、適應性、彈性調適型、多螢網頁設計，是由知名網頁設計師 Ethan Marcotte 在 2010 年 5 月所提出的網頁跨平台瀏覽的型態，即是使用者在不同的載具設備上，如使用桌機、筆電、平板或智慧型手機上瀏覽網站時，網頁程式會自動針對不同的螢幕尺寸、解析度，將網頁的佈局排版調整為最佳瀏覽模式。

RWD 響應式網頁設計的概念與原理

　　響應式網頁設計主要建構在 CSS3，因此要能完全展現 RWD 網頁特色即需要有相對支援 HTML5 以及 CSS3 的瀏覽器，目前支援的瀏覽器版本為 Internet Explorer 9 以上，以及 Microsoft Edge、Chrome、Safari、Firefox、Opera 更新至最新版本即可。而 RWD 設計概念圍繞著三項技術原理，如下說明：

1. 流動式網格佈局(Fluid Grids)

　　流動式網格佈局是將網頁元素中原有固定 (Fixed) 的方格 (Grid) 配置佈局，改為浮動的型態設計，即是將傳統以像素為單位的設計 (N px)，改為百分比或混和百分比為單位的設計 (N %)，如此一來，能更加靈活地讓使用者依照瀏覽器的規格，自動按照比例調整縮放網頁。

2. 易適應圖像(Flexible Image)

在網頁設計中不僅是資訊文字，圖像更是視覺傳達的要素，因此，配合流動式網格佈局，這些要素能自動調整為符合不同尺寸的呈現方式。

3. 媒體查詢(Media Queries)

響應式網頁設計核心技術是 CSS3 中的 Media Queries，是由 CSS2 中的 Media Type 發展而來，此技術主要用來進行資訊區塊的載入判斷與篩選，如載具設備的類型、螢幕尺寸、解析度等各類屬性值，可讓網頁在特定的瀏覽器上，經由媒體查詢而自動轉換為合適的樣式內容。簡單而言，就是能讓不同螢幕解析度、尺寸套用在不同的 CSS 設定中，在 RWD 網站中大致會區分為三種 CSS 版型：一般電腦螢幕 (769X1024 以上)、平板電腦 (401X641~768X1024)、智慧型手機 (320X640)。

RWD 響應式網頁設計的優點

將響應式的技術應用在網頁設計上，目前已成為市場主流，它的優點大致可以從成本、可用性、品牌、搜尋引擎最佳化幾個面向談起：

1. 開發成本與時間較低：因 RWD 能符合各種載具的瀏覽，主因採用 CSS3 的 Media Query 技術支援行動裝置尺寸，若是開發 App 則需考量到是否需開發 iOS 和 Android 兩個版本、開發成本、開發與審核上架時間等規劃，因此相較之下使用 RWD 的開發成本與時間較為經濟實惠。

2. 維護成本較低：RWD 在維護成本上也較開發 App 來的低廉，因為 RWD 只需透過 CSS 屬性調整各種載具尺寸或瀏覽器解析度，即可順利於各種行動載具上提供使用者操作，不僅無需重新撰寫 HTML，也不需像 App 一樣因應手機作業系統版本進行規格的更新，RWD 管理者只需更新網站，使用者即可瀏覽到最新資訊版本，企業端也只需要一筆維護費用支出。

3. 使用無需下載 APP：RWD 或是行動版網頁的即用特性皆優於手機 App，無需至 Apple Store 或 Goolge Play 下載才能使用。

4. 提高網頁可用性：使用行動裝置開啟傳統電腦版網站時，使用者需靠手指撥動、滑動、縮放螢幕才能瀏覽網站內容，且不便於使用者於手機上瀏覽時，會導致使用者跳離網頁，使用 RWD 不僅解決在行動裝置上閱讀的流暢度問題，還可降低使用者的網頁跳離率 (Bounce Rate)。

5. 企業品牌調性統一：由於 RWD 採用 CSS3 的 Media Query 技術，能讓網頁自動適應於各種載具上瀏覽，因此不會產生因不同瀏覽器或尺寸，而需要重新製作視覺設計的問題。

6. 有助於 SEO：「搜尋引擎最佳化 (Search Engine Optimization)」簡稱為 SEO，意為讓 Google、Bing、Yahoo、PChome 等搜尋引擎給予網站好評，進而提高網站排名，RWD 也因為可避免重複的網站內容，能保有一致性的鏈結 (link)，不會有電腦版與行動版網址不同的問題，也有利於使用者分享，讓觸及率、流量分析、停留時間大幅提升，自然而然有助於網站在 SEO 的表現。

RWD 響應式網頁設計的缺點

雖然 RWD 因應時代潮流而生，有著許多傳統網站或是 App 所無法取代的優點，但仍舊有缺點如下：

1. 開發時間較傳統網頁長：RWD 由於要開發 CSS 樣式內容，能符合於各種不同載具上呈現，因此相較於傳統網頁設計需要較長的開發時間。

2. 不支援舊版瀏覽器：由於舊版的瀏覽器無法支援 CSS3 的 Media Query 技術，因此，會影響到 RWD 在舊版瀏覽器的呈現。

3. 無法加速載入速度：RWD 無論在何種載具上瀏覽，都是根據不同的瀏覽尺寸讀取 CSS 內容，且來自於同樣的 HTML 與 CSS，因此在載入速度上並不會有所差異。

4. UI 設計的問題：RWD 需考量使用各種載具瀏覽時的 UI 問題，如過於複雜的功能或過度細緻的介面設計，不適合於小尺寸的螢幕上顯示，此外

RWD 仍舊是屬於網站的用途，若需要應用型的功能，則建議選擇 App 作為開發架構。

5. UX 設計的問題：RWD 還需克服 UX 的問題，如符合電腦版以及行動版兩種使用族群的瀏覽動線與操作習慣。

1.4　HTML5 支援的瀏覽器

　　網頁是透過瀏覽器執行的，所以瀏覽器對 HTML5 功能的支援度就成了開發人員或使用者 (客戶) 最重要的依據。目前的主流瀏覽器有 Google Chrome、Opera、Mozilla Firefox、Internet Explorer、Microsoft Edge、Apple Safari。在 HTML5Test (https://html5test.com/) 網站中的網頁 https://html5test.com/results/desktop.html，提供了不同瀏覽器在不同版本對 HTML5 的支援度，同時還提供評分資訊，讓開發人員進行開發網頁時的參考。

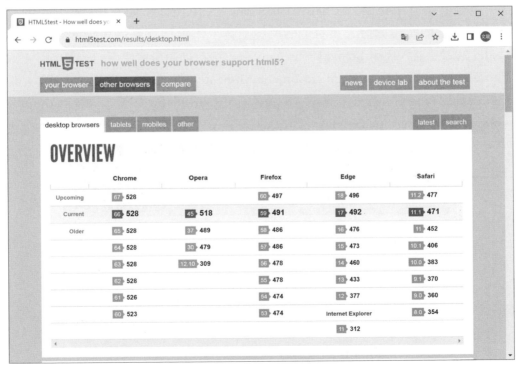

1.5　HTML5 開發工具

　　開發網頁最簡單的工具就是使用記事本，撰寫完成之後，只要進行存檔然後將附檔名設為*.html 或*.htm 即可，HTML 網頁的執行只要快按滑鼠兩下，即會以預設的瀏覽器開啟執行。雖說使用記事本即可達到設計網頁的目的，但使用一個好的開發工具的好處在於，可以讓開發人員快速撰寫程式碼、使用拖放方式建立元件、輕鬆偵錯診斷以及進行網站管理...等，因此在此不建議使用記事本之類的工具撰寫程式碼。本書介紹開發工具以 Visual Studio 與 Visual Studio Code 為主，讀者可依需求選擇適合的開發工具進行練習。

1.5.1 使用 Visual Stduio 開發工具建立網頁

　　Visual Studio (簡稱 VS) 是功能強大且完整的整合開發環境 (IDE)，適用於全端應用程式的開發，如 Android、iOS、Windows、Web、雲端與遊戲...等應用程式，具備最佳的 HTML5、CSS3、JavaScript、ASP.NET、Node.js、Python 的編輯環境，是前後端開發人員首選的開發工具。本書撰寫時最新版本為 Visual Studio 2022，且 Visual Studio Community 社群版目前是免費使用的，讀者可連結到下圖「https://visualstudio.microsoft.com/zh-hant/vs/pricing/」網頁進行下載，關於安裝步驟可參閱「程式享樂趣」頻道的「Visual Studio 安裝」yt 影片(https://www.youtube.com/watch?v=duFvhDtEB6k)。

接著透過下面練習，學習如何使用 Visual Studio 來建立網站、新增網頁、執行網頁以及開啟網站。

上機練習

Step 01　在 C:\html5 資料夾下建立 ch01 資料夾當做是 ch01 網站。

Step 02　進入 Visual Studio，出現下圖畫面並點選「**不使用程式碼繼續(W)→**」連結即進入 Visual Studio 整合開發環境。

Step 03　開啟網站

執行【**檔案(F)/開啟(O)/網站(E)…**】開啟「開啟網站」視窗，依照圖示操作在 C:\html5 建立 ch01 網站。

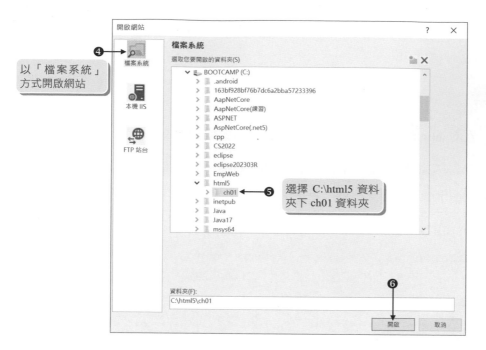

以「檔案系統」方式開啟網站

選擇 C:\html5 資料夾下 ch01 資料夾

Step 04 Visual Studio 整合開發環境中的右側會有「方案總管」視窗，主要是用來管理網站或專案的資源，如網頁檔、CSS 或圖檔…等。(若沒有出現方案總管視窗可執行功能表的【檢視(V)/方案總管(P)…】開啟該視窗。)

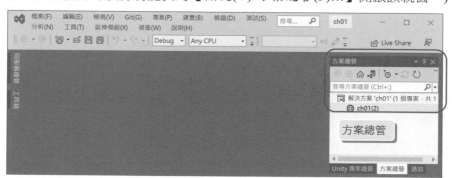

Step 05 新增 index.html 網頁

1. 在方案總管的 ⊕ ch01 網站名稱按滑鼠右鍵，由快顯功能表執行【加入(D)/加入新項目(W)…】指令。

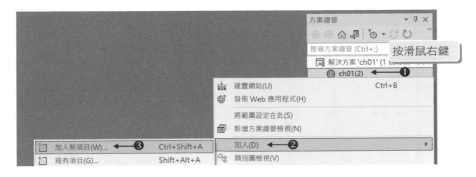

2. 接著開啟下圖「加入新項目」視窗，請依照圖示操作新增「HTML 頁面」，
   檔名請指定為「index.html」。完成之後方案總管 ch01 資料夾下會出現
   index.html，且 index.html 會有基本的網頁語法結構。

Step 06　認識開發環境

開發環境由左至右三個區域是撰寫網頁時最常用的視窗。下圖中左側的「工
具箱」提供 HTML 常用的元件，HTML 元件可拖曳到中間「程式編輯區」
的指定位置，即可在該位置加入 HTML 元件的程式碼，而右側的「方案總
管」是用來管理網站的資源，開啟這三個視窗的方式如下說明：

1. 執行功能表【檢視(V)/工具箱(S)…】指令可開啟工具箱視窗。

2. 執行功能表【檢視(V)/方案總管(P)…】指令可開啟方案總管視窗。

3. 點選方案總管指定的網頁檔，接著「程式編輯區」即會顯示所點選網頁的程
   式碼，此時開發人員可進行修改網頁程式。

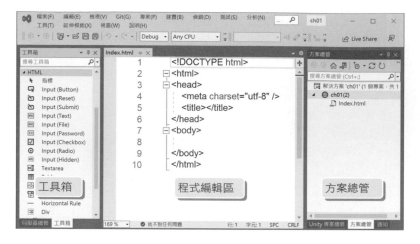

Step 07 撰寫 index.html 網頁程式

<body>~</body>是呈網頁內容的區域，請在<body>~</body>內新增「<h2>歡迎光臨！第一個 HTML 網頁</h2>」，完成之後可按下 Ctrl + S 鍵進行存檔，關於 HTML 的語法將於第 2 章開始介紹。

Step 08 執行網頁

按下功能表列的 ▶ 鈕、F5 鍵或執行功能表的【偵測(D)/開始偵錯(G)...】指令，此時會啟動 Visual Stduio 內建 IIS Express 伺服器，並開啟瀏覽器來測試網頁，執行結果如右圖所示：

歡迎光臨！第一個HTML網頁

Step 09 關掉 Visual Studio，練習開啟網站。若出現下圖要儲存方案檔(*.sln)，可按 不要儲存(N) 鈕即可。

Step 10 開啟 ch01 網站

執行【檔案(F)/開啟(O)/網站(W)…】指令開啟 C:/html5 資料夾下的 ch01 網站。

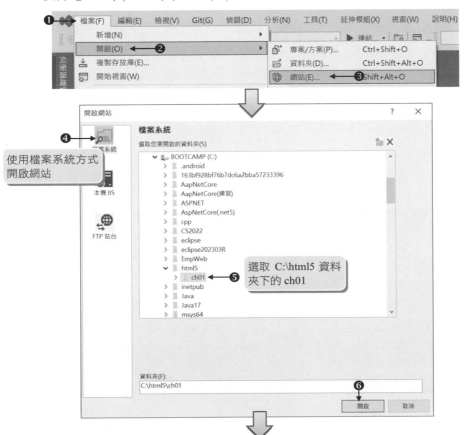

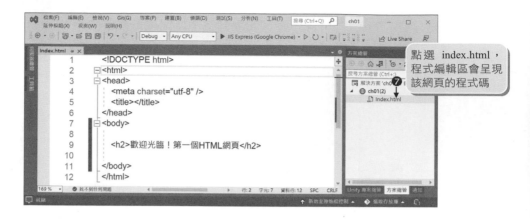

點選 index.html，程式編輯區會呈現該網頁的程式碼

1.5.2 Visual Stduio Code 編輯器下載、安裝與設定

Visual Studio Code 下載與安裝

Visual Studio Code (簡稱 VS Code)，是一款由 Microsoft 開發的免費、輕量級程式碼編輯器。優點是透過外掛程式擴展可支援更多語言，支援語言包括 HTML、CSS、JavaScript、Python、Java、C#、C++ … 等；同時支援跨平台，可以在 Windows、macOS 和 Linux 作業系統上運行；和 Visual Studio 一樣支援智慧感知功能程式碼補全功能，能夠根據上下文推斷變數和方法，並提供建議。

Visual Studio Code 下載網址為 https://code.visualstudio.com ，其下載畫面及過程如下操作所示：

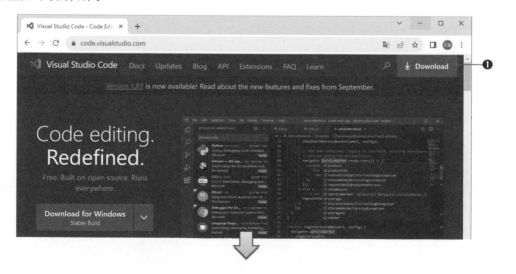

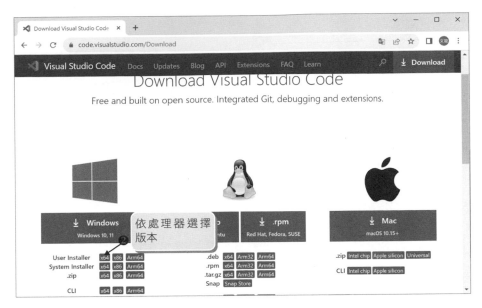

接著下載 VS Code 安裝程式「VSCodeUserSetup-x64-1.83.0.exe」(該軟體會依不同時間提供更新版本)，下載完成請點選 VSCodeUserSetup-x64-1.83.0.exe 進行安裝。操作步驟如下：

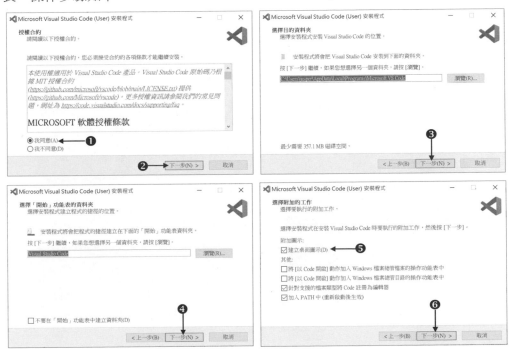

安裝 Visual Studio Code 擴充套件

因為 Visual Studio Code 是輕量級程式碼編輯器，安裝完成後必須再安裝對應功能套件才能順利使用。如下先進行安裝繁體中文與內置瀏覽器兩項擴充套件：

Step 01 安裝繁體中文套件：

VS Code 預設為英文版環境，可到 Visual Studio Code 環境左方功能表點選 鈕 (Extensions 延伸模組)，接著在搜尋處輸入「Chinese」即會出現「Chinese 中文(繁體)」項目，接著依圖示步驟安裝繁體中文套件。

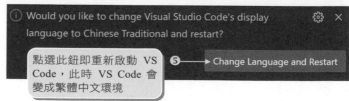

Step 02　安裝預設執行的 Google Chrome 瀏覽器

本書選擇使用 Google Chrome 瀏覽器來顯示 HTML 網頁。請依照如下步驟安裝預設 Google Chrome 瀏覽器套件。可到 Visual Studio Code 環境左方功能表點選 ⊞ 鈕(Extensions 延伸模組)，接著在搜尋處輸入「Open Browser Preview」即會出現「Open Browser Preview」項目，接著依圖示步驟安裝該套件即可。

設定 Visual Studio Code 文件預設格式

因 Visual Studio Code 支援多種程式語言，若沒有特別設定時，預設是開啟純文字檔。但基於開發上的需要，設計師會將之改成常用的文件格式，如：網頁設計預設格式是 HTML、程式設計預設格式是 PHP、C#、Java …等，VS Code 編輯器可以根據需要去調整。

設定文件預設格方式可執行主功能表【檔案(F)/喜好設定/設定】指令，接著由搜尋欄位輸入「default language」，再到「Files: Default Language」項目欄位內，輸入編輯的文件格式「html」，操作步驟如下圖：

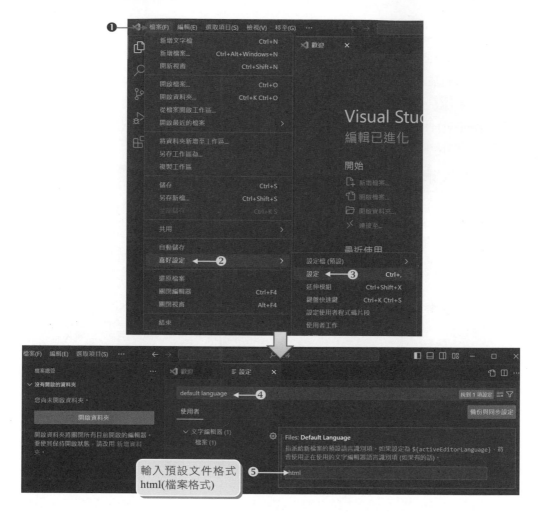

輸入預設文件格式
html(檔案格式)

1.5.3 使用 Visual Stduio Code 編輯器建立網頁

Visual Studio Code 基本設定完成後，可依下列步驟來編寫網頁。

Step 01 在 C:\vscode 資料夾下建立 ch01 資料夾當做是 ch01 網站。

Step 02 進入 Visual Studio Code 編輯器環境

 **03** 開啟 ch01 資料夾

執行功能表【檔案(F)/開啟資料夾...】開啟 C:\vscode 資料夾下 ch01 資料夾當做是網站資料夾。如下圖操作：

完成後，檔案總管視窗出現 vscode 底下有 ch01 資料夾。

Step 04 新增文字檔

點選檔案總管視窗的 ch01，接著執行主功能表【檔案(F)/新增文字檔...】指令，此時 Visual Studio Code 會在右窗格文件編輯區出現預設檔名為「Untitled-1」的空白文件，可在此空白文件編寫網頁程式。

Step 05 編輯網頁文件

先輸入 HTML 文件的第一行敘述 <!DOCTYPE html> 。在輸入敘述的過程中，因 Visual Studio Code 具有智慧感知的功能，會出現開發人員可能需要的程式碼。此時用點選來選擇所需項目，系統會自動填上該程式碼。

Step 06 自動生成 html 基本範本

網頁的基本結構有<html>、<head>、<body>...等，輸入完成也會花費不少時間。若要生成網頁基本範本，可直接輸入英文驚嘆號「!」接著按下 Enter 鍵即可。如下圖操作：

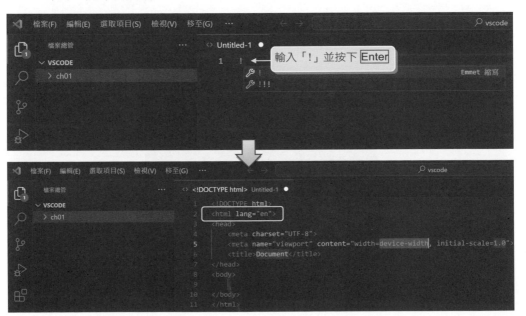

預設生成的 <html lang="en"> 表示標註網頁語系為英文，請將該標籤修改為
<html lang="zh-Hant"> 表示標註網頁語系為繁體中文，同時在<boyd>中撰寫
「<h2>使用 VS Code 建立網頁</h2>」敘述。如下圖：

```
<> <!DOCTYPE html> Untitled-1 ●
 1   <!DOCTYPE html>
 2   <html lang="zh-Hant">
 3   <head>
 4       <meta charset="UTF-8">
 5       <meta name="viewport" content="width=device-width, initial-scale=1.0">
 6       <title>Document</title>
 7   </head>
 8   <body>
 9
10       <h2>使用VS Code建立網頁</h2>
11
12   </body>
13   </html>
```

Step 07　儲存網頁文件

執行功能表【檔案(F)/儲存…】開啟「另存新檔」對話方塊。將檔案名稱指
定為「Index.html」，完成後檔案總管視窗的 ch01 下會顯示 Index.html 網頁。

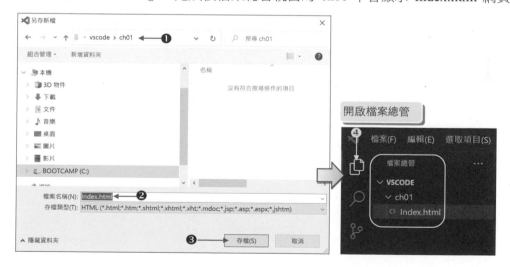

Step 08 執行網頁文件

在文件編輯區內按滑鼠右鍵執行快顯功能表的「Preview in Default Browser」指令，此時即會開啟瀏覽器執行網頁程式的結果。

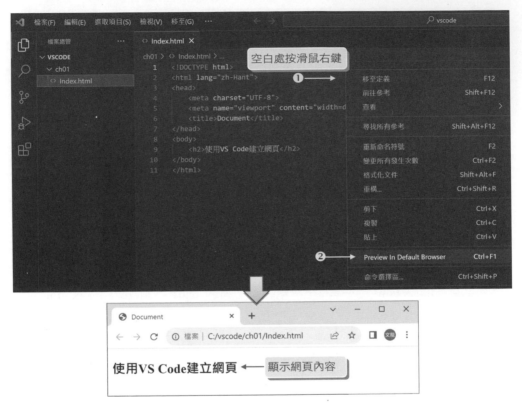

02 網頁圖文、超連結、音效與影片

你必須非常努力，才能看來毫不費力。

▶ 學習目標

HTML (Hyper Text Markup Language) 是一種用於建立網頁的標準語言，透過標籤 (Tag) 與想要在網頁上呈現的文件內容所組成。本章將介紹如何在網頁建立網頁段落、圖片、項目清單與超連結元件，同時也介紹如何在網頁中建立支援影音視訊撥放的元件。

2.1 HTML5 網頁文件結構

2.1.1 HTML 語法

　　標準的 HTML 文件是由標籤 (Tag) 以及欲顯示在網頁上的文件內容所組成，包含了文字、圖片、影像、聲音等元件。在 HTML 文件中有各種不同的標籤，運用這些不同的標籤來定義出文字、圖片、影像、聲音等元件，以及各元件在網頁中出現的位置、順序、形式及關係。所以，HTML 語法是以標籤的方式來告知瀏覽器如何直釋和顯示文件的各種變化效果。在 HTML 文件中，有些標籤規定必須是「成對標籤」，也就是以『<起始標籤>』開始，並且以『</結束標籤>』做結束；有些標籤允許單一標籤出現於所要顯示的文件內容前面或後面。標籤寫法如下兩種：

```
寫法 1：成對標籤
    <起始標籤 屬性名稱 1="屬性值 1"  屬性名稱 2="屬性值 2" ...>內容</結束標籤>

寫法 2：非成對標籤
    ❶ <標籤名稱 屬性名稱 1="屬性值 1"  屬性名稱 2="屬性值 2" ... />內容
    ❷ 內容<標籤名稱 屬性名稱 1="屬性值 1"  屬性名稱 2="屬性值 2" ... />
```

HTML 標籤撰寫時，需要注意的地方如下說明：

1. 標籤名稱大小寫沒有限制，可依自己的習慣撰寫。本書建議標籤與屬性名稱皆採用英文小寫設定。

2. 非成對標籤的「/」符號可省略不寫，例如在網頁上要進行換行，皆可以使用
 或
 來設定。

3. 標籤內的屬性可以設定該標籤要執行的動作或相關資訊。例如：<img> 標籤用來呈現圖片，該標籤透過 src 屬性來指定要顯示的圖片，如下寫法即是透過 <img> 標籤在網頁上顯示 logo.png 圖片。

```
<img src="logo.png" />
```

4. 指定屬性值時不一定要使用雙引號將屬性值頭尾括住，如下兩種寫法皆可正常執行：

```
<img src="logo.png" /> 和 <img src=logo.png />
```

強烈建議屬性值頭尾最好使用雙引號括住，以免屬性值的字串中含有空白，而導致不可預期的錯誤。另外，屬性值也可以使用單引號來括住，如下寫法：

```
<img src='logo.png' />
```

2.1.2 HTML5 網頁文件結構

一份完整 HTML5 文件是以 <html> 標籤開始，用來告知瀏覽器這份文件是 HTML 格式，最後使用 </html> 標籤告知瀏覽器此處是 HTML5 文件的結束點。<html> ~ </html> 之間包含兩個主要的部份：一是 HTML5 文件的頭部 (Head) ，稱為「標題設定區」，放置一些有關該文件的識別資料，前後使用 <head> ~ </head> 標籤框住；另一部份為網頁文件內容的主體 (Body) ，稱為「HTML 網頁本文區」，是呈現給瀏覽者觀看的網頁文件內容，前後使用<body> ~ </body>標籤框住。如下為 HTML5 網頁文件的基本結構：

```
<!DOCTYPE html>
<html>
<head>
  <meta charset="utf-8" />
  <title>HTML5 網頁文件</title>
</head>
<body>
   第一份 HTML5 網頁文件
</body>
</html>
```

1.　文件最開頭撰寫 <!DOCTYPE html> ，表示此份為 HTML5 的網頁文件。

2.　<html>~</html>：網頁文件是由此標籤括住的。若要宣告 HTML5 文件使用繁體中文，寫法如下所示：

```
<html lang="zh-Hant">
```

3.　<head>~</head>：此處用來設定這份文件的相關訊息，如關鍵字、內容概述、文件編碼、文件語系或文件類型等等，還能在此處引用或撰寫 JavaScript 或 CSS 樣式。若要在文件中指定 utf-8 編碼，則可在此標籤中加入 <meta> 標籤，寫法如下所示：

```
<meta charset="utf-8" />
```

4. `<body>~</body>`：網頁欲顯示的內容皆置於此處。

2.1.3 <meta>文件資訊

由於網際網路範圍涵蓋全球，因此在顯示文字上常會面臨到英文，中文、法文、日文…等等多語系問題，在 HTML5 文件中藉由 `<meta>` 標籤來設定所屬的語系，此時瀏覽器就能按照用戶端的需求來顯示該語系的網頁內容。`<meta>` 標籤也能用來將該份文件的相關資訊變成 meta 資訊，例如可加入一些關鍵字被伺服器截取出來做為索引，如此便可讓搜索引擎找到開發人員所設計的網頁。`<meta>` 標籤常用的設定方式如下所示：

1. 指定網頁的編碼為 utf-8，寫法如下所示：

```
<meta charset="utf-8" />
```

2. 宣告 viewport，其功能是指定該網頁支援行動網頁瀏覽器的比例來顯示網頁的尺寸，若網頁要同時支援桌機和行動裝置的瀏覽器，一定要加入如下敘述：

```
<meta name="viewport" content="width=device-width,initial-scale=1.0">
```

3. 指定網頁每兩秒重新載入一次：

```
<meta http-equiv="refresh" content="2">
```

4. 指定網頁三秒後連結到碁峰資訊股份有限公司的官網
   (http://www.gotop.com.tw)，寫法如下：

```
<meta http-equiv="refresh" content="3; url=http://www.gotop.com.tw">
```

5. 指定網頁的網站描述為「電腦圖書, 校園軟體,考試認證」，以便提供給搜尋引擎檢索時使用。寫法如下所示：

```
<meta name="description" content="電腦圖書,校園軟體,考試認證" />
```

2.2　段落設定

2.2.1 文字段落編排

　　網頁中的文字內容最常見的就是段落設定或是文字編排，下表是常用的段落設定標籤說明：

標籤	說明
<pre>	此標籤可用來做文字的編排 (採用預先格式化)；編排方式空格、跳行都能按照自己的設定顯示，也就是說網頁上顯示的文字排列和在編輯 HTML 文件的版面一模一樣。
 	換行標籤。
<p>	段落標籤。
<h1>~<h6>	標題標籤，其中 <h1> 字體最大、<h6> 字體最小。
<hr />	水平線標籤。
<blockquote>	縮排標籤。
<div>	區域元素標籤，此標籤的前後會自動換行。此標籤常配合 CSS 來設定區域內容的一致性外觀。關於 CSS 請參閱 5~8 章。
<span>	行內元素標籤，此標籤的前後不會換行。此標籤常配合 CSS 來設定單一設定區域內容的外觀。關於 CSS 請參閱 5~8 章。
<!--註解-->	在 HTML 文件中加入註解說明，註解不會顯示在瀏覽器的畫面上。

Ex 01　使用 <h3> 標籤設定詩名；使用<pre>標籤編排詩的內容，最後使用 <hr> 標籤顯示水平線進行分隔。其寫法如下所示：

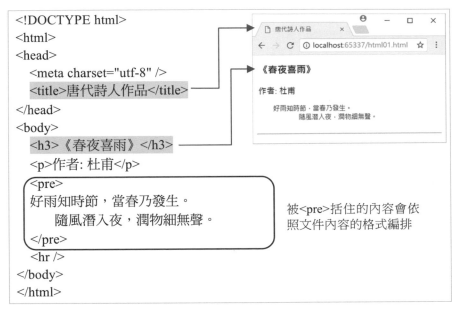

FileName：html01.html

```
<!DOCTYPE html>
<html>
<head>
    <meta charset="utf-8" />
    <title>唐代詩人作品</title>
</head>
<body>
    <h3>《春夜喜雨》</h3>
    <p>作者: 杜甫</p>
    <pre>
好雨知時節，當春乃發生。
    隨風潛入夜，潤物細無聲。
    </pre>
    <hr />
</body>
</html>
```

被<pre>括住的內容會依照文件內容的格式編排

為節省篇幅，後面章節簡例將不再列出 <html>、<head> 或 <body> 的標籤，僅列出主要呈現的標籤或程式，完成程式碼可參考書附光碟。

Ex 02 使用 <h2> 標籤設定詩名；使用 <blockquote> 標籤縮排詩的內容，同時再使用
 換行。其寫法如下所示：

FileName：html02.html

```
<h2>《春夜喜雨》</h2>
<p>年代: 唐 作者: 杜甫</p>
<blockquote>
    好雨知時節，當春乃發生。<br />
    隨風潛入夜，潤物細無聲。
</blockquote>
<hr />
```

使用 <blockquote> 進行縮排，同時使用
進行換行

執行結果如圖所示：

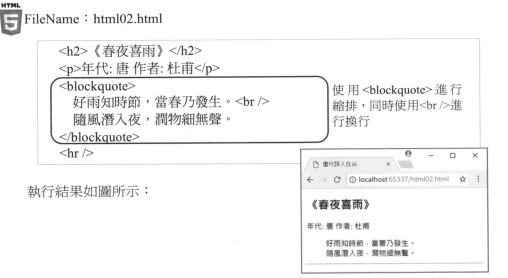

2.2.2 顯示特殊符號

若要在網頁上顯示 ©、®、<、>... 等特殊符號，可以使用控制碼來設定，控制碼的字首要加上「&」符號，如下表所示：

控制碼	結果	控制碼	結果
	半形空白	&divide;	÷
&lt;	<	&plusmn;	±
&gt;	>	&copy;	©
&quot;	"	&reg;	®
&times;	×	&amp;	&

Ex 01　練習使用上面控制碼設計如下 HTML 標籤的教學網頁。其寫法如下所示：

FileName：html03.html

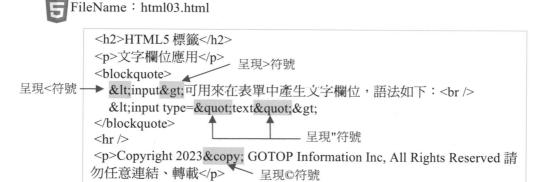

```
<h2>HTML5 標籤</h2>
<p>文字欄位應用</p>                  呈現>符號
<blockquote>
   &lt;input&gt;可用來在表單中產生文字欄位，語法如下：<br />
   &lt;input type=&quot;text&quot;&gt;
</blockquote>
<hr />                              呈現"符號
<p>Copyright 2023&copy; GOTOP Information Inc, All Rights Reserved 請
勿任意連結、轉載</p>                  呈現©符號
```

執行結果如右圖所示：

2.2.3 編號項目符號

HTML5 提供 <ul>、<ol> 標籤用來定義編號、項目清單。清單中的每一個項目則是使用<li>定義,使用條列的方式在網頁進行編排,讓網頁的項目看起來更有條理。

1. <ol> 可用來定義編號清單,其語法如下所示:

```
<ol start="起始編號" type="編號模式">
    <li>項目一</li>
    <li>項目一</li>
    .........
</ol>
```

① type="1":編號使用阿拉伯數字顯示,如 1、2... (預設值)。

② type="i":編號使用小寫羅馬數字顯示,如 i、ii...。

③ type="I":編號使用大寫羅馬數字顯示,如 I 、 II...。

④ type="a":編號使用小寫英文字顯示,如 a、b...。

⑤ type="A":編號使用大寫英文字顯示,如 A、B...。

⑥ start 屬性可指定編號的起始值。

2. <ul> 可用來定義項目符號清單,其語法如下所示:

```
<ul type="符號模式">
    <li>項目一</li>
    <li>項目一</li>
    .........
</ul>
```

① 不指定 type 屬性:符號使用● 項目符號顯示 (預設值)。

② type="circle":符號使用○ 項目符號顯示。

③ type="square":符號使用■ 項目符號顯示。

若想要使用其他的項目符號,像是圖示項目符號,可以搭配第六章 CSS 說明。

Ex 01 使用編號與項目符號清單來條列產品項目。其寫法如下所示:

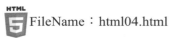FileName：html04.html

```
<h3>碁峰資訊圖書</h3>
<ol type="I">
    <li>跟著實務學習 ASP.NET MVC-第一次寫 MVC 就上手</li>
    <li>跟著實務學習跨平台網站-第一次寫 Bootstrap 就上手</li>
    <li>跟著阿才學 Python-從基礎到網路爬蟲應用</li>
</ol>
<hr />
<h3>推薦熱門 App 設計</h3>
<ul type="square">
    <li>健保無限加</li>
    <li>智慧交通行事曆</li>
</ul>
<hr />
```

執行結果如圖所示：

2.2.4 文字格式

HTML5 的文字格式可指定粗體、斜體、加底線、上下標...等。常用的文字格式的標籤如下表說明：

標籤	說明
<b>、<strong>	文字以粗體顯示。
<i>、<em>	文字以斜體顯示。

`<u>`、`<ins>`	文字下面加上底線。
`<s>`、`<del>`	文字加上刪除線。
`<sup>`	文字以上標字顯示。常用在數學公式，例如：$7X^7+4X^2+3X=8$
`<sub>`	文字以下標字顯示。常用在化學分子式，例如：$2H_2+O_2=2H_2O_2$

2.3 超連結

　　當使用者瀏覽網頁時，移動滑鼠到網頁某些文字或圖片上，游標會立即變成手指圖示，即表示該處有「超連結」功能，當在有超連結的地方按一下滑鼠左鍵，即馬上連結到這個「超連結」所指定的位置去瀏覽，這些位置包括：連結到某個網站、下載某個檔案、ftp...等各種網際網路上的服務。

　　因此在設計網頁時，適當的運用「超連結」功能可讓網站無限延伸；反之，若沒有「超連結」功能，則網站內容將僅止於自行製作的部份，而無法充份運用網路上的眾多資源，以增加網站本身內容的廣度與深度。

> `<a href="連結資源" target="連結方式">網頁顯示的文字或圖片</a>`

　　`<a>`標籤常用屬性說明如下表所示：

`<a>`標籤屬性	說明
href	href 可指定連結資源的位置，常用位置如下： ①網址：網路上的網址或網頁， 　　例如：http://www.gotop.com.tw。 ②站內網頁：連結到目前網站內的網頁， 　　例如：/admin/login.html。 ③頁內：連結到同一網頁中指定的 id 位置，例如連結到 id="mvc" 的位置，其寫法為「`<a href="#mvc">...</a>`」。 ④電子郵件：連結指定通訊協定為「mailto:」，

	例如：mailto:customer@gotop.com.tw。 ⑤檔案：可指定網路的檔案位置或站內檔的相對路徑，例如：http://www.gotop.com.tw/sample.zip。 ⑥ftp：連結指定通訊協定為「ftp://」， 　　例如：ftp://ftp.gotop.com.tw。
target	指定連結資源要顯示在哪個框架或視窗中。常用屬性值如下： ①target="_self"：連結的網頁顯示在目前的框架中。(預設值) ②target="_blank"：連結的網頁顯示新的視窗中。 ③target="_top"：連結的網頁顯示整個視窗。 ④target="_parent"：連結的網頁顯示在上一層的框架中。 ⑤target="視窗名稱"：連結的網頁顯示在指定名稱的視窗中。

若要連結到網站內其他資料夾的網頁，請使用相對路徑，說明如下：

1. 若目前網頁與 manager 資料夾同層，若要連結 manager 資料夾下的 login.html，其寫法為 <a href="manager/login.html">。

2. 使用「../」來表示上一層資料夾，「../../」就表示上上層資料夾。使用「<a href="../Home/index.html">」表示連結目前網頁的上一層資料夾中的 Home 子資料夾下的 index.html 網頁。

Ex 01　使用項目清單來列表可聯絡的網站或電子信箱，使用編號清單建立可連結到 id 位置。其寫法如下所示：

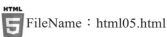
FileName：html05.html

```
<h3>碁峰資訊股份有限公司網路資源</h3>
<ul>
  <li><a href="http://www.gotop.com.tw">官網</a></li>
  <li><a href="http://www.facebook.com.tw/gotop">粉專</a></li>
  <li><a href="mailto:customer@gotop.com.tw">讀者信箱</a></li>
</ul>
<h3>跟著實務學習 ASP.NET MVC-第一次寫 MVC 就上手</h3>
```

超連結到碁峰官網

開啟郵件軟體寄信

跳到同頁 id 為 ch01 的位置

```
<ol>
    <li><a href="#ch01">ASP.NET MVC 安裝與介紹</a></li>
    <li><a href="#ch02">ASP.NET MVC CRUD 初體驗</a></li>
    <li><a href="#ch03">Controller 控制器的應用</a></li>
    <li><a href="#ch04">View 檢視的應用</a></li>
    <li><a href="#ch05">Model(一)-LINQ 與 Entity Framework </a></li>
</ol>
...略...
...略...
<h4 id="ch01">第一章　ASP.NET MVC 安裝與介紹</h4>
<p>本章首先讓初學者了解 .NET 平台、......</p>
<p><a href="#top">回頂端</a></p><hr />
<h4 id="ch02">第二章　ASP.NET MVC CRUD 初體驗</h4>
<p>新增、修改、刪除、查詢是 Web 應用程式常見的功...</p>
<p><a href="#top">回頂端</a></p><hr />
<h4 id="ch03">第三章　Controller 控制器的應用</h4>
<p>ASP.NET MVC 是將 URL 對應至稱為「控制器」...</p>
<p><a href="#top">回頂端</a></p><hr />
...略...
...略...
```

回最上面

　　當在左下圖書籍的目錄中按下超連結即會跳到同頁指定 id 的位置。需注意的是，若指定連結的 id 識別名稱不存在，則按下該超連結即會捲動到網頁最頂端，因此本例透過這個特性，在每一段章節介紹的最後面都加上「<a href="#top">回頂端</a>」的超連結，因為本例沒有在網頁的標籤中指定 id="top"，所以按下右下圖的「回頂端」超連結即會捲動到網頁的最頂端。

2.4　圖片、音效與影片

在設計網頁時若能適時插入圖片、音樂、影像，或是將某些文字敘述改以圖片來表示，將使得該網頁一目瞭然且更加生動吸引人。因此在網頁設計中學習插入圖片、音效與影片將是必備的技巧之一。

2.4.1 圖片格式

圖片的存檔格式相當多種，但在網頁中常見使用的圖片格式有下列三種：

1. **GIF**：此種圖檔格式採用「非失真」 (Lossless) 壓縮法來壓縮圖形資料，非失真的壓縮法讓解壓縮後的圖形和未壓縮的圖片一樣，此種壓縮方式適合在線條分明的圖片上，例如按鈕、小圖示按鈕…等等，並且同一個 GIF 圖檔中可以儲存多張圖片，因此可用來製作簡單的動畫圖檔，不過 GIF 圖檔只能儲存 256 色以內之圖形，因此不適合用來儲存照片、顏色較多的實物圖片，此外，GIF 圖檔可以儲存圖形背景色的資訊，尤其適合在網頁圖形上，此圖檔附檔名為*.gif。

2. **JPEG**：此種圖檔格式採用「失真」 (Loss) 壓縮法來壓縮圖形資料，由於使用「失真」壓縮法來壓縮，因此可以大幅降低圖檔檔案大小，但並不適合用來儲存線條分明的圖片，比較適合用在照片之類的圖形，可以儲存全彩圖檔 (每一點 24 bit) 或者灰階圖檔，此圖檔附檔名為*.jpg。

3. **PNG**：此種圖檔格式可用來製作背景透明圖，也可以儲存成全彩的圖檔，再加上檔案小，是目前網頁使用影像圖檔的主流，圖檔附檔名為*.png。

2.4.2 圖片的使用

在網頁中若要顯示圖片，可使用 <img> 標籤來達成，其語法如下所示：

```
<img src="圖檔路徑" width="寬度" height="高度">
```

<img>標籤常用屬性說明如下表所示：

<img>標籤屬性	說明
src	設定圖檔路徑。
align	設定圖片與周圍之間的文字和圖片的對齊方式，常用屬性值如下說明： ① left：圖片靠左(預設值)。 ② right：圖片靠右。 ③ center：圖片置中。 ④ bottom：文字對齊圖片下緣 (預設值)。 ⑤ top：文字對齊圖片上緣。 ⑥ middle：圖片垂直置中對齊文字。
width	設定圖片寬度。預設為單位為像素(pixels)。
height	設定圖片高度。預設為單位為像素(pixels)。
border	設定圖片外框；若圖片有指定超連結功能，則該圖片四周會出現外框，若不想顯示外框，可將 border="0 "。
alt	設定圖片的說明文字，當圖片無法顯示時會出現，最常發生的情況即是指定的圖檔路徑不存在所致。

Ex 01 網頁中顯示 images 資料夾下的兩張圖檔，同時指定寬度 180px 高 120px，最後透過 alt 屬性指定該圖片的說明。其寫法如下所示：

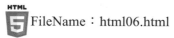

FileName：html06.html

```
<h2>圖片示範</h2>
<img src="images/1.jpg" width="180" height="120"
    alt="臺南市移民署舊址" />
<hr />
<img src="images/gotop.jpg" width="180" height="120" alt="碁峰資訊" />
```

執行結果如下圖：

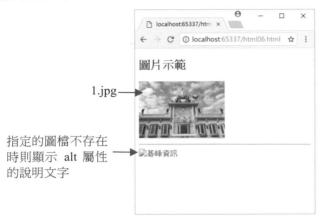

1.jpg

指定的圖檔不存在
時則顯示 alt 屬性
的說明文字

2.4.3 圖片區域與說明

新版的 HTML5 提供 <figure> 標籤可用來定義圖片區域，提供 <figcaption> 標籤來定義圖片的說明文字區域，其語法如下所示：

```
<figure>
    <img src="圖檔路徑"...>
    <figcaption>說明文字</figcaption>
</figure>
```

Ex 01　使用 <figure> 定義 1.jpg 與 2.jpg 圖片區域，使用 <figcaption> 定義圖片說明文字。其寫法如下所示：

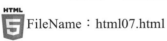

FileName：html07.html

```
<figure>
    <img src="images/1.JPG" />
    <figcaption>臺南市移民署舊址</figcaption>
</figure>
<figure>
    <img src="images/2.JPG" />
    <figcaption>臺南市美術館 1 館</figcaption>
</figure>
```

定義圖片區域
與說明文字

執行結果會有兩個圖片區域，如下圖所示：

圖片區域

圖片說明文字

<figure> 與 <figcaption> 標籤看不出圖片區域的效果，欲解決此問題，可配合 CSS 來定義標籤的排版與美化的效果，至於 CSS 章節可參考第 5~8 章詳細教學。

Ex 02 延續上例，使用 CSS 調整 <figure> 標籤的外觀。其寫法如下所示：

HTML 5 FileName：html08.html

```
<!DOCTYPE html>
<html>
<head>
  <meta charset="utf-8" />
  <title></title>
  <style>
    figure{
      border-color:#0094ff;
      border-style:solid;
      border-width:2px;
      padding:10px;
      width:180px;
      text-align:center;
      float:left;
    }
  </style>
</head>
<body>
  <figure>
    <img src="images/1.JPG" />
```

CSS 撰寫在<style>標籤內
定義<figure>標籤的外觀如下：
1. 框線藍色
2. 框線為 solid 實線樣式
3. 框線寬度 2px
4. 內距 10px
5. 圖片區域寬度 180px
6. 圖片區域內容(含圖文)置中
7. 圖片區域靠左浮動

```
      <figcaption>臺南市移民署舊址</figcaption>
    </figure>
    <figure>
      <img src="images/2.JPG" />
      <figcaption>臺南市美術館 1 館</figcaption>
    </figure>
  </body>
</html>
```

經過 CSS 調整後，<figure> 圖片外觀更具設計感，如下圖所示：

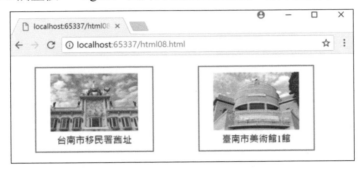

2.4.4 音效的使用

　　HTML5 提供 <audio> 標籤可用來在網頁中顯示音效控制列，該控制列可用來控制音效的播放、停止、音效大小或音效進度。<audio> 內的 <source> 標籤可用來指定欲播放的音效檔，其中可使用 <source> 標籤定義多個音效檔，此時會由上而下尋找目前網站擁有的音效檔資源，若找不到會顯示 <source> 下的提示訊息，其語法如下所示：

```
<audio>
  <source src="mp3 檔案路徑" type="audio/mpeg" />
  <source src="wav 檔案路徑" type="audio/wav" />
  <source src="ogg 檔案路徑" type="audio/ogg" />
  瀏覽器不支援音效檔所顯示的訊息
</audio>
```

<source> 常用的屬性只有 src 和 type，至於 <audio> 常用的屬性如下表說明：

屬性	說明
autoplay	自動播放音效。撰寫時直接指定屬性名稱，不需要設定屬性值。
controls	顯示音效控制器。撰寫時直接指定屬性名稱，不需要設定屬性值。
loop	重複播放音效。撰寫時直接指定屬性名稱，不需要設定屬性值。
muted	指定播放音效時先保持靜音。撰寫時直接指定屬性名稱，不需要設定屬性值。
preload	是否預先載入音效檔，屬性值如下： ①none：不預先載入。 ②metadata：瀏覽器載入音效的 metadata (音效資訊)，如播放進度、音效長度...等等。 ③auto：由瀏覽器決定是否要預先載入音效。

網頁常用的音訊格式有 MP3(.mp3)、Wav(.wav)和 Ogg(.ogg)，這些音效檔在各大瀏覽器的支援程度如下表所示：

瀏覽器/音訊格式	MP3	Wav	Ogg
Chrome	Yes	Yes	No
Firefox	No	Yes	Yes
IE 9	Yes	No	No
Opera	No	No	Yes
Safari	Yes	No	Yes

2.4.5 影片的使用

HTML5 提供 <video> 標籤可用來在網頁中播放影片，<video> 可以對整個影片進行播放的控制。<video> 內的 <source> 標籤可用來指定欲播放的影片檔，其中可使用 <source> 標籤定義多個媒體檔資源，此時會由上而下尋找目前網站擁有的媒體檔，若找不到會顯示 <source> 下的提示訊息，其語法如下所示：

```
<video width="影片高度" height="影片寬度">
  <source src="mp4 檔案路徑" type="video/mp4" />
  <source src="webm 檔案路徑" type="video/webm" />
  <source src="ogg 檔案路徑" type="video/ogg" />
  瀏覽器不支援影片檔所顯示的訊息
</video>
```

<source> 常用的屬性只有 src 和 type，至於 <video> 常用的屬性如下表說明：

屬性	說明
autoplay	自動播放影片。撰寫時直接指定屬性名稱，不需要設定屬性值。
controls	顯示影片控制器。撰寫時直接指定屬性名稱，不需要設定屬性值。
loop	重複播放影片。撰寫時直接指定屬性名稱，不需要設定屬性值。
muted	指定播放影片時先保持靜音。撰寫時直接指定屬性名稱，不需要設定屬性值。
preload	是否預先載入影片檔，屬性值如下： ①none：不預先載入。 ②metadata：瀏覽器載入影片的 metadata (影片資訊)，如播放進度、影片長度...等等。 ③auto：由瀏覽器決定是否要預先載入影片。

網頁常用的影片格式有 MP4(.mp4)、Webm(.webm)和 Ogg(.ogv)，這些影片檔在各大瀏覽器的支援程度如下表所示：

瀏覽器/音訊格式	MP4	Webm	Ogg
Chrome	Yes	Yes	Yes
Firefox	Yes	Yes	Yes
IE 9	Yes	No	No
Opera	Yes	Yes	Yes
Safari	Yes	No	No

Ex 01　在網頁中播放 video 資料夾下的 mvc.mp4 檔，並指定自動播放，同時顯示控制播放、暫停和音量的影片控制器。其寫法如下所示：

HTML5 FileName：html09.html

```
<video width="800" height="600" autoplay controls>
  <source src="video/mvc.mp4" type="video/mp4" />
  瀏覽器不支援播放 MP4
</video>
```

執行結果如右圖所示：

播放 mvc.mp4 影片

影片控制器

2.4.6 YouTube 網路影片的使用

網頁中播放整個影片檔，可能會因檔案太大而讓使用者因等待太久，產生不好的使用體驗，比較好的作法可將影片上傳到 YouTube，接著在網頁中使用 <iframe> 標籤嵌入 YouTube 影片即可解決此問題。其語法如下所示：

```
<iframe width="寬度" height="高度"
  src="https://www.youtube.com/embed/YouTube 影片 ID"
  frameborder="0"
  allow="autoplay; encrypted-media"
  allowfullscreen>
</iframe>
```

上面語法的 src 屬性指定嵌入 YouTube 影片網址，網址最後必須指定 YouTube 影片 ID，影片 ID 其實就是當使用者連上 YouTube 觀看影片時，網址最後面的 v 參數值就是影片 ID 了。例如下圖「Bing 聊天服務快速開發 ASP.NET Core MVC 員工系統」的 YouTube 影片網址為「https://www.youtube.com/watch?v=XfGAfwUWVUE」，其影片 ID 即是「XfGAfwUWVUE」。

Ex 01 在網頁中嵌入「「Bing 聊天服務快速開發 ASP.NET Core MVC 員工系統」的 YouTube 影片，該影片 ID 為「XfGAfwUWVUE」。其寫法如下所示：

FileName：html10.html

```
<iframe width="560" height="315"
    src="https://www.youtube.com/embed/XfGAfwUWVUE"
    frameborder="0"
    allow="autoplay; encrypted-media"
    allowfullscreen>
</iframe>
```

執行結果如圖所示：

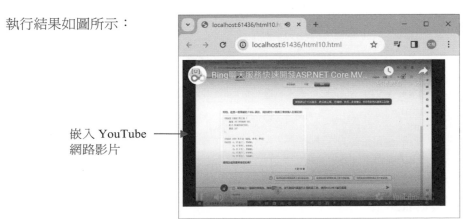

嵌入 YouTube
網路影片

2.5 語意標籤

以往都是使用 <div> 標籤來定義網頁中的區域，在新版的 HTML5 提供語意標籤，讓開發人員可以使用更直覺更易懂的標籤來定義網頁中的區域，讓整份網頁文件結構更容易解讀，進而改善網站在搜尋引擎搜尋的排名與準確度。下表是常用的語意標籤說明：

屬性	說明
header	定義網頁首頁，可放置 banner、網站名稱或巡覽列...等。
footer	定義網頁首尾，可放置作者資訊或網站版權宣告...等。
nav	定義網頁巡覽列，可放置站內連結和網路連結資源...等。
aside	定義網頁文件側邊欄，可放置廣告、巡覽列或搜尋...等。
article	定義網頁中可單獨閱讀的區域，如同報章雜誌或是論壇文章的內容。
section	定義網頁中不同章節的區域，通常會放置內容的標題或表頭。

上述語意標籤可對應右表的網頁文件結構，讓整份網頁更容易閱讀，瞭解網頁各區域的意義與功能。

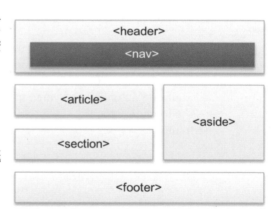

Ex 01 用 HTML5 新增的語意標籤建立一份旅行相簿網頁。

FileName：html11.html

```
<!DOCTYPE html>
<html>
<head>
  <meta charset="utf-8" />
  <title>旅行相簿</title>
</head>
<body>
  <header>
```

```
      <h1>我的旅行相簿</h1>
      <nav>
        <ul>
          <li><a href="#">臺南市移民署舊址</a></li>
          <li><a href="#">臺南市美術館 1 館</a></li>
          <li><a href="#">國境之南海域</a></li>
        </ul>
      </nav>
    </header>
    <article>
      <section>
        <h3>臺南市移民署舊址</h3>
        <p>被譽為全台最美公家機關建築，從建築窗台、柱飾、燈具到雕
像都散發濃濃的歐式城堡風格,日前整修後轉型為臺南市環保局-藏金閣 2
館，又更加美觀亮麗了。</p>
        <img src="images/1.jpg" />
      </section>
    </article>
    <aside>
      <h3>臺南美食推薦</h3>
      <ul>
        <li><a href="#">臺南擔仔麵</a></li>
        <li><a href="#">臺南棺材板</a></li>
      </ul>
    </aside>
    <footer>
      <h4>國產 008 版權所有</h4>
    </footer>
  </body>
</html>
```

執行結果如右圖所示：

由執行結果看來語意標籤是用來定義網頁文件結構，讓文件中的區域容易識別意義與功能，若要美化或排版就必須依靠表格或 CSS，在下一章即介紹使用表格進行網頁排版；進一步在 5~8 章介紹使用 CSS 進行網頁排版。

03 表格的設計

知恥近乎勇；無恥近乎神勇。

▶ 學習目標

製作網頁的過程中，表格除可用來製作一般網頁所需呈現的一般表格外，也可作為分割網頁的版面使用。因此，適當在網頁設計中使用表格，將不同性質的部分加以區隔，不但能使網頁整體看起來更加整齊，也能增加網頁可讀性。本章將介紹製作表格的方法、表格的各種屬性設定、在表格中加入圖文以及使用表格來進行網頁排版。

3.1　表格的功能

　　表格 (Tables) 是由多個水平列 (Row) 與垂直欄 (Columns) 所組成，本書將表格內的小方框稱為儲存格 (Cells) 。當在設計網頁時可以透過 <table>~</table> 標記在適當的地方插入一個表格，透過 <tr>~</tr> 來建立表格的每一列，然後再將文字、圖片、表單等元件放入表格內指定的儲存格當中，而同一儲存格內也能同時放入文字、圖形等元件，並透過 <td> 來建立儲存格。因此，在網頁中適當的使用表格可以限制資料在某個範圍內呈現，用來幫助對齊網頁內容使其井然有序。例如：下圖網頁是運用表格進行排版，其做法就是利用了表格內的儲存格來區隔圖文，同時將儲存格的格線設為隱藏 。因此，在瀏覽網頁時將不會看到格線，只看到運用表格排版後的圖文內容，視覺上看起來相當工整。

3.2 表格的組成

　　表格在網頁設計中是常用的編排技巧，HTML 可使用 <table> 標籤定義表格，<table> 可使用 border 屬性設定表格框線的粗細。至於 <table> 是由一個或多個 <tr>、<th> 以及 <td> 標籤所組成，其中 <tr> 標籤定義表格中的一列，<th> 標籤定義一個表格標題且標題會以粗體字呈現，<td> 標籤定義一個儲存格。如下說明表格的相關標籤：

標籤	說明
<table>	定義網頁的表格。<table> 提供 border 屬性可用來設定表格外框寬度，屬性值以數值表示，屬性值越大框線愈粗；border 預設值為 0，則表格外框線隱藏不顯示。
<tr>	定義表格的每一水平列。
<th>	定義表格的欄位標題名稱，欄位名稱會以粗體字呈現。
<td>	定義表格的每一個儲存格，儲存格內可放置文字、網頁、表單欄位...等元件。

Ex 01 表格中含有兩筆產品記錄，其中每一列記錄有編號、品名、單價以及數量四個欄位 (儲存格)，其寫法如下：

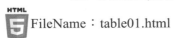FileName：table01.html

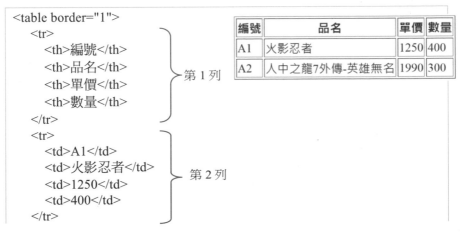

```
<table border="1">
    <tr>
        <th>編號</th>
        <th>品名</th>          第 1 列
        <th>單價</th>
        <th>數量</th>
    </tr>
    <tr>
        <td>A1</td>
        <td>火影忍者</td>
        <td>1250</td>          第 2 列
        <td>400</td>
    </tr>
```

編號	品名	單價	數量
A1	火影忍者	1250	400
A2	人中之龍7外傳-英雄無名	1990	300

```
    <tr>
      <td>A2</td>
      <td>人中之龍 7 外傳-英雄無名</td>
      <td>1990</td>
      <td>300</td>
    </tr>
  </table>
```

第 3 列

Ex 02 設計 5*4 表格用來放置產品資料，共有編號、圖示、品名、單價以及數量 5 個欄位，第一列為欄位名稱，圖示欄顯示 images 資料夾下的 iphone15.jpg、ps5.jpg、metaquest2.jpg 圖檔。其寫法如下：

HTML5 FileName：table02.html

```
<table border="1">
  <tr>
    <th>編號</th>
    <th>圖示</th>
    <th>品名</th>
    <th>單價</th>
    <th>數量</th>
  </tr>
  <tr>
    <td>P01</td>
    <td><img src="images/iphone15.jpg" /></td>
    <td>iPhone 15</td>
    <td>29900 元</td>
    <td>80 支</td>
  </tr>
  <tr>
    <td>P02</td>
    <td><img src="images/ps5.jpg" /></td>
    <td>PS 5</td>
    <td>17580 元</td>
    <td>10 台</td>
  </tr>
  <tr>
    <td>P03</td>
    <td><img src="images/metaquest2.jpg" /></td>
    <td>Meta Quest 2</td>
    <td>16880 元</td>
    <td>30 台</td>
```

```
    </tr>
</table>
```

執行結果如下圖：

3.3　表格常用的屬性

　　由前面章節可知，使用 <table> 定義表格，使用 <tr> 定義表格中的一列，使用 <td> 定義表格中的儲存格。另外表格還提供一些屬性，讓開發人員可以針對 <table>、<tr>、<td> 標籤來設定表格或儲存格的額外設計，如寬度、高度、背景色...等等。有關表格與儲存格可使用的屬性，說明如下表：

屬性	適用標籤	說明
width	\<table\> \<th\> \<td\>	設定表格或儲存格的寬度,可使用數值或百分比進行設定。可先設定表格的寬度,接著再依序分配給其他儲存格寬度。
height	\<table\> \<th\> \<td\>	設定表格或儲存格的高度,可使用數值或百分比進行設定。可先設定表格的高度,接著再依序分配給其他儲存格高度。
bgcolor	\<table\> \<tr\> \<th\> \<td\>	設定表格的背景色,屬性值的設定可使用顏色名稱(blue 為藍色),或是使用三原色值(0000ff 藍色)。若 bgcolor 屬性同時在 \<table\>、\<tr\>、\<th\> 與 \<td\> 上進行指定,則 bgcolor 優先順序設定是 \<td\> 與 \<th\> 大於\<tr\>,\<tr\> 大於 \<table\>。
border	\<table\>	設定表格外框寬度。
bordercolor	\<table\>	設定表格外框線的顏色。
background	\<table\> \<tr\> \<th\> \<td\>	設定表格背景圖像。
cellspacing	\<table\>	設定儲存格的間距,也就是儲存格與儲存格之間的距離。 設定 \<table border="1" cellspacing="30"\>,結果如下: （表格圖示：學號 / 姓名、1130001 王小明、1130002 李小華，標示「儲存格間距 30px」）

cellpadding	\<table>	設定儲存格的內距，也就是儲存格與儲存格內元件之間的距離。 設定 \<table border="1" cellpadding="30">，結果如下： 　儲存格內距 30px
align	\<table> \<tr> \<th> \<td>	設定表格與儲存格的對齊方式。此屬性指定在表格或儲存格會有不一樣的效果，說明如下： 1.　使用 align 設定 \<table> 表格的對齊方式： 　　①left：表格靠左(預設值)。 　　②center：表格置中。 　　③right：表格靠右。 2.　使用 align 設定 \<tr>(每一列)、\<th>與\<td>(儲存格)的對齊方式： 　　①left：儲存格內元件靠左對齊 (預設值)。 　　②center：儲存格內元件置中對齊。 　　③right：儲存格內元件靠右對齊。
valign	\<tr> \<th> \<td>	設定儲存格內元件垂直對齊方式，常用屬性值如下： 　①top：儲存格內元件垂直對齊上方。 　②middle：儲存格內元件垂直對齊中央。 　③bottom：儲存格內元件垂直對齊下方。
colspan	\<th> \<td>	設定儲存格要佔用多少欄。
rowspan	\<th> \<td>	設定儲存格要佔用多少列。

style	`<table>` `<tr>` `<th>` `<td>`	使用 CSS 樣式設定表格或儲存格的各種設定，如框線、顏色、寬度、高度、背景色、背景影像或更多元設定等等。關於設定方式可參考 5~8 章有關 CSS 章節說明。

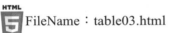 設計 4*3 表格用來放置書籍資料，共有書號、書名、單價以及數量 4 個欄位，第一列為欄位名稱；並設定表格外框線 1px、表格間距 10px、表格內距 5px、表格寬度 500px，其餘 4 欄儲存格寬度依序分配為 70px、330px、50px、50px。其寫法如下：

FileName：table03.html

```html
<table width="500" border="1" cellspacing="10" cellpadding="5">
 <tr>
  <th width="70">書號</th>
  <th width="330">書名</th>
  <th width="50">單價</th>
  <th width="50">數量</th>
 </tr>
 <tr>
  <td>AEL019800</td>
  <td>跟著實務學習 ASP.NET MVC<br />第一次寫 MVC 就上手</td>
  <td>520</td>
  <td>1000</td>
 </tr>
 <tr>
  <td>AEL023400</td>
  <td>跟著阿才學 Python<br />從基礎到網路爬蟲應用</td>
  <td>450</td>
  <td>1500</td>
 </tr>
</table>
```

執行結果如右圖：

Ex 02 延續上例將表格背景色設為淺藍綠色，間距為 0px、內距為 10px；同時
將第一列欄位標題名稱的背景色設為深藍綠色。因為表格外框寬度預設
為 0 且表格間距設為 0px，所以表格不會出現框線。使用此種方式可以設
計無框線且標題和內容為不同背景色的表格。其寫法如下：

FileName：table04.html

```
<table width="500"
  bgcolor="#A2D5DF" cellspacing="0" cellpadding="10">
  <tr bgcolor="#3DB3B6">
    <th width="70">書號</th>
    <th width="330">書名</th>
    <th width="50">單價</th>
    <th width="50">數量</th>
  </tr>
  <tr>
    <td>AEL019800</td>
    <td>跟著實務學習 ASP.NET MVC<br />第一次寫 MVC 就上手</td>
    <td>520</td>
    <td>1000</td>
  </tr>
  <tr>
    <td>AEL023400</td>
    <td>跟著阿才學 Python<br />從基礎到網路爬蟲應用</td>
    <td>450</td>
    <td>1500</td>
  </tr>
</table>
```

表格背景色為淺藍綠色

第一列儲存格背景色為深藍綠色

執行結果如下圖：

Ex 03 延續上例將表格間距設為 3px，同時將第二列和第三列的儲存格設為白色。本例因為表格外框線為 0 且間距為 3px，因此表格的間距會呈現表格的背景色淺綠色，看起來就會像是淺綠色單線。使用此種方式可以設計表格不同顏色的框線。其寫法如下：

FileName：table05.html

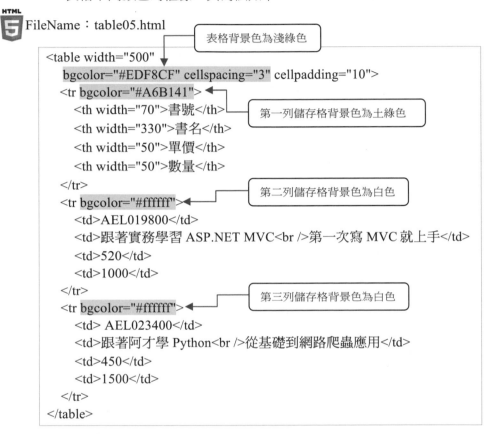

```
<table width="500"
    bgcolor="#EDF8CF" cellspacing="3" cellpadding="10">
<tr bgcolor="#A6B141">
    <th width="70">書號</th>
    <th width="330">書名</th>
    <th width="50">單價</th>
    <th width="50">數量</th>
</tr>
<tr bgcolor="#ffffff">
    <td>AEL019800</td>
    <td>跟著實務學習 ASP.NET MVC<br />第一次寫 MVC 就上手</td>
    <td>520</td>
    <td>1000</td>
</tr>
<tr bgcolor="#ffffff">
    <td> AEL023400</td>
    <td>跟著阿才學 Python<br />從基礎到網路爬蟲應用</td>
    <td>450</td>
    <td>1500</td>
</tr>
</table>
```

說明文字方塊：
- 表格背景色為淺綠色
- 第一列儲存格背景色為土綠色
- 第二列儲存格背景色為白色
- 第三列儲存格背景色為白色

執行結果如下圖：

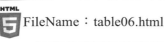 **Ex 04**　製作儲存格能合併欄或合併列的餐點表格。其寫法如下：

FileName：table06.html

```html
<table border="1">
  <tr>
    <th bgcolor="#ABDFFE">套餐</th>
    <td>A 餐</td>
    <td>B 餐</td>
    <td>C 餐</td>
  </tr>
  <tr >
    <th bgcolor="#ABDFFE">主菜</th>
    <td>大油雞腿</td>
    <td>鴨腿</td>
    <td>燒肉</td>
  </tr>
  <tr>
    <th bgcolor="#ABDFFE">飲料</th>
    <td align="center" rowspan="2">選購</td>
    <td align="center" colspan="2">可樂</td>
  </tr>
  <tr>
    <th bgcolor="#ABDFFE">湯品</th>
    <td>貢丸湯</td>
    <td>豆腐湯</td>
  </tr>
</table>
```

執行結果如下圖：

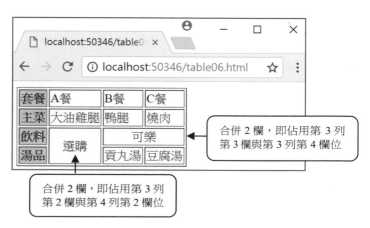

合併 2 欄，即佔用第 3 列
第 3 欄與第 3 列第 4 欄位

合併 2 欄，即佔用第 3 列
第 2 欄與第 4 列第 2 欄位

3.4 表格排版實例-旅遊相簿

📥 **範例** index.html

使用本章所學的表格標籤和相關屬性，設計如下圖旅遊相簿網頁。

執行結果

排版技巧

1. 本例網頁排版是以巢狀表格進行設計，也就是說表格之中還放置表格，共使用了 3 個表格；另外要注意的是所有表格外框線要隱藏，且表格儲存格內距要指定為 0px，這樣表格的外框線與儲存格格線才不會顯示，表格架構如右圖：

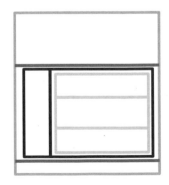

2. 網頁與表格架構的示意圖如下：

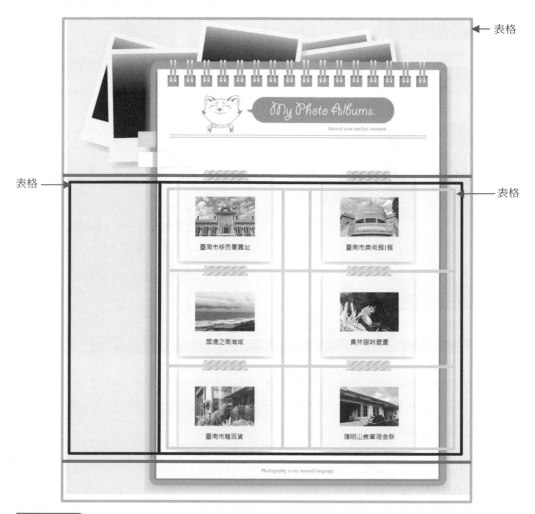

表格

表格

表格

網頁切版

1. 本例使用 ch03/index.jpg 做為網頁版型，並使用 Photoshop 進行網頁切版，將
   網頁版型切成四個圖檔，這四個圖檔名稱依序為 index_01.gif、index_02.gif、
   index_03.gif、index_04.gif。

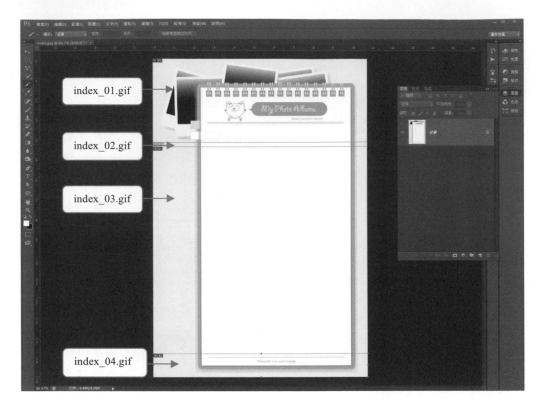

2. 本例使用 index_02.gif 來當做表格儲存格的底圖,當內容一多即能達成網頁底圖無限延伸的效果,至於 index_03.gif 圖檔本例網頁不會使用。如下是切版之後所產生的圖檔:

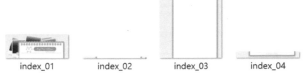

index_01   index_02   index_03   index_04

使用圖檔

1. 本例網頁相簿使用的照片圖檔為 1.jpg~6.jpg。

1.JPG   2.JPG   3.JPG

4.JPG   5.JPG   6.JPG

photobg.png

2. photobg.png 用來當做是儲存格的底圖，只要放入適
   當的文字、圖檔或相關元件即可。如右圖：

員林貓咪壁畫

當瞭解排版技巧，即可配合表格進行網頁編排，在排版的同時，表格的寬度可以
依圖檔的大小進行較適合的設定。本例完整程式碼如下：

程式碼　FileName:Index.html

```
01 <html>
02 <head>
03     <title>旅遊相簿</title>
04     <meta charset="utf-8" />
05 </head>
06 <body>
07     <table width="1024" border="0"
           align="center" cellpadding="0" cellspacing="0">
08       <tr>
09           <td>
10               <img src="images/index_01.gif">
11           </td>
12       </tr>
13       <tr>
14           <td background="images/index_02.gif">
15               <table width="100%" cellpadding="0" cellspacing="0">
16                   <tr>
17                       <td width="260"></td>
18                       <td>
19                           <table width="85%" cellpadding="0"
                                 cellspacing="0">
20                               <tr>
21                                   <td align="center" width="43%"
                                         background="images/photobg.png">
22                                       <br /><br /><br />
23                                       <p><img src="images/1.JPG"></p>
24                                       <p>臺南市移民署舊址</p>
```

25	` `
26	`</td>`
27	`<td width="13%"></td>`
28	`<td align="center" width="44%"`
	`background="images/photobg.png">`
29	`   `
30	`<p><img src="images/2.JPG"></p>`
31	`<p>臺南市美術館 1 館</p>`
32	` `
33	`</td>`
34	`</tr>`
35	`<tr>`
36	`<td align="center" width="43%"`
	`background="images/photobg.png">`
37	`   `
38	`<p><img src="images/3.JPG"></p>`
39	`<p>國境之南海域</p>`
40	` `
41	`</td>`
42	`<td width="13%"></td>`
43	`<td align="center" width="44%"`
	`background="images/photobg.png">`
44	`   `
45	`<p><img src="images/4.JPG"></p>`
46	`<p>員林貓咪壁畫</p>`
47	` `
48	`</td>`
49	`</tr>`
50	`<tr>`
51	`<td align="center" width="43%"`
	`background="images/photobg.png">`
52	`   `
53	`<p><img src="images/5.JPG"></p>`
54	`<p>臺南市龍百貨</p>`
55	` `
56	`</td>`
57	`<td width="13%"></td>`
58	`<td align="center" width="44%"`
	`background="images/photobg.png">`
59	`   `

60	`<p><img src="images/6.JPG"></p>`
61	`<p>陽明山美軍宿舍群</p>`
62	` `
63	`</td>`
64	`</tr>`
65	`</table>`
66	`</td>`
67	`</tr>`
68	`</table>`
69	`</td>`
70	`</tr>`
71	`<tr>`
72	`<td>`
73	`<img src="images/index_04.gif">`
74	`</td>`
75	`</tr>`
76	`</table>`
77	`</body>`
78	`</html>`

　　因應不同的切版方式，也會呈現不同的排版方式，此處做法僅供讀者參考。本書另外介紹 CSS 排版方式，可參考第 5~8 章說明。

04 表單的設計

當你不好意思拒絕別人的時候，想想他們為什麼好意思為難你。

▶ 學習目標

表單允許放置各種類型的欄位，如文字欄、選項鈕、清單...等，透過表單的欄位可取得用戶端的資訊，同時配合伺服器端技術將用戶端的資訊儲存在伺服器端的資料庫中；像是線上購物、網路訂票、網路問卷等都是表單常見的應用。本節將介紹各種 HTML5 所提供的表單欄位設計，用以達到互動效果。

4.1 表單的建立

<form> 標籤可在網頁中建立表單，表單內可建立各類型欄位，依照功能的不同，由這些欄位所組成的輸入介面並與使用者進行互動。表單中的欄位包含文字方塊、按鈕、選項鈕、核取方塊以及下拉式清單...等，表單語法如下：

```
<form action="URL" method="傳送方式"
    name="欄位名稱" id="識別名稱" enctype="資料傳送編碼方式">
  <input type="欄位型別" name="欄位名稱" ......>
  ......
  <input type="欄位型別" name="欄位名稱" ......>
</form>
```

<form>的屬性	說明
action	用來指定伺服器端程式所在的網址，也就是用來處理表單資料程式的位址。action 屬性值以 URL 方式表示。在伺服器端必須有對應的程式，可接收由瀏覽器端傳送過來的資料。伺服器的程式可以使用 ASP.NET、ASP.NET MVC、PHP 或 JSP 等。
method	指定用戶端 (瀏覽器端) 的表單資料上傳給伺服器端所採用的傳輸方法： 1.POST-將表單中各欄位名稱和內容，放置在 HTML 表頭 (Header) 中一起傳送到伺服端，並交由 action 屬性所指定的程式處理，該程式會透過標準輸入 (stdin) 方式將表單資料讀取出來並進行處理，由於資料是放置在 HTML 表頭中，所以沒有長度限制，而且資料在傳送過程中具備較高的安全性。 2.GET- 為預設值，將表單中各欄位名稱和內容，透過成對的字串連接，放置於 action 屬性所指向的程式 URL 後面，例如：https://www.gotop.com.tw//show.asp?Name=emma，URL 長度最長為 256 bytes，因此不適合傳送資料量太大的表單資料，由於表單內所有欄位的資料都會顯示在 URL 上，因此資料傳送的安全性較低。
name	提供伺服器端程式讀取使用，也就是說伺服器程式根據 name 欄位名稱來存取欄位資料。伺服器程式可使用 ASP.NET、ASP.NET MVC、PHP、JSP 等。

id	用戶端指令碼讀取使用，可使用 JavaScript 來取得 id 所指定欄位識別名稱，並與使用者進行互動。
enctype	設定表單傳輸編碼類型。 如果表單內使用 <input type="file"> 檔案上傳欄位，記得表單要設定 enctype="multipart-form-data" 屬性，才能傳輸特殊類型的數據，如圖片、文件檔或 mp3 等。
accept	指定允許檔案上傳的文件類型。 若指定 accept="image/gif, image/jpeg"，表示允許上傳*.gif 和 *.jpg。
autocomplete	指定表單是否啟用自動完成功能，當啟用自動完成功能時，使用者輸入資料時，先前的資料即會自動顯示；也就是說啟用自動完成功能，允許瀏覽器在歷史資訊中保留敏感資訊。若要加強網站的保護資訊可停用自動完成功能。 設為 on(預設值)表示啟用自動完成功能；設為 off 表示停用自動完成功能。

關於表單在伺服器與用戶端(瀏覽器端)之間的處理機制可參閱「跟著實務學習 ASP.NET MVC 5.x-打下前進 ASP.NET Core 的基礎」一書，本書在此僅介紹表單的設計方式。

4.2　表單欄位類型簡介

表單內的欄位可讓使用者輸入資料，簡單工作由瀏覽器端進行立即回應的處理動作，複雜的工作則傳送到後端的伺服器處理，接著伺服器再將結果回傳至瀏覽器端。所以表單是使用者與伺服器之間的溝通介面。至於表單上面的欄位，除了特殊幾個欄位外，大多由 <input> 標記的 type 屬性來設定。下表是表單中允許使用的欄位種類說明：

表單欄位類別	說明
<input type="text">	建立單行文字欄位。
<input type="password">	建立密碼欄位。
<input type="hidden">	建立隱藏欄位,在表單欄位不可見,通常隨表單資料一同傳遞到伺服器端。
<input type="submit">	建立提交按鈕,按下此按鈕可將表單欄位的資料傳送到伺服器端的程式進行處理。
<input type="reset">	建立重設按鈕,按下此按鈕可將表單欄位還原至初始狀態。
<input type="button">	建立一般按鈕,通常用來觸發指定的 JavaScript 或用戶端的指令碼。
<input type="email">	建立驗證電子郵件的欄位。
<input type="url">	建立驗證網址資料的欄位。
<input type="search">	建立搜尋欄位。
<input type="tel">	建立輸入電話號碼欄位。
<input type="number">	建立驗證數值資料的欄位。
<input type="range">	建立驗證指定範圍內數值資料的欄位。
<input type="color">	建立輸入色彩資料的欄位。
<input type="date">	建立輸入日期資料的欄位。
<input type="time">	建立輸入時間資料的欄位。
<input type="datetime">	建立輸入 UTC 世界標準日期時間資料的欄位,此屬性目前無瀏覽器支援。
<input type="month">	建立輸入月份資料的欄位。
<input type="week">	建立讓用戶端輸入一年是第幾個星期的欄位。

`<input type="datetime-local">`	建立本地日期時間資料的欄位。
`<input type="file">`	建立檔案上傳欄位。
`<input type="radio">`	建立選項鈕欄位，用來做單選項的欄位。
`<input type="checkbox">`	建立核取方塊欄位，用來做多選項目的欄位，被選取時會以 ☑ 呈現。
`<textarea>...</textarea>`	建立多行文字欄位。

`<select>`
　`<option>項目 1</option>`
　`<option>項目 2</option>`
　......
`</select>`
	建立下拉式清單或多選清單。

4.3　表單欄位的使用

4.3.1 單行文字欄位、密碼欄位與隱藏欄位

　　當 `<input>` 標籤的 type 屬性為 text，即可建立單行文字欄位；若 type="password" 則可建立密碼欄位，此欄位所輸入的資料會以「·」呈現；若 type="hidden" 則建立隱藏欄位，此欄位可用來暫存用戶端的資料。`<input>` 標籤的 name 屬性為表單欄位名稱，是交由伺服器端程式處理使用；id 屬性是標籤元素的識別名稱，用來提供給用戶端的 JavaScript 指令進行互動；而 value 屬性即代表表單欄位中的資料內容。

Ex 01　單行文字、密碼與隱藏欄位的使用

　　建立 txtUid 帳號欄位，txtPwd 密碼欄位、txtName 姓名欄位以及 txtBirdthday 隱藏欄位；因為 txtPwd 密碼欄位，所以輸入的字元資料會使用「·」呈現；txtName 姓名欄位預設指定 value 屬性等於 "陳小華"；txtBirthday 隱藏欄位預設 value 屬性為 "75/03/14"。若表單要傳送帳號密碼資料，建議表單傳送方式指定為 post，且同時停用自動完成功能。寫法如下：

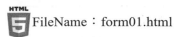FileName：form01.html

```
<form method="post" autocomplete="off">
   帳號：<input type="text" name="txtUid" id="txtUid" /><br />
   密碼：<input type="password" name="txtPwd" id="txtPwd" /><br />
   姓名：<input type="text" name="txtName" id="txtName"
         value="陳小華" /><br />
    <input type="hidden" name="txtBirthday" id="txtBirthday"
         value="75/03/14" /><br />
</form>
```

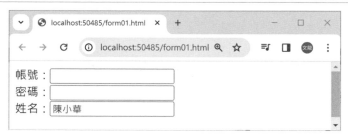

4.3.2 電子信箱、電話、網址、搜尋與顏色欄位

HTML5 表單新增了電子信箱 (type="email")、電話 (type="tel")、網址 (type="url")、搜尋 (type="search") 與顏色 (type="color") 欄位供使用者使用，這些欄位還提供驗證資料的功能，例如電子信箱欄位可驗證輸入的資料是否為 email 格式，網址欄位則可驗證輸入的資料是否為網址格式。

Ex 01 電子信箱、電話、網址、搜尋與顏色欄位的使用

FileName：form02.html

指定規則運算式驗證輸入的資料是否為行動電話格式

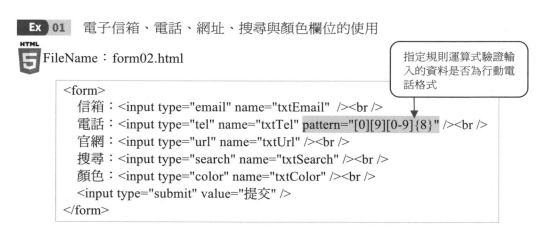

```
<form>
   信箱：<input type="email" name="txtEmail" /><br />
   電話：<input type="tel" name="txtTel" pattern="[0][9][0-9]{8}" /><br />
   官網：<input type="url" name="txtUrl" /><br />
   搜尋：<input type="search" name="txtSearch" /><br />
   顏色：<input type="color" name="txtColor" /><br />
   <input type="submit" value="提交" />
</form>
```

1. 當信箱欄位輸入的資料不是 email 格式並按 提交 鈕，會出現下圖提示訊息。

2. 使用 pattern 屬性設定規則運算式為 "[0][9][0-9]{8}"，表示此欄位資料的第一個字為 0，第二個字為 9，最後八個字可以 0-9 的數字，此 09xxxxxxxx 格式用來驗證輸入的資料是否為行動電話。當輸入的資料不是行動電話格式並按 提交 鈕，會出現下圖提示訊息 。

3. 當官網欄位輸入的資料不是網址格式並按 提交 鈕，會出現下圖提示訊息。

4. 當按下顏色欄位會出現右圖「色彩對話方塊」讓使用者選取顏色。

4.3.3 提交、重設與一般按鈕

表單預設提供的按鈕有提交 (type="submit")、重設 (type="reset") 以及一般按鈕 (type="button")。當按下提交按鈕時，會將表單欄位的資料 (即 value 屬性值) 傳送給 <form> 標籤 action 屬性所指定的伺服器程式；按下重設按鈕時，會將表單所有欄位還原為預設狀態；至於一般按鈕通常用來與用戶端的 JavaScript 指令碼進行互動。

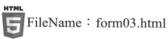 提交、重設與一般按鈕的使用

建立 txtUid 帳號欄位與 txtPwd 密碼欄位，其中 txtUid 欄位預設 value 為 "Jasper"；同時建立提交 (type="submit")、重設 (type="reset") 與一般按鈕(type="button")。其寫法如下：

HTML5 FileName：form03.html

```
<!DOCTYPE html>
<html>
<head>
    <meta charset="utf-8" />
    <title></title>
    <script>
    function fnHelp() {
        alert("跟著實務學習跨平台網頁設計"); //顯示網頁訊息視窗
```

> 建立 JavaScript 函式 fnHelp，用來顯示訊息視窗

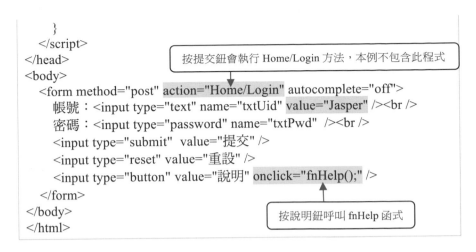

```
        }
    </script>
</head>
<body>
    <form method="post" action="Home/Login" autocomplete="off">
        帳號：<input type="text" name="txtUid" value="Jasper" /><br />
        密碼：<input type="password" name="txtPwd" /><br />
        <input type="submit"  value="提交" />
        <input type="reset" value="重設" />
        <input type="button" value="說明" onclick="fnHelp();" />
    </form>
</body>
</html>
```

按提交鈕會執行 Home/Login 方法，本例不包含此程式

按說明鈕呼叫 fnHelp 函式

1. 執行結果如下圖，帳號欄位預設顯示"Jasper"，密碼欄位為空白。

2. 如左下圖在帳號與密碼欄位輸入資料並按 重設 鈕；此時如右下圖表單欄位會還原為預設畫面。

3. 在左下圖按 說明 鈕，此時即出現右下圖的網頁訊息視窗。

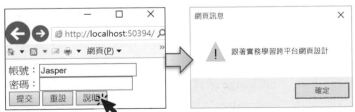

4.3.4 數值資料欄位

HTML5 表單的 type 提供了 number 和 range 兩種數值輸入型態欄位，number 類型  提供上下按鈕可讓使用者調整數值，至於 range 類型是採用 ————囗 水平拉桿來調整數值；數值型態欄位另外還提供 max 屬性用來設定最大值、min 屬性用來設定最小值，以及透過 step 屬性來設定每一次調整數值的增減數值。

Ex 01 上下按鈕數值欄位與拉桿調整數值欄位的使用

建立 txtNumber 和 txtSalary 數值欄位。txtNumber 以上下按鈕呈現、同時設定預設 value 為 1、max 最大值為 10、min 最小值為 1、每一次按上下鈕調整數值的增減值為 1；txtSalary 以拉桿呈現、同時設定預設 value 為 25000、max 最大值為 70000、min 最小值為 22000、拉桿調整的增減值為 1000。寫法如下：

FileName：form04.html

```
<form>
   人數：<input type="number" id="txtNumber"
         value="1" step="1" max="10" min="1" /><br />
   薪資：<input type="range" id="txtSalary"
         value="25000" step="1000" max="70000" min="22000" />
</form>
```

執行結果如右圖：

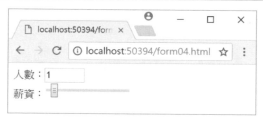

由上一個範例可以發現，當使用拉桿調整數值時，並不知道數值到底調整至多少，若要解決此問題可配合 JavaScript。如下範例：

Ex 02 調整拉桿同時呈現數值

網頁有 id="txtSalary" 數值欄位和 id="span_salary"的 <span> 標籤，當 txtSalary 的 value 改變 (拉桿調整) 會觸發 onchange 事件。此處指定當 onchange 事件被觸發時會執行 fnChange 函式，在 fnChange 函式中取出 txtSalary 欄位的 value 值並放入 id="span_salary" 的 <span> 標籤內，使 txtSalary 欄位數值改變的同時 span_salary 內的數值亦會同步改變。其寫法如下：

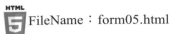FileName：form05.html

```
<!DOCTYPE html>
<html>
<head>
  <meta charset="utf-8" />
  <title></title>
  <script>
    function fnChange() {
        document.getElementById("span_salary").innerText =
            document.getElementById("txtSalary").value;
    }
  </script>
</head>
<body>
  <form>
    薪資：<input type="range" id="txtSalary" onchange="fnChange();"
            value="25000" step="1000" max="70000" min="22000"  />
            <span id="span_salary">25000</span><br />
  </form>
</body>
</html>
```

> 將 txtSalary 的 value 放入 span_salary 的元素中

> 調整數值會觸發 fnChange 函式

<span> 預設數值呈現 25000，當拉桿調整，<span> 亦會同步呈現拉桿的數值欄位的資料。document.getElementById("id 識別名稱").innerText 表示被標籤括住的內容；document.getElementById("id 識別名稱").value 表示表單欄位的 value 值。關於 JavaScript 可參閱第 9~11 章。

4.3.5 日期時間欄位

HTML5 新增表單日期時間 (date/time/month/week/datetime) 的輸入類型，讓使用者可用點選日曆或時間的方式來設定日期時間，使網頁的操作更加快速順暢。日期時間欄位目前僅 chrome 瀏覽器支援較為完整；若是使用 IE 或 Firefox 瀏覽器則會被視為 text 文字欄位類型處理。

Ex 01 各類型日期時間欄位的使用

FileName：form06.html

```
<form>
    日期：<input type="date" name="txtDate" /><br />
    時間：<input type="time" name="txtTime" /><br />
    月份：<input type="month" name="txtMonth" /><br />
    週次：<input type="week" name="txtWeek" /><br />
    本地日期與時間：<input type="datetime-local"
        name="txtDatetime" /><br />
</form>
```

1. 點選 type="date" 類型的日期欄位會出
   現日曆讓使用者設定。如右圖所示：

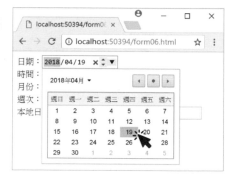

2. 點選 type="time" 類型的
   時間欄位會出現上下 按鈕，供使用
   者調整時間。

3. 點選 type="month" 類型的欄位會出現
   日曆讓使用者設定月份。如右圖所示：

4. 點選 type="week" 類型的欄位會出現
日曆讓使用者設定第幾週。如右圖：

5. 點選 type="datetime-local" 類型的日期
時間欄位會出現日曆與 下午 12:59✕ ，
供使用者調整日期時間。

4.3.6 檔案上傳欄位

　　數位學習平台上傳教材、電子商務網站後台上傳商品照片、公文系統上傳文件
都是檔案上傳欄位 (type="file") 常見的應用案例。欲使用檔案上傳功能，表單必須
指定要處理接收表單的伺服器程式，同時表單要設定 enctype="multipart/form-data"
屬性才有作用。

Ex 01　　檔案上傳欄位的使用

FileName：form07.html

表單必須指定此屬
性才能上傳檔案

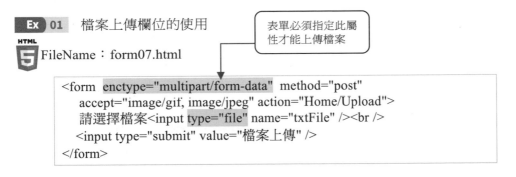

```
<form enctype="multipart/form-data" method="post"
    accept="image/gif, image/jpeg" action="Home/Upload">
    請選擇檔案<input type="file" name="txtFile" /><br />
    <input type="submit" value="檔案上傳" />
</form>
```

檔案上傳欄位可按下 瀏覽... 選擇要上傳的檔案，如下圖所示：

❶ 按此鈕選擇要
上傳的檔案

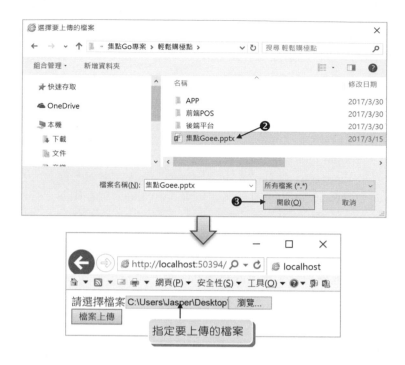

至於實際進行檔案上傳的範例與說明可參閱「跟著實務學習 ASP.NET MVC 5.x-打下前進 ASP.NET Core 的基礎」一書。

4.3.7 選項鈕欄位

表單欄位設定 type="radio" 會建立選項鈕欄位，此欄位只能單選使用。選項鈕若要設定為同一群組則 name 屬性必須設定相同，若設定 checked 屬性表示該選項鈕會呈現被選取狀態；選項鈕的 value 屬性值在群組必須是唯一的，這樣使用者按下提交鈕將表單資料傳送到伺服器程式處理時，才能根據所接收的 name 群組名稱和 value 值，來判斷是哪個選項鈕被選取。

Ex 01 選項鈕的使用

建立 radGender 性別與 radEdu 學歷群組的選項鈕。radGender 性別群組有男和女選項，value 值分別為 1 和 0，預設選取為男；radEdu 學歷群組有國小、國中、高中職、大學以及碩博士，value 值分別為 1~5，預設選取為大學。其寫法如下：

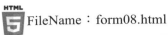

FileName：form08.html

```
<form>
   性別：<input type="radio" name="radGender" value="1" checked />男
         <input type="radio" name="radGender" value="0"/>女<hr />
   學歷：<input type="radio" name="radEdu" value="1" />國小
         <input type="radio" name="radEdu" value="2" />國中
         <input type="radio" name="radEdu" value="3" />高中職
         <input type="radio" name="radEdu" value="4" checked />大學
         <input type="radio" name="radEdu" value="5" />碩博士<hr />
</form>
```

執行結果如右圖：

4.3.8 清單欄位

　　<select> 標籤可用來建立下拉式清單，而 <option> 標籤則是用來建立清單中的項目。若在 <select> 標籤中指定 multiple 屬性，則該清單可按下 Ctrl 或 Shift 鍵進行多選；若在<option> 標籤中指定 selected 屬性表示該清單項目被選取，至於 value 值是交給伺服器程式處理的，而被 <option>~</option> 括住的資料代表是清單項目 (給使用者看的)。

Ex 01　清單的使用

　　建立性別清單有男和女選項，所代表的 value 值依序為 1 和 0，男預設被選取；電玩類型問卷多選清單有手遊、桌機、XBox One 以及 PS 5 四個清單選項，所代表的 value 值依序為 phone、windows、xbox、ps，其中手遊和 PS 5 核取方塊預設為選取。其寫法如下：

FileName：form09.html

```
<form>
   <p>性別</p>
```

```
<select name="selGender">
  <option value="1" selected>男</option>
  <option value="0">女</option>
</select>
<hr />
<p>請問玩過那些類型電玩</p>
<select name="selGame" multiple>
  <option value="phone" selected>手遊</option>
  <option value="windows">桌機</option>
  <option value="xbox">XBox One</option>
  <option value="ps" selected>PS 5</option>
</select>
<hr />
</form>
```

執行結果如下圖：

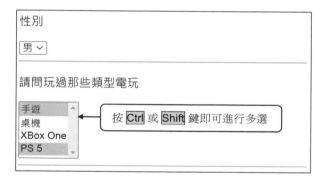

4.3.9 核取方塊欄位

表單欄位設定 type="checkbox" 會建立核取方塊欄位，此欄位可建立具有全選、多選、單選或都不選的表單欄位，核取方塊將 name 設為相同，表示為同一群組即陣列，value 值不一樣即方便伺服器程式判斷哪些選項被核取。若設定 checked 屬性表示該核取方塊呈現被核取狀態。

Ex 01 核取方塊的使用

電玩類型問卷有手遊、桌機、XBox One 以及 PS 5 四個核取方塊選項，所代表的 value 值依序為 phone、windows、xbox、ps，手遊和 PS 5 核取方塊預設為核取。其寫法如下：

FileName：form10.html

```
<form>
 <p>請問玩過那些類型電玩</p>
 <input type="checkbox" name="chkGame" value="phone" checked />手遊
 <input type="checkbox" name="chkGame" value="windows" />桌機
 <input type="checkbox" name="chkGame" value="xbox" />XBox One
 <input type="checkbox" name="chkGame" value="ps" checked />PS 5
</form>
```

執行結果如下圖：

4.3.10 多行文字欄位

　　<textarea> 用來建立多行文字方塊欄位，可讓使用者輸入多行文字敘述，如表單中的自我介紹、意見或留言板皆可使用多行文字方塊欄位，此標籤的 rows 屬性用來建立多行文字方塊的高度 (行數)，cols 屬性用來建立多行文字方塊的寬度 (字元數)。若要設定多行文字方塊預設值，則可將資料內容放入<textarea>~</textarea> 標籤內。

Ex 01 多行文字方塊的使用

　　下面範例意見表的訊息欄使用 <textarea> 建立多行文字方塊，同時設定行高 4 行，寬度 30。其寫法如下所示：

FileName：form11.html

```
<form>
    姓名：<input type="text" name="txtName" /><br />
    性別：<input type="radio" name="radGender" value="1" checked />男
          <input type="radio" name="radGender" value="0" />女<br />
    訊息：<br />
    <textarea rows="4" cols="30" name="txtName" >請填寫意見</textarea>
</form>
```

執行結果如下圖：

姓名：
性別： ● 男 ● 女
訊息：
請填寫意見

4.4　表單欄位常用的屬性

在某些情況下，希望表單欄位是失效無法使用、必填欄位或是只能看而無法修改...等狀態。此時就可以使用下表的屬性來達成，相關程式碼請參考 form12.html：

常用屬性	說明
disabled	設定欄位失效。設定 txtName 文字欄位失效，寫法如下： `<input type="text" name="txtName" disabled />`
maxlength	設定文字欄位最多的字元數。設定 txtUid 文字欄位最多只能輸入 5 個字元，寫法如下： `<input type="text" name="txtUid" maxlength="5" />` jaspe
readonly	設定欄位只能看不能修改 (唯讀)。設定 txtEmail 文字欄位為唯讀，寫法如下： `<input type="email" name="txtEmail" readonly value="jasper.dtc@outlook.com" />` jasper.dtc@outlook.com
required	設定為必填欄位，可配合 placeholder 屬性設定提示文字。若欄位沒有填寫資料並按下提交 (submit) 鈕，此時該欄位即會出現提示訊息。設定 txtUrl 文字欄位為必填欄位，寫法如下： `<input type="url" name="txtUrl" required />`

	（輸入框） ！ 請填寫這個欄位。

placeholder	設定欄位的提示文字，當滑鼠焦點移到該表單時，提示文字即會自動消失。設定 txtTel 文字欄位顯示提示文字，寫法如下：
	`<input type="tel" name="txtTel"`
	　　　　　`placeholder="格式 09xxxxxxxx" />`
	
	格式09xxxxxxxx

4.5　表單欄位顯示名稱 \<label> 標籤

　　\<label>可用來設定欄位的顯示名稱，該標籤的 for 屬性只要指定 id 欄位識別名稱，此時滑鼠游標點選 \<label> 括住的顯示名稱，即代表點選該欄位，讓使用者容易操作點選。

Ex 01　\<label>標籤的使用

HTML5 FileName：form13.html

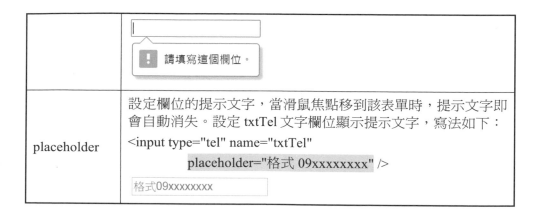

```
<form>
  <p>
    <label for="txtName">姓名：</label>          ← <label>顯示名稱「姓名」對應至 txtName
    <input type="text" name="txtName" id="txtName" />
  </p>
  <p>
    性別：                                        ← <label>顯示名稱「男」對應至 male
    <input type="radio" name="radGender" id="male" value="1" />
    <label for="male">男</label>
    <input type="radio" name="radGender" id="female" value="0" />
    <label for="female">女</label>               ← <label>顯示名稱「女」對應至 female
  </p>
</form>
```

執行結果如左下圖點選「姓名」，輸入焦點即進入文字方塊內；如右下圖點選
「女」，該選項鈕即被選取：

 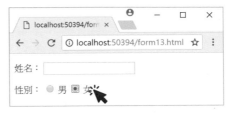

 4.6   表單欄位外框

HTML 提供 <fieldset> 標籤設定欄位外框，可用來將表單內同性質的欄位框起
來，使用 <legend> 標籤設定欄位外框的標題名稱。因此透過這兩個標籤可將相同性
質的表單欄位進行分類，就有如 Word 中的群組 (Group) 一樣。

Ex 01   表單欄位外框的使用

如下範例使用 <fieldset> 與 <legend> 將表單欄位分成「個人資料」與「興趣」
兩個群組。其寫法如下所示：

HTML5 FileName：form14.html

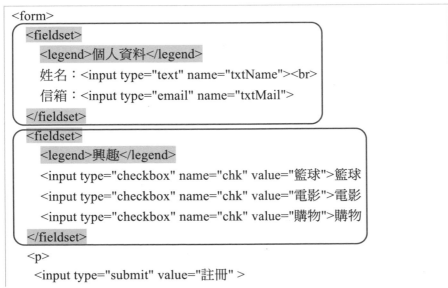

```
<form>
  <fieldset>
    <legend>個人資料</legend>
    姓名：<input type="text" name="txtName"><br>
    信箱：<input type="email" name="txtMail">
  </fieldset>
  <fieldset>
    <legend>興趣</legend>
    <input type="checkbox" name="chk" value="籃球">籃球
    <input type="checkbox" name="chk" value="電影">電影
    <input type="checkbox" name="chk" value="購物">購物
  </fieldset>
  <p>
   <input type="submit" value="註冊" >
```

```
        <input type="reset" value="重設" >
      </p>
</form>>
```

執行結果如右圖：

05 CSS 基礎

不要期望自己寫出沒有 *bug* 的程式，而應該培養自己遇到 *bug* 有解決的能力。

▶ **學習目標**

CSS 是用來為 HTML 增加樣式，這些樣式可使用字型、間距、前景顏色、背景顏色或網頁排版佈局…等設定，此外也可透過 CSS 來設定圓角、透明度、漸層或陰影等特效，更甚者還能設計動畫，因此透過 CSS，可以建置出更多元且豐富的多媒體網頁。

5.1　CSS 的演進與特色

CSS 的演進

在這個網路科技發達的年代，網站的設計也日新月異，不管使用任何的網站開發工具，網頁都是以基本的 HTML 與 CSS (Cascading Style Sheets, 串接樣式表) 所建置出來的。

HTML 是用來描述網站的結構資訊以及文件語意，隨著各種需求出現，在 HTML 裡也開始增加了文字、顏色以及排版的屬性，此時要設計具美感的網頁就必須撰寫越來越多的 HTML 程式碼。CSS 的誕生大幅縮減了 HTML 的程式碼，讓 HTML 只剩下標籤、結構資訊與文件語意，至於其他的動畫、排版設計都可使用 CSS 來設定。

CSS1 於 1996 年由 W3C 公布，可以使用大約 50 多種的屬性，包含文字、內容...等，W3C 在 1998~2011 年公布了 CSS2-2.1，加入約 120 幾種的屬性，也多了相對、絕對和固定的元素定位方式，並且支援媒體類型的呈現方式，最後 W3C 在 2011 年公布 CSS3，可支援更多種類的文字、按鈕、動畫、立體效果...等，讓所有的規則再細分成不同的功能，使開發網頁有更好的效率，隨著使用需求日益增廣，CSS 的技術也日益增進，目前 CSS4 也開始制定，預期今後的功能也將越來越多元。

HTML5 和 CSS3 是現在設計網頁的趨勢，可以在大多數主流的瀏覽器上運行，例如 Chrome、FireFox、Edge...等，越新的瀏覽器對 CSS3 的相容性更加完整。另外，網頁的呈現方式，為了能符合現今多數的裝置需求，可以分別制定不同的 CSS，能讓使用者有更好的閱讀體驗，在後續章節中會有詳細的介紹與說明。

支援主流瀏覽器

CSS 的特色

早期的網頁設計人員，會使用 HTML 的標籤與屬性以及使用其他軟體如 Photoshop 設計多種圖案並製作出圖文並茂的網頁，但往往會使得 HTML 的原始檔變得很冗長且不易修改，也會常常使用特殊的方法來呈現網頁外觀，但還是太依賴圖片內容與 HTML 標籤屬性，一旦出現問題或要更新內容，除了可能要修改圖片或資料內容，連格式都要修改過，導致都要花費大量的時間和成本在網站的維護上。所以使用 CSS 的外部控制，就可以定義網頁的外觀，讓設計人員可以在大型的網站裡定義 CSS，也讓 HTML 的內容文章都有相同的 CSS 定義，不但維護不會浪費時間，也能讓後續的修改與維護更加精簡。

現今的 HTML 只是一個架構，用來描述資訊、文件結構，而 CSS 的主要功能就是控制網頁的排版、顯示、顏色、動畫效果...等，在一開始就可以設定好 CSS，之後就無須再寫許多相同的標籤元素，且 CSS 可以套用在網站的所有網頁內，讓所有頁面都可以統一為同一個格式。此外，CSS 還提供特殊效果，如陰影、圓角、漸層等...，能取代或是減少以軟體所設計出來的大型檔案，讓網頁執行時變得更順暢。

例如，使用 <img> 標籤顯示 Images 資料夾下的 1.jpg 和 2.jpg 圖片。

```
<img src="Images/1.JPG" />
<img src="Images/2.JPG" />
```

以往圖文想要呈現特效，就必須先使用 Photoshop 進行後製圖片，若網頁內容一多相對就更加費時費力，現在只要套用 CSS 即可輕鬆達成。如下所示以 <img> 標籤套用 CSS 樣式，其樣式功能為圓角矩形，間距 10px，並呈現陰影，結果發現指定 CSS 即可同時套用樣式設定到多張圖片。

```
<style>
    img {  ← 指定 img 標籤套用 css 樣式
        border-radius: 30px;
        margin: 10px;
        box-shadow: 4px 4px 3px rgba(10%,20%,40%,0.5) ;
    }
</style>
<img src="Images/1.JPG" />
<img src="Images/2.JPG" />
```

5.2 CSS 基本語法

早期雖然可使用 HTML 寫出一個網頁，但仍舊無法滿足對網頁圖文效果與排版的種種需求。現在 W3C 持續公布 CSS，讓 HTML 可以加入 CSS 來進行排版設定，而 CSS 的選擇器必須套用在正確的位置與範圍，在下一節開始會介紹各種 CSS 的選擇器，使用正確的選擇器才能讓 CSS 在排版過程中更加順利。

CSS 的語法結構是由選擇器和宣告兩個部分所組成，在宣告裡包含了屬性和值。其語法如下所示：

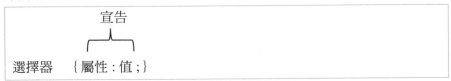

1. 選擇器：即是指定要套用到 HTML 的哪個位置，選擇器可使用多種形式，一般可使用類別、ID、元素 (即標籤)、群組等選擇器。

2. 宣告：撰寫在 {...} 內，它是由屬性和值組合而成，宣告是用來指定樣式。當宣告的個數不只一個時，中間必須使用分號(;)隔開。

Ex 01 設定 CSS 樣式將 body 標籤內文字的前景色 (文字顏色) 設為紅色，且字型大小 30px。其寫法如下：

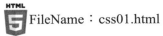 FileName：css01.html

```
<!DOCTYPE html>
<html>
<head>
    <meta charset="utf-8" />
    <title></title>
    <style>────── 選擇器指定 body
   ┌ body {
   │    color: red;
   │    font-size: 30px;
   └ }
    </style>              宣告包含了屬性和值，
</head>                   此處設定 font-size 字型
                         大小屬性的值為 30px
```

```
<body>
    <p>跟實務學習 ASP.NET MVC</p>
    <p>跟著實務學習網頁設計</p>
</body>
</html>
```

5.3　CSS 套用方法

　　套用 CSS 的樣式有很多種方式，例如行內載入、內部載入以及外部載入，以下將介紹三種套用方法，如何在 HTML 行內、內部、外部使用 CSS 來改變樣式。

5.3.1 行內載入

　　行內載入即是在標籤內的 style 屬性指定 CSS 語法，可以把需要的樣式定義在元素名稱裡，使用標籤 (也稱為元素) 的 style 來改變要設定的文字大小或是其他樣式，但改變的標籤僅有該區段且無法在其它地方重複使用，在同一行裡面使用（;）符號隔開後可以繼續設定其他樣式，行內載入寫法如下：

```
<標籤名稱 style="屬性 1:值 1 ; 屬性 2:值 2 ;.... ;屬性 n:值 n">
    內容
</標籤名稱>
```

　　行內載入無法重複套用於標籤，當要求某一個標籤要更改字型、顏色、大小時，就必須把要更改的地方找出來，往往耗時且常常發生錯誤。

Ex 01　使用行內載入方式設定 CSS 樣式，第一段文字為紅色字且字型大小為 20px，第二段文字為藍色字且字型大小為 14px。其寫法如下：

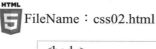FileName：css02.html

```
<body>
    <p style="color:red;font-size:20px">跟實務學習 ASP.NET MVC</p>
    <p style="color:blue;font-size:14px">跟著實務學習網頁設計</p>
</body>
```
行內載入使用 style
屬性來設定

跟實務學習ASP.NET MVC

跟著實務學習網頁設計

5.3.2 內部載入

首先將所需要的樣式放在 <head> 裡，並且使用 <style> 包覆起來，在 <style> 裡面設定 CSS 樣式，如此一來 <body> 裡的網頁內容跟 CSS 樣式分開設定，如果 CSS 的樣式要新增、修改或是刪除，在 <style> 裡就可以把套用的元素一起做改變。其語法如下：

```
<style>
選擇器 {
    屬性 1 : 值 1 ;
    屬性 2 : 值 2 ;
    ......
    屬性 3 : 值 3 ;
}
</style>
```

Ex 01 使用內部載入的方式來設定 <p> 標籤的樣式寬*高為 200px*40px，且背景色為淺綠色。其寫法如下：

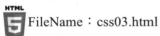 FileName：css03.html

```
<!DOCTYPE html>
<html>
<head>
    <meta charset="utf-8" />
    <title></title>
    <style>
    p{
        width:200px;
        height:40px;
        background:#b6ff00;
    }
    </style>
```

跟實務學習ASP.NET MVC

跟著實務學習網頁設計

```
</head>
<body>
   <p>跟實務學習 ASP.NET MVC</p>
   <p>跟著實務學習網頁設計</p>
</body>
</html>
```

5.3.3 外部載入

若選擇以外部載入的方式套用 CSS，首先要將 CSS 的樣式單獨寫在外部的檔案裡，其附檔名為*.css。在需要套用 CSS 樣式時，只要由 HTML 裡載入 CSS 的外部檔案即可，寫法是在 <head> 裡使用 <link>，或是在 <style> 裡使用 @import 來載入外部的 CSS 檔。

使用 <link> 元素載入外部 CSS 檔的寫法 (以下 CSS 的檔名設為 basis.css)：

```
<head>
   <link href=" basis.css" rel="stylesheet" />
</head>
```

使用@import 元素載入外部 CSS 檔的寫法 (以下 CSS 的檔名設為 basis.css)：

```
<head>
   <style type = text/css>
   @import url(basis.css);    ←── 也可以寫成：@import "basis.css";
   </style>
</head>
```

上機練習

練習引用外部 CSS 檔案。首先請將 css03.html 的 CSS 部份撰寫成 mycss.css，再新增 css04.html 並在該網頁載入 mycss.css，本例執行結果與 css03.html 相同。操作步驟如下：

Step 01　建立樣式表，檔名為 mycss.css

在方案總管的網站名稱按滑鼠右鍵並執行快顯功能表的【加入(D)/加入新項目(W)…】指令新增樣式表，並將檔名設為「mycss.css」。

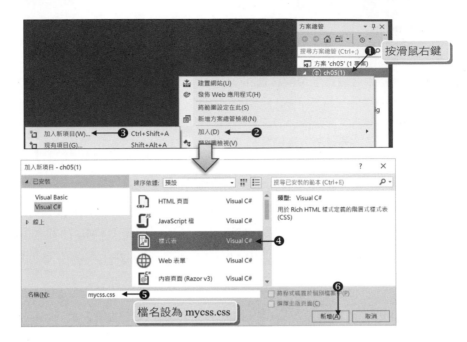

Step 02 撰寫 mycss.css 串接樣式表，如下所示：

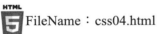FileName：mycss.css

```css
p {
    width: 200px;
    height: 40px;
    background: #b6ff00;
}
```

Step 03 建立 HTML 網頁檔，檔名為 css04.html，並撰寫如下程式碼：

FileName：css04.html

```html
<!DOCTYPE html>
<html>
<head>
    <meta charset="utf-8" />
    <title></title>
    <link href="mycss.css" rel="stylesheet" />
</head>
<body>
    <p>跟實務學習 ASP.NET MVC</p>
```
載入外部的 mycss.css

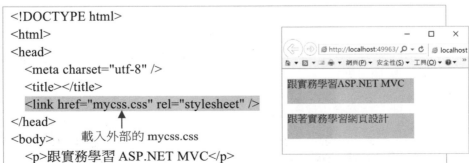

```
    <p>跟著實務學習網頁設計</p>
</body>
</html>
```

5.4　CSS 各類選擇器

5.4.1 類別選擇器(Class Selector)

　　想要將 HTML 中不同的標籤設定為相同樣式，則可以使用類別選擇器來達成。做法就是在類別選擇器的類別名稱前面加上「.」符號，接著在 HTML 標籤的 class 屬性指定要套用的類別名稱即可。其寫法如下：

```
<style>
.類別名稱 {
    屬性 1：值 1；
    屬性 2：值 2；
    ......
}
</style>
.....
<body>
    <標籤名稱 class="類別名稱"></標籤名稱>
</body>
```

透過 class 屬生指定
要套用的類別名稱

Ex 01　建立類別選擇器其名稱為「red_font」，並同時套用到 <h2> 與 <p> 標籤上。其寫法如下：

FileName：css05.html

```
<!DOCTYPE html>
<html>
<head>
    <meta charset="utf-8" />
    <title></title>
    <style>
        .red_font {
            color: red;
            background:#b6ff00;
```

```
    }
   </style>
 </head>
 <body>
   <h2 class="red_font">碁峰書籍</h2>
   <p class="red_font">跟實務學習 ASP.NET MVC</p>
   <p class="red_font">跟著實務學習網頁設計</p>
 </body>
</html>
```

5.4.2 ID 選擇器(ID selector)

　　ID 選擇器即是在 HTML 標籤中套用 id 識別名稱屬性來設定，由於 id 識別名稱是唯一性，因此在整份 HTML 文件中的 id 只使用一次，設定 ID 選擇器名稱之前必須加上「#」符號。其語法如下所示：

<blockquote>
Ex 01 建立 ID 選擇器名稱為 p1 與 p2，p1 樣式為綠底紅字，p2 樣式為紫色底藍字。其寫法如下：
</blockquote>

FileName：css06.html

```
<!DOCTYPE html>
<html>
<head>
  <meta charset="utf-8" />
  <title></title>
  <style>
    #p1 {
```

```
        color: red;
        background: #b6ff00;
      }
#p2 {
        color: blue;
        background: #f3e1fa;
      }
    </style>
</head>
<body>
   <p id="p1">跟實務學習 ASP.NET MVC</p>
   <p id="p2">跟著實務學習網頁設計</p>
</body>
</html>
```

5.4.3 群組選擇器(Groups of selector)

　　群組選擇器可將多個指定的選擇器 (即標籤、id 名稱、類別名稱...等) 進行套用相同樣式，而選擇器之間要以「,」逗號分開，其寫法如下：

```
選擇器 1, 選擇器 2, ..., 選擇器 n{
    屬性 1: 值 1 ;
    屬性 2: 值 2 ;
    ......
}
```

Ex 01 使用群組選擇器將 h1、h2、h3、h4 標籤套用紅色字體並加上藍色底線。
其寫法如下所示：

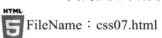FileName：css07.html

```
<!DOCTYPE html>
<html>
<head>
   <meta charset="utf-8" />
   <title></title>
   <style>
     h1, h2, h3, h4{
        color:red;
        border-bottom-color:blue;
```

```
            border-bottom-width:2px;
            border-bottom-style:solid;
        }
    </style>
</head>
<body>
    <h1>世事如人飲水冷暖自知</h1>
    <h2>世事如人飲水冷暖自知</h2>
    <h3>世事如人飲水冷暖自知</h3>
    <h4>世事如人飲水冷暖自知</h4>
</body>
</html>
```

5.4.4 標籤選擇器(Type selector)

又稱為型態選擇器，此類選擇器可以指定標籤名稱 (或稱元素名稱)，例如 p、div、h1...等。當 CSS 樣式裡指定標籤名稱時，頁面上的所有標籤名稱都會套用相同的 CSS 樣式，例如 css01.html、css03.html 與 css04.html 皆是使用此種方式。其語法如下：

```
標籤名稱{
    屬性 1: 值 1 ;
    屬性 2: 值 2 ;
    ......
}
```

5.4.5 通用選擇器(Universal selector)

選擇器指定星號「＊」，會將整個網頁的所有標籤，都套用此 CSS 設定，其寫法如下：

```
* {
    屬性 1 : 值 1 ;
    屬性 2 : 值 2 ;
    ......
}
```

5.4.6 後代選擇器(Descendant combinator)

此類選擇器的功能用來指定父層標籤下的所有子層標籤套用 CSS 樣式，指定兩個標籤之間要使用半型空格分開。其寫法如下所示：

```
父層標籤名稱 子層標籤名稱 {
    屬性 1：值 1；
    屬性 2：值 2；
    ......
}
```

 **01** 設定後代選擇器 ul li span 的樣式為淺綠底色。其寫法如下所示：

FileName：css08.html

```
<!DOCTYPE html>
<html>
<head>
    <meta charset="utf-8" />
    <title></title>
    <style>
        ul li span{
            background:#b6ff00
        }
    </style>
</head>
<body>
    <h3>前端技術</h3>
    <ul>
        <li><span>HTML5</span></li>
        <li>CSS3</li>
        <li>
            JavaScript
            <ol>
                <li><span>jQuery</span></li>
                <li><span>jQueryMobile</span></li>
            </ol>
        </li>
    </ul>
</body>
</html>
```

前端技術

- HTML5
- CSS3
- JavaScript
    1. jQuery
    2. jQueryMobile

5.4.7 子選擇器(Child combinator)

子選擇器與後代選擇器差別只在於子選擇器必須是完全相同的階段才能指定其樣式，父層標籤和內容的子層標籤使用「>」符號區隔。其寫法如下所示：

```
父層標籤名稱 > 子層標籤名稱 {
    屬性 1：值 1；
    屬性 2：值 2；
    ......
}
```

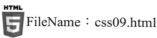 設定子選擇器 ul>li>span 的樣式為淺綠底色，結果發現只有標籤階層順序為 ul、li、span 內的「HTML5」文字才會顯示為淺綠底色。其寫法如下所示：

FileName：css09.html

```
<!DOCTYPE html>
<html>
<head>
  <meta charset="utf-8" />
  <title></title>
  <style>
    ul > li > span{
      background:#b6ff00
    }
  </style>
</head>
<body>
  <h3>前端技術</h3>
  <ul>
    <li><span>HTML5</span></li>
    <li>CSS3</li>
    <li>
      JavaScript
      <ol>
        <li><span>jQuery</span></li>
        <li><span>jQueryMobile</span></li>
      </ol>
    </li>
```

前端技術

- HTML5
- CSS3
- JavaScript
    1. jQuery
    2. jQueryMobile

```
    </ul>
  </body>
</html>
```

5.4.8 屬性選擇器 (Attribute Selectors)

　　CSS 屬性選擇器是使用網頁標籤 (元素) 的屬性進行選擇，最大的優點即是不用額外替標籤設定 ID 或 Class 也能進行選擇，可使用多種不同的寫法；例如指定屬性名稱或指定屬性名稱同時包含屬性值，甚至可以選擇屬性值中包含某些特定字元，使用彈性很大。常用寫法如下：

格式	說明

標籤[屬性]	選擇標籤元素指定的屬性。
	
	選擇 <a> 標籤指定 href 屬性的元素，即將該元素的前景色設為紅色，寫法如下：
	
	a[href] {
	　　color: red;
	}

標籤[屬性 = "值"]	選擇標籤元素指定的屬性和值。
	
	選擇<a> 標籤設定 hrcf="http://www.gotop.com.tw" 的元素，即將該元素的前景色設為藍色，寫法如下：
	
	a[href = "http://www.gotop.com.tw"] {
	　　color: blue;
	}

標籤[屬性 ~= "值"]	選擇標籤元素的屬性包含值的設定。設定值時使用空白隔開單字，只要有一個單字符合，即符合 CSS 設定的選擇。
	
	選擇 <img> 標籤的 alt 屬性有包含 gotop 文字，即將該元素框線設為實線 2px，框線顏色為藍色，寫法如下：
	
	img[alt ~= "gotop"] {
	　　border :2px solid blue ;
	}
	<img src="gotop.jpg" alt= "this is gotop logo">

標籤[屬性 ^= "值"]	選擇標籤元素的指定屬性，其值符合開頭文字。
	
	選擇 \<a\> 標籤的 href 為 http 開頭的元素，即將該元素的前景色指定為藍色，寫法如下：
	
	a[href ^= "http"] {
	
	    color :blue ;
	
	}
	
	\<a href="http://www.gotop.com.tw"\>碁峰\</a\>
	
	\<a href="index.html"\>首頁\</a\>\< !--不符合--\>

標籤[屬性 $= " 值"]	選擇標籤元素的指定屬性，其值符合結束文字。
	
	選擇 \<img\> 標籤指定的圖檔附檔名為 .jpg 的元素，即將該元素框線設為實線 2px，框線顏色為藍色，寫法如下：
	
	img[src $= ".jpg"] {
	
	    border :2px solid blue ;
	
	}
	
	\<img src="gotop1.jpg"\>
	
	\<img src=" gotop1.png"\>\< !--不符合--\>

標籤[屬性 *= "值"]	選擇標籤元素的指定屬性，其屬性值包含指定的值。
	
	選擇 \<a\> 標籤的 href 有包含 gotop 的文字，將該元素的前景色指定為藍色，寫法如下：
	
	a[href ^= "gotop"] {
	
	    color :blue ;
	
	}
	
	\<a href="http://www.gotop.com.tw"\>碁峰\</a\>
	
	\<a href="index.html"\>首頁\</a\>\< !--不符合--\>

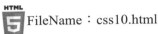　使用標籤與屬性選擇器來排版網頁。如下：

FileName：css10.html

```html
<!DOCTYPE html>
<html>
<head>
    <meta charset="utf-8" />
    <title></title>
    <style>
        img[src]{
            border: 3px solid blue;
        }

        div{
            text-align:center;
            width:250px;
            border: 5px double pink;
            float:left;
            margin:10px;
            padding-top:10px;
        }
    </style>
</head>
<body>
    <div>
        <img src="images/1.JPG" /><br />
        <p>七股鹽山</p>
    </div>
    <div>
        <img src="images/2.JPG" />
        <p>招財貓</p>
    </div>
</body>
</html>
```

指定<div>
1. 置中
2. 寬 250px
3. 框線：5px 雙線 顏色 pink
4. 靠左浮動
5. 上右下左間距：10px
6. 上內距：10px

5.4.9 虛擬類別選擇器(Pseudo-classes)

虛擬類別選擇器常應用於標籤的狀態並進行選擇。例如：像是有點閱過的超連結或是沒有點閱過超連結的狀態，啟用或不啟用超連結，或是滑鼠碰到某一元件或按下元件的狀態...等。其中 link 與 visited 是超連結的虛擬類別，所以只能用於 <a> 標籤；而 hover、focus 和 active 為動作的虛擬類別，可以套用於其他標籤。如下是常用的虛擬類別選擇器說明：

虛擬類別選擇器	說明
a:link	還未瀏覽時的狀態。
a:visited	已瀏覽後的狀態。
標籤:hover	滑鼠指標碰到的狀態。
標籤:focus	取得焦點後的狀態。
標籤:active	按下元件後的狀態。

Ex 01 虛擬類別選擇器指定超連結特效。如下：

1. 超連結取消底線。

2. 點閱過以及沒有點閱過超連結的狀態，其前景色(即文字顏色)設定為黑色。

3. 滑鼠指標碰到超連結，即設定前景色為紅色且背景色為淺綠色。

4. 按下超連結即設定前景色為藍色。

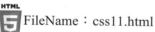 FileName：css11.html

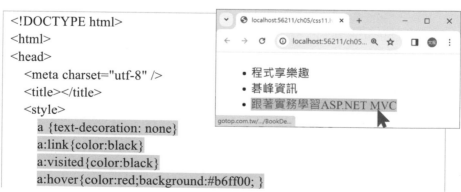

```
<!DOCTYPE html>
<html>
<head>
    <meta charset="utf-8" />
    <title></title>
    <style>
        a {text-decoration: none}
        a:link{color:black}
        a:visited{color:black}
        a:hover{color:red;background:#b6ff00; }
```

```
        a:active{color:blue}
    </style>
</head>
<body>
    <ul>
        <li><a href="https://www.youtube.com/@happycodingfun">
                程式享樂趣
            </a>
        </li>
        <li><a href="https://www.gotop.com.tw">碁峰資訊</a></li>
        <li>
<a href="https://www.gotop.com.tw/books/BookDetails.aspx?Types=v&bn=AEL022900">
                跟著實務學習 ASP.NET MVC
            </a>
        </li>
    </ul>
</body>
</html>
```

06

CSS 顏色、文字、段落與列表設計

打掉重練是種勇氣，但持續對現有程式碼重構卻是種修煉。

▶ 學習目標

文字是網頁構成的所需元素，如何充分利用文字的藝術與變化，使網頁更加美觀且漂亮是重要的議題，此章節將介紹如何使用 CSS 語法讓文字更加活潑有趣。另外，也能學習文字間的排列組合，諸如文字間距、縮排、列表符號設定等等。

6.1　顏色設定

6.1.1 color 屬性

　　擁有豐富的色彩呈現對於網頁而言十分重要,無論是文字、背景、區塊、段落,都能使用色彩來表現,而善用色彩配色可以給予使用者一個良好的使用體驗。以 color 屬性來說,是用來設定「前景」的文字顏色,圖形則不受影響。屬性寫法如下:

> color : 屬性值

　　顏色屬性值能使用三種方式來表現:「顏色名稱」、「數字」和「百分比」。在數字跟百分比的部分則按照三原色來設定,紅(Red)、綠(Green)、藍(Blue)來指定占比。另外,數字呈現方式能以進制的不同來顯示。10 進制是以 0~255 為區隔表示,紅綠藍被劃分為 256 級,100%就是 255;16 進制則不同於 10 進制,開頭需加上#字號,且不需要寫在 rgb()內。以紅色為例,可以有多種寫法,如下寫法都是設定前景顏色 (即文字顏色) 紅色的寫法:

```
color :red ;
color :rgb(100%,0%,0%)
color :rgb(255,0,0)
color :#ff0000
```

Ex 01　使用行內載入的方式設定 CSS,試著將文字顏色改成藍色、綠色、黃色以及紅色。其寫法如下:

 FileName :color01.html

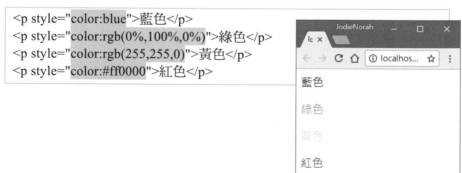

```
<p style="color:blue">藍色</p>
<p style="color:rgb(0%,100%,0%)">綠色</p>
<p style="color:rgb(255,255,0)">黃色</p>
<p style="color:#ff0000">紅色</p>
```

6.1.2 透明度

在前一小節中提到使用 RGB 來改變前景顏色，除此之外，根據 CSS3 新增的指定方式，可以增加一個參數用來設定透明度：a(alpha)，其值介於 0~1.0 之間，數值越低代表透明度越高，反之透明度越低。寫法如下：

```
color：rgba ( 紅色屬性值 , 綠色屬性值 , 藍色屬性值 , 透明度值 )
```

例如以 rgba(255,255,0) 表示使用黃色並以 0.5 的參數值設定半透明屬性，寫法：

```
color：rgba(255,255,0,0.5)
```

透明度的設定可以讓視覺效果更加豐富，如再加上背景色彩，即能顯現半透明的效果，CSS 是透過 opacity 屬性來指定透明度，而此屬性不僅能改變文字顏色，也能更改圖片，屬性值介於 0~1.0 之間。在系統預設屬性值為 1.0，若不需更改透明度時，則不必指定 opacity 屬性。寫法如下：

```
opacity：屬性值
```

Ex 01 以下範例使用 RGB 屬性值，設定為黑色，再分別加上透明參數顯示不同效果，文字透明值依序設為 1.0、0.5、0；而圖片直接使用 opacity 屬性值依序直接設定透明度。程式碼如下：

 FileName :color02.html

```html
<p style="color:rgba(0,0,0,1.0)">黑色</p>
<p style="color:rgba(0,0,0,0.5)">黑色</p>
<p style="color:rgba(0,0,0,0)">黑色</p>
<img src="view.jpg" width="200">圖片
<img src="view.jpg" width="200" style="opacity:0.5">圖片
<img src="view.jpg" width="200" style="opacity:0">圖片
```

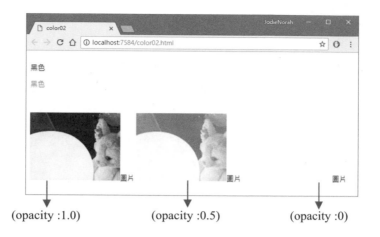

(opacity :1.0)　　　　　　(opacity :0.5)　　　　　　(opacity :0)

6.1.3 HSLA 色彩空間

除了可以使用 RGBA 方法表示顏色之外，也能使用 HSLA 色彩空間來表示。H 代表色相 (Hue)，能按照色相環上的角度來設定顏色，如使用紅色則填寫 0 度；S 代表彩度 (Saturation)，能夠設定色彩的鮮豔程度，如純色則填寫 100%；L 代表亮度 (Lightness)，用來設定顏色的明亮程度，如最為明亮則填寫 100%；A 代表透明度 (Alpha)。寫法如下：

> color：hsla (色相屬性值 , 彩度屬性值 , 亮度屬性值 , 透明度值)

例如使用紅色純色且透明度為 0.5，寫法如下：

> color：hsla(0,100%,100%,0.5)

6.2　文字設定

文字為網頁構成的基本要素，因此如何利用文字的編排來展現其文字本身價值，對於網頁前端設計師而言相當重要。此節，將學習利用 CSS 屬性進行改變文字顯示方式，諸如文字大小、寬度、字型...等，從做中學，打造出具有個人獨特風采的網頁。

6.2.1 文字大小

font-size 屬性可以改變文字的大小，其屬性值能用「絕對大小」、「相對大小」來表示。屬性寫法如下：

> font-size：屬性值

絕對大小

在絕對大小裡，區分成兩種，第一種是由「數字與度量單位」組成，長度寫法為直覺性方式，為較多人使用。特別說明，em 指的是從上層元素所繼承下來做使用。舉例來說，假設上層元素為 10px，如使用 3.0em 則最終大小為 3.0 X 10px = 30px。而目前 CSS 支援的度量單位與預設大小如下表說明：

度量單位	說明
px(pixel)	像素圖點。預設單位。
pt(point)	點。印刷時使用單位。1 pt = 1/72 inch。
pc(picas)	pica。印刷時使用單位。1 pica = 12 pts。
in(inch)	英吋。1 in = 2.54 cm。
cm(centimeter)	厘米(俗稱公分)。
mm(millimeter)	毫米(俗稱公釐)。
em	上層元素繼承文字大小。
ex	改以小寫字母高度(x-)為參考大小。

第二種則是「預設大小」，利用 CSS 預設的 7 個級距大小來進行變化，其基準為 medium，每放大或縮小一個級距相差 1.2 倍大小。預設可使用的屬性值如下表：

預設大小
xx-small
x-small
small
medium
large
x-large
xx-large

Ex 01 學習利用不同度量單位為文字進行絕對大小的改變，字型大小由上到下依序設為 18px、18pt、3cm、xx-small、medium、xx-large、1.5em。程式碼如下：

 FileName :font01.html

```html
<p style="font-size:18px">兩隻老虎</p>
<p style="font-size:18pt">兩隻老虎～兩隻老虎～</p>
<p style="font-size:3cm">跑得快 !跑得快 !</p>
<p style="font-size:xx-small">兩隻老虎～兩隻老虎～</p>
<p style="font-size:medium">一隻沒有眼睛</p>
<p style="font-size:xx-large">一隻沒有尾巴</p>
<p style="font-size:1.5em">真奇怪 !真奇怪 !</p>
```

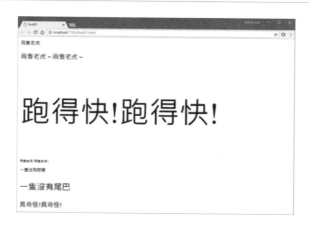

相對大小

　　相對大小，指的是以目前文字大小為參考標準，進行「相對」的放大縮小，一旦參考標準改變，文字大小也會隨之變動。使用方式區分為兩種，第一種是以「百分比」做為表示方式，假設標準為 10px，200%則代表兩倍的放大就會等同於 20px；第二種方式為「預設大小」，在相對大小中預設為「medium」，可利用「smaller」、「larger」進行級距相對的縮小放大。

Ex 01　利用相對大小，進行文字上的編排。首先使用 200%放大兩倍大小再分別使用縮小放大一個級距來展示其效果。程式碼如下：

FileName :font02.html

```
<p style="font-size:200%">小小螢火蟲，飛到東又飛到西</p>
<p style="font-size:smaller">這邊亮、那邊亮</p>
<p style="font-size:larger">好像許多小燈籠</p>
```

6.2.2 文字字型

　　對於想利用文字字型展現風格的網頁設計師，可以使用 font-family 屬性進行改變，並能同時設定字型優先順序，靠左者為優先。系統預設為「細明體」、「新細明體」，而特別要注意的是，此項屬性所設定之字型，如果使用者電腦並未安裝此種字型，系統便會自動更改為預設字型顯示，此點要非常注意。因此，在更改字型同時，要確保使用預設字型也能正確顯示。其屬性寫法如下：

```
font-family : 字型 1 , 字型 2 , 字型 3 , ...
```

Ex 01 為了確保使用者也能正常顯示字型，以一般系統預設字型練習，設定字型會以順序做顯示。第一個字體使用標楷體為優先順序，微軟正黑體為次，楷體為末；第二個字體使用微軟正黑體。程式碼如下：

 FileName：font03.html

```
<p style="font-family:標楷體,微軟正黑體,Adobe 楷体 Std R">
  碁峰資訊股份有限公司
</p>
<p style="font-family:微軟正黑體">用實務學習 HTML5</p>
```

此外，如果擔心使用者因未安裝字型而造成不易顯示的狀況，也能利用網路字型進行使用，原理是將使用者在讀入網頁時一同將字型從伺服器端載入。因此，我們在撰寫時，必須先到有字型的伺服器端取得連接網址，再將之嵌入至程式當中。

Ex 02 本例載入 google 免費提供的字型。如下所示：

 FileName：font04.html

```
<head>                              載入 google 字型
  <link href="https://fonts.googleapis.com/css?family=Pacifico"rel="stylesheet">
</head>
<body>
  <p style="font-family: 'Pacifico', cursive;">
    Not eat
  </p>
  <p style="font-family: 'Pacifico', cursive;">
    Thanks
  </p>
</body>
```

6.2.3 斜體字

利用 font-style 屬性可以進行斜體字變換，其值一般區分為三種：正常(Normal)、斜體(Italic)、傾斜(Oblique)。預設為正常(Normal)，如不改變則無須設定，而斜體和傾斜都是讓字體設定斜體，使用上差異不大。

```
font-style：屬性值
```

 **Ex 01**　設定正常值與斜體的文字。如下所示：

FileName：font05.html

```
<p style="font-style:normal">碁峰資訊股份有限公司</p>
<p style="font-style:italic">用實務學習 HTML5</p>
```

6.2.4 文字粗細

利用 font-weight 屬性，可以使文字進行粗細變化，其值分為兩類：第一種，用數字做為數值，每 100 為一個級距，一般使用 100~900 做為間距，數字越大代表越粗；第二種，使用系統 4 個預設值，Lighter (更細)、Normal (正常)、Bold (加粗)、Bolder (更粗) 做更改。使用方式如下：

```
font-weight：屬性值
```

Ex 01　系統預設字型情況下，只有正常與加粗兩種變化，100~500 相當於正常字，600~900 相當於粗體字。如下為字體加粗的程式碼：

FileName：font06.html

```
<p style="font-weight:normal">當我們同在一起</p>
<p style="font-weight:bold">當我們同在一起，在一起，在一起，</p>
<p style="font-weight:100">當我們同在一起，其快樂無比。</p>
<p style="font-weight:600">你對著我笑嘻嘻，我對著你笑哈哈，</p>
<p style="font-weight:900">當我們同在一起，其快樂無比。</p>
```

6.2.5 font 屬性

先前提到過使用 font 的各種屬性進行設定，如 font-size、font-family、font-weight.....等等，事實上可以直接使用 font 屬性來直接設定，稱之為「簡便表示」。設定的屬性值之間必須加上半形空白隔開即可，且 font-size 與 font-family 屬性不可省略，如下寫法：

> font：font-style 屬性值　font-weight 屬性值　font-size 屬性值　font-family 屬性值

Ex 01　使用簡便表示法做練習，綜合文字粗細、字型、大小。第一個使用斜體字且粗體並設定為 22px 大小與標楷體；第二個使用文字更粗、15 px 大小與微軟正黑體。

 FileName：font07.html

```
<p style="font:italic bold 22px 標楷體">碁峰資訊股份有限公司</p>
<p style="font:bolder 15px 微軟正黑體">用實務學習 HTML5</p>
```

6.2.6 刪除線、底線、頂線

有時在文章內容，常常會看見使用底線特別註記一段文字，又或者是不想刪除文字，僅僅註記刪除，在這一小節，介紹 text-decoration 屬性來讓文字特別註記，值分為 4 種：underline (底線)、overline (頂線)、line-through (刪除線)、none (清除)，彼此能互相搭配使用。語法如下：

text-decoration：屬性值

Ex 01　練習使用 text-decoration 屬性值分別使用練習，進行特別註記，底線、頂線、刪除線、清除，程式碼如下：

FileName：font08.html

```html
<p style="text-decoration:underline">幸福拍手歌</p>
<p style="text-decoration:overline">如果感到幸福你就拍拍手，</p>
<p style="text-decoration:line-through">如果感到幸福就拍拍手呀，</p>
<p style="text-decoration:none">如果感到幸福你就拍拍手。</p>
```

6.2.7 英文大小寫轉換

使用 text-transform 屬性強制設定英文字母的大小寫，屬性值有四個：uppercase (全部大寫)、lowercase (全部小寫)、capitalize (字首大寫)、none (正常值)。

text-transform：屬性值

Ex 01 text-transform 練習英文字母大小寫轉換,程式碼如下:

FileName:font09.html

```
<p style="text-transform:uppercase"> Please Miss Google Speak</p>
<p style="text-transform:lowercase"> Please Miss Google Speak </p>
<p style="text-transform:capitalize"> Please Miss Google Speak </p>
<p style="text-transform:none"> Please Miss Google Speak </p>
```

6.3 段落設定

前面章節中提到可以使用標籤,如
、<p> 進行設定段落,但除了使用標籤以外,也可以使用 CSS 來調整上下段落間的間距,讓文字縮排、文字間距、文字對齊方式進行更細部的調整。

6.3.1 行高

指的是行與行之間的距離大小,使用 line-height 屬性設定,其值通常分成四種:Normal (預設值)、數字 (指定倍率)、長度 (度量單位)、百分比,如以數字 2 來指定則顯示為預設值的兩倍。寫法如下:

line-height:屬性值

Ex 01 利用行高各屬性值進行測試練習。行與行之間先使用 <p> 標籤進行換行的動作,再分別以預設值、2 倍、20 像素、250%設定,並觀察之間的差異變化。如下所示:

FileName：part01.html

```
<p style="line-height:normal">
  娃娃國、娃娃兵，金髮藍眼睛<br>
  娃娃國王鬍鬚長，騎馬出皇宮
</p>
<p style="line-height:2">
  娃娃兵、在演習，提防敵人攻<br>
  機關槍，達達達，原子彈，轟轟轟
</p>
<p style="line-height:20px">
  娃娃國、娃娃兵，金髮藍眼睛<br>
  娃娃國王鬍鬚長，騎馬出皇宮
</p>
<p style="line-height:250%">
  娃娃兵、在演習，提防敵人攻<br>
  機關槍，達達達，原子彈，轟轟轟
</p>
```

6.3.2 首行縮排

使用 text-indent 屬性為首行進行縮排，其值表示方式區分為兩種：長度、百分比。長度使用度量單位進行表示，例如：10px，則首行內縮 10 像素；百分比則是使用區塊的方式，進行整區的縮排。

text-indent：屬性值

Ex 01 為配合瀏覽器視窗大小，文字從原先一行被擠壓成兩行，因此再分別加上 1cm、10%的首行縮排，依然會形成應有的效果。程式碼如下：

 FileName：part02.html

```
<p style="text-indent:1cm">小老鼠，上燈台，偷油吃，下不來</p>
<p style="text-indent:10%">喵喵喵，貓來了，嘰哩咕嚕滾下來</p>
```

6.3.3 文字間距

使用 word-spacing 屬性可以讓文字間的距離做些調整,要注意的是,此文字間距指的是單字與單字間的距離,而非字母。其屬性值使用:長度、百分比來做表示。長度使用度量單位進行表示;百分比如是 200%則表示文字間的距離是預設值的兩倍。寫法如下:

> word-spacing : 屬性值

Ex 01 以英文諺語進行測試練習,中間以半行空白隔開以判定為不同字詞,再分別使用 0.5cm、30px 查看其效果。如下所示:

 FileName : part03.html

```
<p style="word-spacing:0.5cm">Seeing is believing</p>
<p style="word-spacing:30px"> Seeing is believing </p>
```

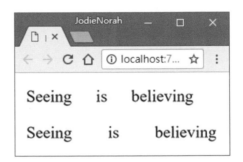

6.3.4 字母間距

前面小節中介紹可為文字間的間距進行設定,在這小節中,將使用 letter-spacing 屬性讓字母間的間距進行設定,其屬性值僅能使用長度值進行設定,以及預設的 normal。寫法如下:

> letter-spacing :屬性值

Ex 01 以英文諺語進行測試練習,分別使用預設值 (Normal) 與 4px 進行設定,可看見 4px 間距的字母距離非常遠,快被拆成單獨字母。如下所示:

FileName：part04.html

```
<p style="letter-spacing:normal">Speech is Silver,</p>
<p style="letter-spacing:4px">Silence is Golden.</p>
```

6.3.5 文字陰影

　　使用 text-shadow 屬性讓文字增添陰影，在文字效果上也能增添風采，其屬性值除了基本預設值 none 之外，可使用各項數值進行設定，各屬性值之間加入半形空白即可進行區隔。另外也能設定多重陰影，陰影與多重陰影兩次設定間以逗號隔開。使用方式如下：

text-shadow：水平移動值 1　垂直移動值 1　模糊值 1　色彩 1，水平移動值 2 ...

Ex 01　以水平、垂直 15px 讓陰影移動並使用 2px 讓其模糊且使用銀色顯示；以水平、垂直 5px 移動並使用 3px 讓其模糊且為紅色作為第一層；再以水平、垂直 10px 移動並使用 5px 讓其模糊且為粉紅色作為第二層。如下：

 FileName：part05.html

```
<p style="text-shadow:15px 15px 2px silver">Haste makes waste</p>
<p style="text-shadow:5px 5px 3px red,10px 10px 5px pink">
  Haste makes waste
</p>
```

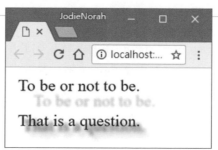

6.3.6 段落文字對齊方式

使用 text-align 屬性可讓整行的文字放置位置進行排版,其值如下:left (靠左)、right (靠右)、center (置中)、justify (左右對齊)、match-parent (繼承上段元素對齊方式)、star t(對齊開頭)、end (對齊結尾)、start end (對齊頭尾)。

<blockquote>
text-align : 屬性值
</blockquote>

 Ex 01 分別使用靠左、靠右、置中、左右對齊、對齊開頭、對齊結尾方式來為每行進行排版。如下所示:

FileName : part06.html

```
<p style="text-align:left">曹植(魏)五言絕句</p>
<p style="text-align:right">七步詩(七步成詩)</p>
<p style="text-align:center">煮豆燃豆萁,</p>
<p style="text-align:justify">豆在釜中泣:</p>
<p style="text-align:start">本是同根生,</p>
<p style="text-align:end">相煎何太急!</p>
```

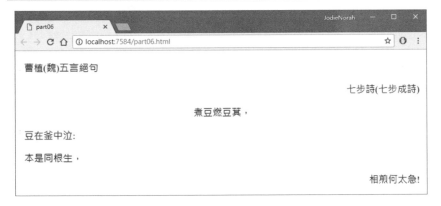

6.3.7 上下緣與文字中線對齊

在使用 word 的時候,會有所謂的顯示區域,對於網頁設計也是相同概念,此處所使用的有屬性值有:vertical-align:top、vertical-align:text-top。這兩者之間差別在於,一個是對於顯示區域的上緣對齊,另一個則是對上段標籤的上緣對齊。

<blockquote>
vertical-align : 屬性值
</blockquote>

Ex 01　以文字大小 87px 設定開頭文字，並以小字的方式 (<span>標籤)，38px 大小且對齊上緣 top 屬性值來展示。程式碼如下：

FileName：part07.html

```html
<p style="font-size:87px">
  一眼
  <span style="vertical-align:top;font-size:38px">瞬間</span>
  <img src="view.jpg" width="200">
</p>
<p style="font-size:87px">
  未竟
  <span style="vertical-align:text-top;font-size:38px">之夢</span>
  <img src="view.jpg" width="200">
</p>
```

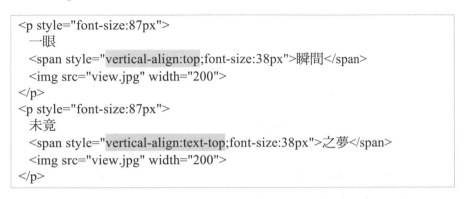

對齊顯示區域上緣

對齊標籤上緣

Ex 02　延續 part07.html，同樣可使用兩種屬性值：vertical-align:bottom、vertical-align:text-bottom 來進行下緣設定，兩者差異性與上緣對齊相同。如下所示，可以看見文字貼齊在圖片旁的下緣：

FileName：part08.html

```html
<p style="font-size:87px">
  眼底
  <span style="vertical-align:bottom;font-size:38px">星空</span>
  <img src="view.jpg" width="200">
```

```
  </p>
<p style="font-size:87px">
  曇花
  <span style="vertical-align:text-bottom;font-size:38px">一現</span>
  <img src="view.jpg" width="200">
</p>
```

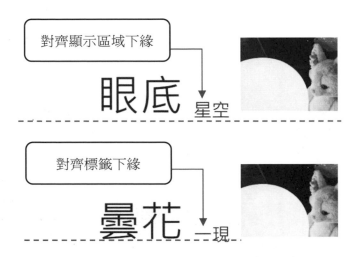

Ex 03 使用 vertical-align 屬性，其屬性值使用 middle 則可使文字在中線對齊，不同於上緣與下緣對齊方式，此項僅限對上段標籤文字對齊中線。因此本練習第一段標籤將使用 150px 大小，使其顯示更加明顯。如下所示：

 FileName：part09.html

```
<p style="font-size:150px">
  星光
  <span style="vertical-align:middle;font-size:38px">璀璨</span>
  <img src="view.jpg" width="200">
</p>
```

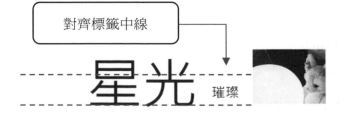

6.3.8 上下標

　　在前幾章節中,曾提到能使用 HTML 的 <sup>、<sub> 標籤來改變上下標字,而在 CSS 裡,也能做到同樣的事情。同上一小節,可使用 vertical-align 屬性,進行改變,再以其值 super 與 sub 來進行上下標的變換。

Ex　01　　藉由文字縮小且使用上下標的方式,讓使用者觀看網頁時可以快速掌握文字的重要內容,此方式常見於購物網站之排版做法。實際範例如下:

 FileName : part10.html

```
<p>
  全館周年慶 全館 1 折
  <span style="vertical-align:super;font-size:50%">起</span>
</p>
<p>
  8999
  <span style="vertical-align:sub;font-size:50%">12999</span>
</p>
```

6.4　項目清單設定

　　在使用文書處理軟體,如 Microsft Office Word 時,會進行項目清單編排的動作,在網頁處理中,也能做到相同的動作。在前面章節中,提到能使用各項標籤來進行設定,而本節便為各位讀者說明如何利用 CSS 打造特別的項目清單設定。

6.4.1 項目清單符號

項目清單符號分為兩種：一種是無意義的圖案符號，該圖案符號拿來當作一個標示做為開頭；一種是帶有邏輯性的編號，像是 1、2、3 這類的編號。以下便是項目清單編號的屬性寫法：

```
list-style-type : 屬性值
```

無意義的圖案符號與邏輯性的編號，其值也有所不同。注意，此表以 chrome 瀏覽器為範例，某些值 IE 並不支援。以下為目前系統支援的屬性值：

屬性值	說明
none	不顯示列表編號。
disc	實心圓點。預設值。● 。
circle	空心圓點。○ 。
square	實心方塊。■ 。
decimal	阿拉伯數字 (從 1 開始)。預設值。如 1、2、3 。
decimal-leading-zero	阿拉伯數字 (雙位顯示)。如 01、02、03 。
lower-roman	小寫羅馬數字。如 i、ii、iii 。
upper-roman	大寫羅馬數字。如 I、II、III 。
lower-alpha、lower-latin	小寫英文字母。如 a、b、c 。
upper-alpha、upper-latin	大寫英文字母。如 A、B、C 。
cjk-ideographic	中文數字。如一、二、三 。
lower-greek	小寫希臘字母。如 α、β、γ 。
georgian	傳統喬治亞數字。如 an、ban、gan 。
armenian	傳統亞美尼亞數字。

Ex 01 嘗試使用不同的屬性值，以展示項目清單符號。依序分別為 disc、circle、square、decimal、decimal-leading-zero、lower-roman、lower-alpha、cjk-ideographic、lower-greek。程式碼如下：

FileName：list01.html

```
<ul>
 <li style="list-style-type:disc">愛是恆久忍耐、又有恩慈，</li>
 <li style="list-style-type:circle">愛是不嫉妒，愛是不自誇、不張狂，</li>
 <li style="list-style-type:square">不做害羞的事。</li>
 <li style="list-style-type:decimal">不求自己的益處，不輕易發怒，</li>
 <li style="list-style-type:decimal-leading-zero">
   不計算人的惡，不喜歡不義，
 </li>
 <li style="list-style-type:lower-roman">只喜歡真理;</li>
 <li style="list-style-type:lower-alpha">凡事包容，凡是相信，</li>
 <li style="list-style-type:cjk-ideographic">凡是盼望，凡事忍耐，</li>
 <li style="list-style-type:lower-greek">愛是永不止息。</li>
</ul>
```

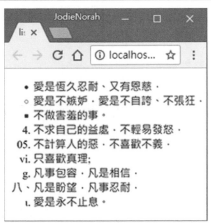

6.4.2 自訂圖片符號

前一小節中提到能使用 list-style 並加上 type 來做項目清單符號，而本小節將介紹如何自訂屬於自己的圖案。首先必須選定一張要做成列表圖案的圖，再來使用 list-style-image 屬性選取圖片路徑便可設定完成。

```
list-style-image：url(圖檔路徑)
```

Ex 01 使用自訂圖片作為項目清單符號，因此先在網站資料夾內放入 icon.png 的圖片，並使用語法設定。注意的是圖片自身大小也會決定實際顯示狀況。

 FileName：list02.html

```
<ul>
  <li style="list-style-image:url(icon.png)">
    碁峰資訊股份有限公司
  </li>
  <li style="list-style-image:url(icon.png)">用實務學習 HTML5</li>
</ul>
```

6.4.3 項目清單位置

list-style-position 屬性可用來為項目清單符號設定位置，若想讓符號一起被編排進文字區塊當中，使用此屬性便能改變。其值分為兩者，outside 與 inside，差別在於一個在文字區域之外；一個在文字區域之內。

```
list-style-position：屬性值
```

Ex 01 藉由自訂圖片先設定項目清單符號，並分別設定 outside、inside 查看兩者間的差異性：

 FileName：list03.html

```
<ul style="list-style-image:url(icon.png)">
  <li style="list-style-position:outside">碁峰資訊股份有限公司</li>
</ul>
<ul style="list-style-image:url(icon.png)">
  <li style="list-style-position:inside">用實務學習 HTML5</li>
</ul>
```

6.4.4 list-style 屬性

　　充分利用 list-style 屬性來進行項目清單符號間的變化，而同於前幾節中提到的
「簡便表示」法，在此也適用，只要中間使用半形空白隔開即可，並無順序之分。
使用語法如下：

> list-style : 屬性值 1　屬性值 2

Ex 01　以圓圈屬性值做為項目清單符號並指定為文字區域之外；以自訂圖片
　　　　icon.gif 做為列表符號並指定為文字區域之內。如下所示：

 FileName : list04.html

```
<ul>
 <li style="list-style:circle outside">碁峰資訊股份有限公司</li>
 <li style="list-style:url(icon.gif) inside">用實務學習 HTML5</li>
</ul>
```

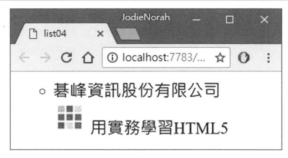

07

CSS 背景、區域與外框設計

態度決定高度，高度決定口袋的深度。當公司裡高度跟深度不匹配時，你需要的是離開的勇氣。

▶ **學習目標**

本章充分利用先前學習的內容，再加上本章學習 CSS 的背景、區域、外框設計等，讓畫面變得更加豐富有趣。以及利用屬性使文字、圖片與邊框的視讀性更佳，讓使用者不但觀看方便也能有更良好的網頁使用體驗，在本章將一一針對 CSS 屬性設定進行說明。

7.1 背景與圖片設定

背景設定是網頁設計中另一項不可或缺的元素，如何讓使用者的視覺體驗良好，背景的設定與色彩的調配相對重要。另外，如何使用自己的圖片作為背景而使整體增添風采也是重要的議題。

7.1.1 背景色彩

在第六章裡，說明了如何利用 color 屬性改變前景色彩，而此章則會說明「背景色彩」的設定方式。只要使用 background-color 屬性即可進行背景色彩設定，預設屬性值為透明 (transparent)，其屬性值與前景色彩相同，屬性值也可以使用「顏色名稱」、rgba() 方法帶入「數字」表示 red、green、blue 和「透明度」alpha、至於 rgb() 方法則以「百分比」來表示 red、green、blue。寫法如下所示：

```
background-color：屬性值
```

Ex 01 以 <p> 標籤為區塊進行練習設定，以 red 值設定為紅色背景；以 rgba(225,225,115,0.5) 值設定為半透明的土黃色背景；以 rgb(0%,0%,100%) 值設定為藍色背景。如下所示：

FileName：background01.html

```
<p style="background-color:red">紅色背景</p>
<p style="background-color:rgba(225,225,115,0.5)">土黃色背景</p>
<p style="background-color:rgb(0%,0%,100%)">藍色背景</p>
```

上述練習，範圍元素設定在 <p> 之中，因此背景設定只會出現在該元素內。該屬性是以區塊方式來做跟隨，若想讓整體畫面的背景一同改變，也能將此屬性設定在 <body> 之中，同時再加入圖片讓畫面更加豐富。

Ex 02　練習將背景色設為黑色。設定圖片外距屬性為 20px(margin 屬性後面會介紹)。如下所示：

 FileName：background02.html

```html
<body style="background-color:black">
  <div style="margin:20px">
    <img src="chair.jpg" width="200">
    <p style="color:white">新產品 Chicken Fries 套餐上市</p>
  </div>
</body>
```

7.1.2 背景圖片

上一小節提到可以使用顏色來改變背景色彩，若還想要使用圖片來呈現背景，則可使用 background-image 來進行設定，其屬性值必須是「絕對路徑」或是「相對路徑」且放置在 url() 內。值得注意的是，若圖片小於網頁大小，預設會設定重複圖片，下一小節將會提到。寫法如下所示：

```
background-image：url(背景圖檔名稱)
```

Ex 01 設定背景圖片為 bg.png，使該背景圖片充滿背景。如下所示：

FileName：background03.html

```html
<body style="background-image:url(bg.png)">
  <h1>碁峰資訊股份有限公司</h1>
  <h1>用實務學習 HTML5</h1>
</body>
```

7.1.3 背景圖片-重複設定

背景若沒有特別設定，系統將會按照預設值進行圖片重複，因此萬一是無法接續的圖片，畫面反而會顯得十分凌亂。因此可以使用 background-repeat 屬性來設定重複方式。寫法如下所示：

```
background-repeat：屬性值
```

屬性值分為：no-repeat (不重複顯示)、repeat-x (X 軸方向重複)、repeat-y (Y 軸方向重複)、repeat (X 軸與 Y 軸方向重複)、space (重複且圖片完整與自動調整間距)、round (重複且圖片完整與自動調整間距)。而 space 與 round 之間的差別，在於自動調整的方式不同，請依實際情況參考使用。

練習在 background04.html~background07.html 指定 bg.png 背景圖，並指定不同的重複方式。background04.html 呈現 no-repeat 與 repeat-x 效果；background05.html 實現 repeat-y 效果；background06.html 實現 space 效果；background07.html 實現 round 效果。以下為程式與執行結果：

FileName：background04.html

```html
<h1 style="background-image:url(bg.png); background-repeat:no-repeat;">
    碁峰資訊股份有限公司
</h1>
<br>
<h1 style="background-image:url(bg.png); background-repeat:repeat-x;">
    用實務學習 HTML5
</h1>
```

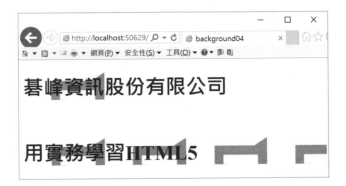

FileName：background05.html

```html
<body style="background-image:url(bg.png); background-repeat:repeat-y">
    <h1>碁峰資訊股份有限公司</h1>
    <h1>用實務學習 HTML5</h1>
</body>
```

FileName：background06.html

```
<body style="background-image:url(bg.png); background-repeat:space">
    <h1>碁峰資訊股份有限公司</h1>
    <h1>用實務學習 HTML5</h1>
</body>
```

 FileName：background07.html

```
<body style="background-image:url(bg.png); background-repeat:round">
    <h1>碁峰資訊股份有限公司</h1>
    <h1>用實務學習 HTML5</h1>
</body>
```

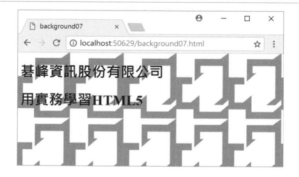

7.1.4 背景圖片-位置

背景圖片的顯示位置預設會從左上角開始顯示效果，要使位置改變，可以透過 background-position 屬性進行設定，其屬性值為 X 軸與 Y 軸表示方式，中間以半形空白隔開。而屬性值的輸入形式可分為「關鍵字」、「百分比」、「數字」。寫法如下所示：

```
background-position：X 座標值  Y 座標值
```

關鍵字可以依照座標值區分為九宮格，關鍵字如下表示所：

left top	center top	right top
left center	center center	right center
left bottom	center bottom	right bottom

Ex 01　為使背景圖片放置於右上角，應使用 position：right top 進行設定，並使用圖片不重複 no-repeat 讓背景圖片單一靜置於畫面上。範例如下：

FileName：background08.html

```
<body style="background-image:url(bg.png); background-repeat:no-repeat;
  background-position:right top">
  <h1>碁峰資訊股份有限公司</h1>
  <h1>用實務學習 HTML5</h1>
</body>
```

7.1.5 背景圖片-捲動跟隨

　　前一小節提到可使用 background-position 屬性來改變背景圖片位置，不過此種方式在頁面滾動時，圖片會停留在原地，並不會隨著捲動而跟隨。因此，想讓圖片隨網頁捲動跟隨移動，可使用 background-attachment 屬性，其屬性設定值有三種：scroll (停留原地)、fixed (隨之更動)、local (停留原地)。而此項功能，常常被運用在公司的商標或者希望可以保持讓使用者看到的狀態。寫法如下所示：

background-attachment：屬性值

Ex 01 為了可將廣告置於網頁上，先指定背景圖 book.jpg 置於右上角，接著可使用 background-attachment :fixed 讓圖片 book.jpg 隨著畫面捲動。為節省篇幅，部份程式碼省略，如下所示：

FileName：background09.html

```html
<body style="background-image:url(book.jpg); background-repeat:no-repeat;
    background-position:right top; background-attachment:fixed">
    <h1>碁峰資訊股份有限公司</h1>
    <h3>服務項目</h3>
    <p>碁峰資訊營業項目...
...略...
</body>
```

在實務經驗上，雖然可以利用背景圖片方式擺放廣告，但此作法會造成無法加入超連結等等，導致使用者會 "只看到廣告" 卻不知道如何進入廣告商品頁。因此，大多數在製作這類廣告時，會使用 <div> 標籤搭配 position 屬性來擺放位置，並在 <div> 區塊內加入圖片、超連結、文字等等。

Ex 02 在網頁中製作「ASP.NET MVC」書籍廣告會隨著畫面捲動並停留網頁中的右上方，當點選書籍廣告即超連結到「https://www.gotop.com.tw/books/BookDetails.aspx?Types=v&bn=AEL022900」網頁。程式碼如下所示：

FileName：background10.html

```
<body>
    <h1>碁峰資訊股份有限公司</h1>
    <h3>服務項目</h3>
    <p>
        碁峰資訊營業項目包含書籍出版、教育軟體代理...
    </p>
    <hr>
    <h3>公司願景</h3>
    <p>
        碁峰資訊自 1990 年創立以來，一直以更快的速度...
    </p>
    <div style="position:fixed;right:0;top:10px;">
    <a href="https://www.gotop.com.tw/books/BookDetails.aspx?Types=v&bn=AEL022900">
        <img src="book.jpg">
    </a>
    </div>
...略...
...略...
</body>
```

7.1.6 背景圖片大小

前面小節所使用的背景圖片，都是採用系統預設值 (auto)，而事實上能自行設定該張圖片大小，也可同時搭配重複設定來做變化。語法為 background-size，其屬性值能使用「度量單位」、「百分比」、「contain」、「cover」以及「auto」。contain 值表示圖片大小能 "符合" 該元素區塊大小；cover 值表示圖片大小 "覆蓋" 該元素區塊大小。寫法如下所示：

background-size : 屬性值

Ex 01 將 background-size 設定 contain，且使用不重複圖片屬性以保持單一圖片，如下範例：

 FileName：background11.html

```
<body style="background-image:url(bg.png); background-repeat:no-repeat;
  background-size:contain">
  <h1>碁峰資訊股份有限公司</h1>
  <h1>用實務學習 HTML5</h1>
</body>
```

7.1.7 background 屬性

綜合本節所言，可以看見屬性幾乎都是以 background 為開頭，因此能使用簡便表示法來簡化整體程式，各屬性之間僅需使用半形空白隔開即可，除了圖片大小前必須使用「/」隔開，順序並沒有前後之分。而下節所提到的內距與外距，也能使用此項簡便表示。寫法如下所示：

background：屬性值 1　屬性值 2　屬性值 3 ...

現在的商家網站為使自身企業 Logo 能夠加深使用者印象，常常會製作跟隨畫面捲動跟隨的背景樣式，在購物網站裡的購物車也是最常見的做法。因此，使用簡便用法的情況下，應先設定背景圖片 url(bg.png) 再以 no-repeat 設定不重複屬性、以 right top 設定置於右上角、以 fixed 使其隨之捲動、最後以 60px 設定該圖片大小並在前面加上「/」做以區隔。實際做法如下所示：

FileName：background12.html

```
<body style="background:url(bg.png) no-repeat right top fixed / 60px">
  <h1>碁峰資訊股份有限公司</h1>
  <p>用實務學習 HTML5</p>
  <p>資訊軟體服務業</p>
  <p>電腦軟體出版、教育軟體代理</p>
</body>
```

7.2　版面定位

先前章節使用了 HTML 建立網頁的編排樣式，而其中標籤元素又能分成「區塊元素」與「行內元素」兩種，如同於字面上的意思，這兩者之間的差異在於會形成段落區塊與否。

7.2.1 盒子模型 Box Model

網頁是由一個一個的區塊組合而成，若再加上：外距、內距、寬、高、框線等設定，會形成盒子模型 (Box Model)，如同一個又一個積木組合成一個物體一般。Box 的設定決定元素的顯示方式，熟悉彼此的結構，將會有助於在網頁架構的編排。

以下為區塊設定關係圖，最外層灰色區域為外距 (margin)，黑色實線部分為框線 (border)，白色區域為內距 (padding)，最內層區域為內容顯示區域 (content)：

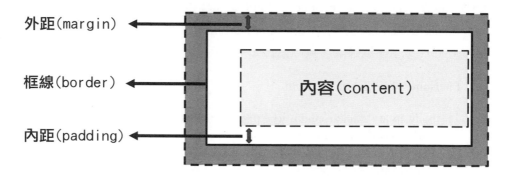

7.2.2 外距(margin)

外距 margin 又稱為邊界，主要是用來設定區塊元素之間的距離。如下語法設定依序排列為上外距、下外距、左外距、右外距，其屬性值可使用「度量單位」、「百分比」、「auto」來做表示。

```
margin-top：屬性值
margin-bottom：屬性值
margin-left：屬性值
margin-right：屬性值
```

上面寫法也可使用「簡便表示」來設定，也是最被廣為使用的方式。其屬性值為單一值時，表示與四方的外距；其屬性值為二時，表示上下外距、左右外距；其屬性值為三時，表示上方外距、左右外距、下方外距；其屬性值為四時，表示上方外距、右方外距、下方外距、左方外距。除單一值外，其屬性值之間需使用半形空白隔開。寫法如下：

```
margin：4 方距離值
margin：上下方距離值 左右方距離值
margin：上方距離值 左右方距離值 下方距離值
margin：上方距離值 右方距離值 下方距離值 左方距離值
```

Ex 01 練習設定外距，將第一個 div 的上右下左的外距依序設為 80px 60px 40px 20px，第一個和第二個的 div 背景色為銀色。範例如下所示：

FileName：box01.html

```
<div style="margin:80px 60px 40px 20px;background-color:silver">
  碁峰資訊股份有限公司
</div>
<div style="background-color:silver">用實務學習 HTML5</div>
```

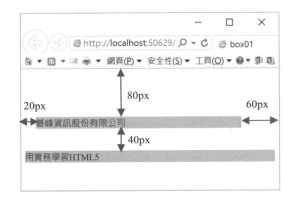

7.2.3 框線(border)

　　框線 border 又稱為邊線，在預先設定裡，並不會顯示在畫面之上，有點像是一層透明的殼包覆在外面，因此在沒有內距的情況之下，內容顯示區域則會靠置在邊線之上，而此項設定變化會在 7.3 節為各位讀者詳細講解。示意圖如下所示：

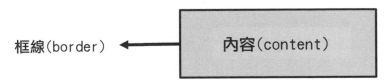

7.2.4 內距(padding)

　　內距 padding 又稱為留白屬性，主要是用來指定內容與框線之間的距離，讓文字不再貼齊框線。適時地使用此屬性會讓整體畫面更加舒適。設定方式及其值與 margin 相同，可使用單邊屬性設定或是 1~4 個值。寫法如下所示：

```
padding-top : 屬性值
padding-bottom : 屬性值
padding-left : 屬性值
padding-right : 屬性值
```

簡便表示寫法如下所示：

> padding : 4 方距離值
> padding : 上下方距離值 左右方距離值
> padding : 上方距離值 左右方距離值 下方距離值
> padding : 上方距離值 右方距離值 下方距離值 左方距離值

Ex 01 練習設定內距，將 div 的上右下左的內距依序設為 80px、60px、40px、20px，div 背景色設為銀色。範例如下所示：

FileName : box02.html

```
<div style="background-color:silver;padding:80px 60px 40px 20px;">
    碁峰資訊股份有限公司<br>
    用實務學習 HTML5<br>
    資訊軟體服務業<br>
    電腦軟體出版、教育軟體代理<br>
</div>
```

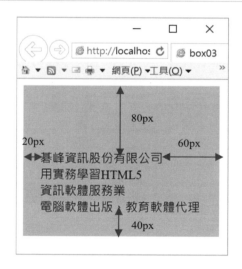

7.2.5 內容(content)

在前幾章中，學習到可以使用 width 與 height 屬性改變寬度與高度。當使用度量單位時，指定區域並不會隨著瀏覽器大小而改變；使用百分比時則異之。事實上可以使用最大(小)寬高來設定其區域範圍，不過要特別注意的是，當內容文字多過於區域大小時，會自動溢出於範圍。語法如下所示：

> max-width：屬性值
> min-width：屬性值
> max-height：屬性值
> min-height：屬性值

Ex 01 以最大寬度 250px 為界線；以最小寬度 100px 為界線；以最大高度 150px 為界線；以最小高度 50px 為界線。可看見文章內容遠遠大於設定之區域大小。如下所示：

FileName：box03.html

```
<div style="max-width:250px;min-width:100px;max-height:150px;
   min-height:50px;background-color:silver">
   <h1>茉莉花</h1>
   好一朵美麗的茉莉花，<br>
   好一朵美麗的茉莉花，<br>
   芬芳美麗滿枝椏，<br>
   又香又白人人誇，<br>
   讓我來將你摘下，送給別人家，<br>
   茉莉花~茉莉花。<br>
</div>
```

7.2.6 溢出內容處理

同上小節，當內容溢出於範圍時，為了不讓版面變得不工整，因此在這邊能使用 overflow 屬性，讓溢出的文字不超出於範圍之外。其屬性值分別為 visible (顯示)、hidden (隱藏)、auto (隨內容自動顯示捲軸)、 scroll (有無溢出都會顯示捲軸)。寫法如下所示：

> overflow：屬性值

Ex 01 為使文章內容順利形成一個設定區塊而不溢出，因此以 overflow 的 scroll 屬性值進行設定。範例如下所示：

FileName：box04.html

```
<div style="max-height:200px;min-height:100px;
   background-color:silver;overflow:scroll">
```

```
<h1>醜小鴨</h1>
呱、呱、呱呱呱，<br>
醜小鴨呀醜小鴨，<br>
腿兒短短腳掌大，<br>
長長脖子扁嘴巴，<br>
走起路來搖呀搖，<br>
愛到河邊去玩耍，<br>
喉嚨雖小聲音大，<br>
可是只會呱呱呱。<br>
</div>
```

7.2.7 元素狀態

在正常情況之下，HTML 會依照預先設定，進行層級分類，但在排列時卻又想讓元素之間進行變化，像是讓行內元素設定成區塊元素。因此可使用 display 屬性來改變元素的狀態，其值與語法如下所示：

display：狀態值

display 可使用的屬性值如下表說明：

狀態值	說明
none	隱藏元素，在頁面上不會顯示。
block	將元素設為區塊元素，會自動分行。
inline	將元素設為行內元素，預設值。
inline-block	行內元素與區塊元素隨文字段落顯示，其他屬性則為區塊元素。
list-item	將元素設定為清單項目。

Ex 01 一般網頁所使用的導覽列常常會設置一些相關內容，當不想使用時卻又不想把所有的程式碼刪除時，在此可以使用 display：none 進行隱藏。如下所示：

FileName：box05.html

```
<nav>
  <div>
    <a href="#home">首頁</a>
    <a href="#login">登入註冊</a>
    <a href="#product" style="display:none">商品介紹</a>
    <a href="#about">關於我們</a>
  </div>
</nav>
```

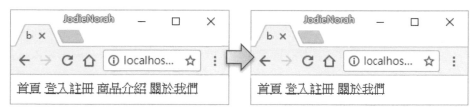

顯示/隱藏 元素

　　如果使用 display:none 屬性設定會讓該元素隱藏，但若想保留該元素位置，僅僅隱藏內容時，便可以使用 visibility 屬性進行設定，其值為 visible (顯示)、hidden (隱藏)，預設值為顯示狀態，如不使用此設定，則可省略不寫。語法如下所示：

```
visibility：屬性值
```

Ex 01　搭配虛擬類別選擇器 hover，並使用本節隱藏元素 visibility：hidden，當觸碰到超連結時，便會進行隱藏的動作。範例如下所示：

 FileName：box06.html

```
<head>
<style>
  a:hover {
      visibility:hidden;
  }
  a {
      visibility:visible;
  }
</style>
</head>
```

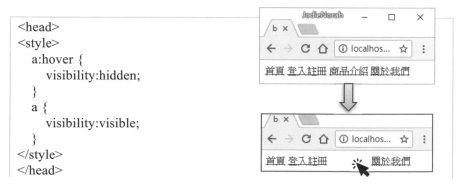

7-17

```
<body>
  <nav>
    <div>
      <a href="#home">首頁</a>
      <a href="#login">登入註冊</a>
      <a href="#product">商品介紹</a>
      <a href="#about">關於我們</a>
    </div>
  </nav>
</body>
```

7.2.8 浮動元素

在設定版面時，想讓文字與圖片呈現出類似專欄排版的樣式。可使用 float 屬性來設定浮動元素，其值分別為 none(不變)、left(靠左)、right(靠右)。而這種顯示方式趨近於 word 中所使用的「文繞圖」，是部落格裡最常被使用的屬性之一。語法如下所示：

float : 屬性值

Ex 01 本例加入圖片以作為參考基準，嘗試使用與不使用 float 屬性時，所造成的現象差異，此處則以靠左值為例，並加入框線以進行包覆，此項設定則會在往後小節中詳細說明。在正常情形之下，文字會依照層級關係，往下排列，但如果加上 float:left 讓圖片「文繞圖」置左，文字便會往右遞延，形成部落格或是新聞報導中常用的專欄條列。另外，為使不靠置框線而加入 margin 屬性來指定外距。如下所示：

 FileName : box07.html

```
<div style="border-style:solid">
  <img src="sunmoonlake.jpg" width="125"
      style="float:left;margin:10px;">
  <h3>國立傳統藝術中心</h3>
  <p>簡稱傳藝中心，位於宜蘭縣五結鄉，為文化部的附屬機構。</p>
</div>
```

在此要特別注意的是，若要設定 float 屬性，則必須有「width」屬性，否則容易造成沒有浮動效果。另外，當區塊元素寬度大過於上級容器元素時，雖然設定了 float 屬性，但因容器影響，必須向下遞延。

去除浮動元素

使用文繞圖時，並非所有的元素都有使用到，也因為沒有設定到的元素常常會與有設定的屬性相互交錯，反而導致版面大亂。所以為了不影響浮動元素的情形之下，可以使用 clear 屬性進行去除，其值為 none (無動作)、left (去除左側)、right (去除右側)、both (去除兩側)。語法如下所示：

```
clear : 屬性值
```

Ex 01　div 中有圖片套用 float :left，並有兩段內文使用 <p> 標籤。在此處為使效果更加顯著，第二段內文套用 clear : left 屬性，結果發現第二段內文去除往左側設定。如下所示：

 FileName：box08.html

```
<div style="border-style:solid">
    <img src="temple.jpg" width="250"
        style="float:left;margin-top:10px;margin-left:10px;">
    <p>宜蘭火車站</p>
    <p>
    配合周邊丟丟噹森林以及幾米公園設施進行改裝，因此又被暱稱為幾
米火車站。</p>
```

```
    <p style="clear:left">
    搭配外牆彩繪以及長頸鹿模型，形成獨樹一格帶有童趣的車站意象。
    </p>
</div>
```

7.2.9 元素位置

除了可以使用 float 屬性等來設定元素位置，事實上還可使用更精準的方式來讓元素進行定位，使用 position 屬性便能達到這個目的。position 屬性用來設定定位方式，再以各方位進行定位。類似於歸零的動作，讓元素取得一個做為參考的基準點，並以 top、bottom、left、right 指定偏移大小，其屬性值通常以數值、百分比或是 auto 來做表示。其屬性值與語法如下所示：

---

position：屬性值

屬性值	說明
static	預設值。不指定位置。
relative	相對定位。自身元素為基準點，往外指定位置。
absolute	絕對定位。以父元素制定位置為基準點。
fixed	固定定位。以瀏覽器左上角為起始點。

Ex 01 以三張圖片作為練習範例，利用其相對定位，使圖片距離上邊與左邊 40px 形成移動效果。範例如下所示：

FileName : box09.html

```
<div>
  <img src="sunmoonlake.jpg" width="200">
  <img src="sunmoonlake.jpg" width="200"
        style="position:relative;top:40px;left:40px">
  <img src="sunmoonlake.jpg" width="200">
</div>
```

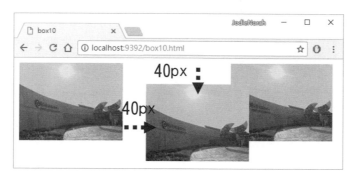

7.3 　 框線變化設定

7.3.1 框線樣式

　　前面章節提到框線可進行變化設定，首先會使用到的就是框線樣式，在框線上適當設定有趣的變化能為畫面增添風采，如搭配背景、圖片、內容等將會使整體網頁內容更加精采。語法為 border-style，屬性值因較為眾多，將以表格進行說明。屬性值與寫法如下表所示：

border-style：屬性值

屬性值	說明
none	預設值。不顯示框線。
hidden	不顯示框線。不同於預設值，可避免與表格框線設定衝突。
dotted	圓狀框線。
dashed	虛線框線。

solid	實線框線。
double	雙實線框線。
groove	3D 立體內凹框線。
ridge	3D 立體外凸框線。
inset	內凹框線。
outset	外凸框線。

其實在框線變化上，也能針對單邊進行改變，無論是上框線、下框線、左框線、右框線，皆能單獨設定。其語法如下所示：

```
border-top-style：屬性值
border-bottom-style：屬性值
border-left-style：屬性值
border-right-style: 屬性值
```

Ex 01 一般專欄畫面上常常都是使用一張圖片，搭配上一段文字內容。此處使用了 dotted 圓狀框線屬性值並使其 float：left 浮動靠左。範例如下所示：

 FileName：border01.html

```
<div style="border-style:dotted">
  <img src="chair2.jpg" width="300">
  <div style="float:left">
   <h1>IKEA</h1>
   <p>
     居家生活好提案 <br>
     給每個人好設計
   </p>
  </div>
</div>
```

7.3.2 框線寬度

在設定框線時，不僅僅能改變樣式，也能同時改變其寬度大小，讓框線更細或是更粗。屬性語法為 border-width，其屬性值可為 thin (細)、medium (適中)、think (粗)、度量單位、百分比，預設值為適中。同樣的，在此屬性之下，也能依照不同方向進行設定。其語法如下所示：

```
border-top-width : 屬性值
border-bottom-width : 屬性值
border-left-width : 屬性值
border-right -width: 屬性值
```

簡便表示寫法如下：

```
border-width : 4 邊框線寬度
border-width : 上下框線寬度 左右框線寬度
border-width : 上框線寬度 左右框線寬度 下框線寬度
border-width : 上框線寬度 右框線寬度 下框線寬度 左框線寬度
```

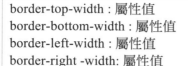 練習設定 div 的框線為實線、框線寬度 10px、內距 5px。範例如下所示：

 FileName : border02.html

```
<div style="border-style:solid;border-width:10px;padding:5px;">
  <h1>書籍</h1>
  <p>
      跟著實務學習網頁設計<br>
      碁峰資訊股份有限公司
  </p>
</div>
```

7.3.3 框線顏色

除了能改變樣式、寬度大小外，還能改變其框線色彩，在預設值裡則是依照前景色彩來作顯示，屬性語法為 border-color，屬性值與色彩設定相同，能使用色彩名稱、百分比或是不同進制表示法。而此屬性同於前兩者，可依照實際情況，對單邊個別進行屬性設定。寫法如下所示：

```
border-top-color : 屬性值
border-bottom-color : 屬性值
border-left-color : 屬性值
border-right-color : 屬性值
```

簡便表示寫法如下所示：

```
border-color：4 邊框線顏色
border-color：上下框線顏色 左右框線顏色
border-color：上框線顏色 左右框線顏色 下框線顏色
border-color：上框線顏色 右框線顏色 下框線顏色 左框線顏色
```

Ex 01 以 solid 實體框線設定框線樣式，再以框線寬度 20px 進行設定，最後以框線顏色 silver 銀色改變其顏色。範例如下所示：

 FileName：border03.html

```
<div style="border-style:solid;border-width:20px;border-color:silver">
  <h1>書籍</h1>
  <p>
    跟著實務學習網頁設計<br>
    碁峰資訊股份有限公司
  </p>
</div>
```

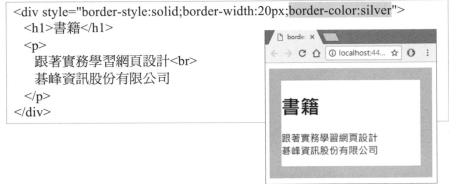

7.3.4 border 屬性

逐一個別設定是不是會覺得程式碼冗長呢？同樣的在框線設定上，也能使用「簡便表示法」，三項屬性值之間以半形空白隔開，並有順序之分。另外，也能依照實際情形，進行單邊設定。寫法如下所示：

```
border-top：樣式值　寬度值　顏色值
border-bottom：樣式值　寬度值　顏色值
border-left：樣式值　寬度值　顏色值
border-right：樣式值　寬度值　顏色值
```

Ex 01 以簡便表示法設定框線，設定為雙實體框線樣式、寬度為 20px 且框線為黃色。範例如下所示：

 FileName：border04.html

```
<div style="border:double 15px yellow">
  <h1>書籍</h1>
```

```
    <p>
        跟著實務學習網頁設計<br>
        碁峰資訊股份有限公司
    </p>
</div>
```

7.3.5 圓角框線

前面所使用的框線變化，不僅可以改變樣式、顏色、寬度之外，也能讓四個邊角做些變化，將原先預設的 90 度直角修正為圓角，屬性為 border-radius，其值可為度量單位或是百分比，而最廣為使用的則是 px。在此要特別注意的是，屬性值所指的是圓角的半徑且必須要先設定邊框，才能使用此屬性。此外，還能針對單角進行變化，左上、左下、右上、右下，都能單獨設定。寫法如下所示：

```
border-top-left-radius：屬性值
border-bottom-left-radius：屬性值
border-top-right-radius：屬性值
border-bottom-right-radius：屬性值
```

簡便表示寫法如下所示：

```
border- radius：4角圓角半徑
border- radius：左上右下角圓角半徑　右上左下角圓角半徑
border- radius：左上角圓角半徑　右上左下角圓角半徑　右下角圓角半徑
border- radius：左上角圓角半徑　右上角圓角半徑　左下角圓角半徑　右下角圓角半徑
```

Ex 01 先行設定框線為實體框線、15px 寬度、銀色；再以 50px 分別設定左上與右下為圓角框線。範例如下：

 FileName：border05.html

```
<div style="border:solid 15px silver;border-radius:50px 0px;">
    <h1>書籍</h1>
    <p>跟著實務學習網頁設計</p>
    <p>碁峰資訊股份有限公司</p>
</div>
```

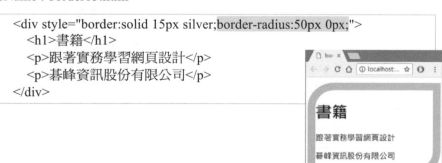

7.4 表格設定

在前述章節中，使用 <table> 元素標籤來製作表格，並搭配 <tr>、<th>、<td>製作儲存格，而表格中的邊框，也能使用框線設定來進行改變。此節會利用 CSS 並搭配表格標籤進行變化設定。

7.4.1 表格框線

一般在使用表格時，最外層會有一圈的框線，不同於內容而是像雙重格線的樣式。還可使用 border-collapse 屬性決定是否要分離，屬性值分別為 separate (分離)、collapse (重疊)。預設值為分離狀態，在設定為重疊狀態下會相互交錯，像是用一條線全部框起來的感覺。寫法如下所示：

> border-collapse : 屬性值

Ex 01 觀察 border-collapse: collapse 樣式的效果。在表格部分可使用 collapse 屬性值設定重疊，並指定框線為 4px 與實體框線，可由右方結果圖看見差異；另外儲存格是以 2px solid 實體框線 silver 銀色進行設定。範例如下：

 FileName：table01.html

```
<style>
  table {
    border: 4px solid;
    border-collapse: collapse;
  }
  th, td {
    border: 2px solid silver;
  }
</style>
<table>
  <tr>
    <th>品項</th>
    <th>價格</th>
  </tr>
  <tr>
    <td>叉燒包</td>
    <td>$25</td>
  </tr>
```

品項	價格
叉燒包	$25
鮮肉包	$35

↓

品項	價格
叉燒包	$25
鮮肉包	$35

```
    <tr>
      <td>鮮肉包</td>
      <td>$35</td>
    </tr>
</table>
```

7.4.2 表格框線距離

在預設情況下，表格框線採用分離模式，而此時可以使用 border-spacing 屬性讓內容與框線之間增加空白距離，將內容凸顯出來，其值可使用 px 做表示。如下：

```
border-spacing : 屬性值
```

Ex 01 不同於 table01.html，本例以預設表格框線，並更改儲存格內框線距離，以 20px 為距離。

 FileName : table02.html

```
<style>
  table {
    border: 4px solid;
    border-spacing: 20px;
  }
  th, td {
    border: 2px solid silver;
  }
</style>
<table>
  <tr>
    <th>品項</th>
    <th>價格</th>
  </tr>
  <tr>
    <td>叉燒包</td>
    <td>$25</td>
  </tr>
  <tr>
    <td>鮮肉包</td>
    <td>$35</td>
  </tr>
</table>
```

7.4.3 表格版面編排

在預設情況下，表格內容會隨著視窗大小進行變化，假設設定了表格寬度，儲存格的寬度便會因為表格寬度而受到侷限。屬性為 table-layout，其屬性值分為預設值 auto 與 fixed (固定)。寫法如下所示：

```
table-layout : 屬性值
```

Ex 01 設定表格的寬度大小 width : 200px，同時設定 table-layout : fixed，儲存格的寬度會取決於表格的寬度。範例如下所示：

 FileName : table03.html

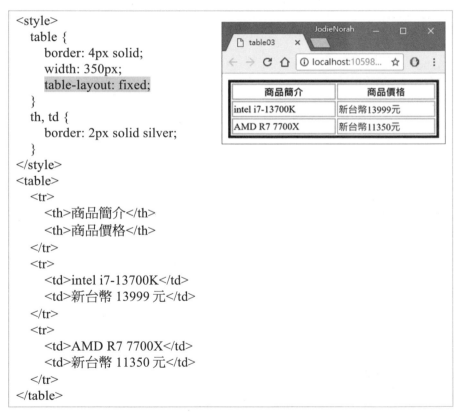

```
<style>
  table {
    border: 4px solid;
    width: 350px;
    table-layout: fixed;
  }
  th, td {
    border: 2px solid silver;
  }
</style>
<table>
  <tr>
    <th>商品簡介</th>
    <th>商品價格</th>
  </tr>
  <tr>
    <td>intel i7-13700K</td>
    <td>新台幣 13999 元</td>
  </tr>
  <tr>
    <td>AMD R7 7700X</td>
    <td>新台幣 11350 元</td>
  </tr>
</table>
```

7.4.4 儲存格顯示/隱藏

在分離狀態下，可能會依照實際情況，而決定是否預留儲存格。因此，我們可以使用 empty-cells 屬性來讓儲存格顯示或是隱藏，其值則分別是 show (顯示) 與 hide (隱藏)。寫法如下所示：

empty-cells：屬性值

Ex 01 承 table03.html，對於未來可能會增加之商品進行預留欄位，因此先行增加 `<td>`、`<tr>` 標籤，但又不想將空白儲存格顯示在畫面之上，所以使用 empty-cells：hide 進行儲存格隱藏，如下所示。

FileName：table04.html

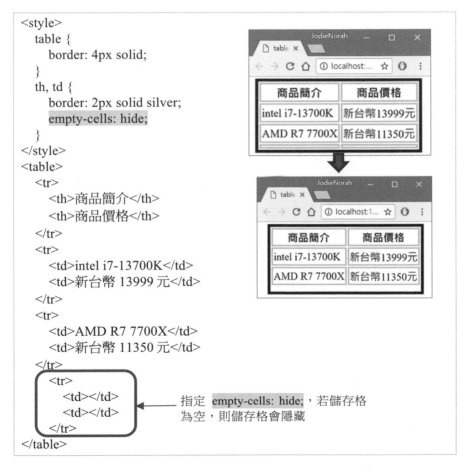

```
<style>
  table {
    border: 4px solid;
  }
  th, td {
    border: 2px solid silver;
    empty-cells: hide;
  }
</style>
<table>
  <tr>
    <th>商品簡介</th>
    <th>商品價格</th>
  </tr>
  <tr>
    <td>intel i7-13700K</td>
    <td>新台幣 13999 元</td>
  </tr>
  <tr>
    <td>AMD R7 7700X</td>
    <td>新台幣 11350 元</td>
  </tr>
  <tr>
    <td></td>
    <td></td>
  </tr>
</table>
```

指定 empty-cells: hide;，若儲存格為空，則儲存格會隱藏

7.4.5 表格標題

在版面編排時，常常會先行使用文字相關標籤，讓段落或是標題內文成形，但在加入表格之後，可能會因為表格的大小及設定造成標題跑版。因此，我們除了能用標籤設定之外，也能使用 caption-side 屬性為表格的標題位置進行編排，其屬性值分為 top (上) 與 bottom (下)，讓標題可以跟隨表格，較不易造成跑版問題。寫法如下所示：

```
caption-side : 屬性值
```

Ex 01　本例使用 caption-side : bottom 進行設定，將標題設定在表格下方。

 FileName : table04.html

```html
<style>
  caption {
    caption-side: bottom;
  }
  table {
    border: 4px solid;
  }
  th, td {
    border: 2px solid silver;
  }
</style>
<table>
  <caption>熱門手機</caption>
  <tr>
    <th>平台</th>
    <th>型號</th>
  </tr>
  <tr>
    <td>iOS</td>
    <td>iphone 15/iPhone 15 pro</td>
  </tr>
  <tr>
    <td>Android</td>
    <td>Samsung Galaxy Z Fold5</td>
  </tr>
</table>
```

7.5　陰影與漸層

漸層效果常常被使用在標題底圖上，用來強調顯示該行文字，而陰影效果也是如此。以往常常需要使用製圖軟體製作一張完整的圖，再將之放上，但此一舉動可能會造成修改不易的問題，未來若需修改則必定要重新製作圖片，十分費工。因此，CSS 中便有一項漸層設定可以達到相同的效果，如此一來，無論是漸層的顯示形式或是顯示程度皆可設定。

7.5.1　區塊陰影

前面章節學會如何以文字陰影與內容搭配使用，而在此節所介紹的會是針對 Box 的陰影，對於整體區塊所施行的陰影效果。屬性為 box-shadow，其屬性值除了預設的 none (無效果) 之外，還可依照「水平移動、垂直移動、模糊程度、使用色彩」來進行設定，與文字陰影的設置方法相同。寫法如下所示：

box-shadow：水平移動值　垂直移動值　模糊程度　色彩

以 <p> 標籤進行測試練習，首先設定兩者的區塊寬度 width 為 350px。第一個先使用亮藍色為背景色彩 background-color：blue，並分別以水平垂直移動 10px 再以 5px 進行模糊，最後設定陰影色彩為銀色；第二個使用亮黃色為背景色彩，以水平垂直 5px 進行移動、以 2px 進行模糊並設定為粉紅色，再以水平垂直 10px 移動、以 5px 進行模糊並使用銀色陰影做為第二層，形成雙層陰影。範例如下所示：

FileName：shadow01.html

```html
<p style="width:350px; background-color:lightblue ;
   box-shadow:10px 10px 5px silver">亮藍色
</p>
<p style="width:350px; background-color:lightyellow ;
   box-shadow:5px 5px 2px pink , 10px 10px 5px silver">亮黃色
</p>
```

7.5.2 漸層形式

在使用漸層時會考慮到該漸層效果應該要如何顯示。一般可分成「放射漸層」與「線性漸層」兩種，兩者之間的效果顯而易見可由文字看出差異，再搭配各自的屬性值設定產生出不同的效果。

放射漸層

藉由中心點向外指定位置，呈放射狀顯示顏色即是「放射漸層」效果。該屬性是以背景顏色為基礎，因此設定時須先加上背景設定 background:radial-gradient()，第一個屬性值可以設定「形狀」或「大小」或「指定位置」，第二個屬性值開始可依序設定「色彩停止點 1」及「色彩停止點 2」...，各屬性值間以半形逗點隔開即可，特別注意的是前三者僅能擇一使用。寫法與屬性值說明如下所示：

```
background:radial-gradient (形狀|大小|指定位置, 色彩停止點 1, 色彩停止點 2, ... 色彩停止點 n)
```

1. 形狀顯示方式可分為「circle(圓形)」或是「ellipse(橢圓形)」；距離是以「度量單位」做為屬性值，表示從中心點向外的半徑距離；或是使用四項大小當作為距離指標：「closest-side(最近邊)」、「farthest-side(最遠邊)」、「closest-corner(最近角)」、「farthest-corner(最遠角)」，值得注意的是皆以圓心到該地作為半徑距離。

2. 指定位置可在 at 後加上「top(上)」、「bottom(下)」、「left(左)」、「right(右)」即可做為指定設定。

3. 色彩停止點表示該色彩欲顯示的程度，使用的是「色彩」加上「百分比」或「度量單位」來表示該色彩的顯示效果。

Ex 01 依照上述寫法進行實際練習，嘗試使用不同的套用效果。第一個使用圓形方式且黑色為第一停止點；第二個使用 20px 指定圓形半徑；第三個把圓心指定為上且第二停止點指定為顯示一半(50%)。範例如下所示：

 FileName：gradient01.html

```html
<h1 style="background:radial-gradient(circle,black,silver);color:white">
    圓黑外漸
</h1>
<h1 style="background:radial-gradient(20px,black,silver);color:white">
```

圓黑 20 像素
```
</h1>
<h1 style="background:radial-gradient(at top,black,silver50%);
   color:white">
   圓心在上
</h1>
```

線性漸層

　　當大家討論到漸層時，最常被討論到的便是「線性漸層」，所謂「線性漸層」即是藉由線條間顏色的變化形成。屬性設定為 background:linear-gradient()，其值與放射漸層相似，以「角度」或「方向」搭配多個「色彩停止點」來顯示。其中角度可使用 deg 來表示，基礎值為 0deg (度)，漸層則會由下而上顯示；另外方向依然是使用上下左右來表示，但不同於放射漸層的 at，則是使用 to。寫法如下所示：

background:linear-gradient (方向, 色彩停止點 1, 色彩停止點 2, ...色彩停止點 n)

Ex 01　依照上述寫法進行實際練習，嘗試使用不同套用效果。第一個使用 to left
方式且銀色 45% 為第一停止點；第二個使用 0deg 方式且銀色為第一停
止點；第三個使用 90deg 方式且銀色為第一停止點。範例如下所示：

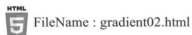

FileName : gradient02.html

```
<h1 style="background:linear-gradient(to left,silver45%,black);
   color:white">
   標題常用
</h1>
<h1 style="background:linear-gradient(0deg,silver,black);color:white">
   由下而上
</h1>
<h1 style="background:linear-gradient(90deg,silver,black);color:white">
   由左而右
</h1>
```

7.5.3 重複漸層

在上一小節中學會了漸層形式的使用方式,而在此小節,便可使用重複屬性,讓設定的漸層做重複的動作。屬性值寫法與線性和圓形漸層相同。屬性寫法如下:

```
background:repeating-radial-gradient ( 屬性值 )
background:repeating-linear-gradient ( 屬性值 )
```

Ex 01 依照上述寫法進行實際練習。第一個使用重複線條,會依照實際情況重複;第二個使用圓形形狀重複,且使用 50px 設定圓形大小;第三個使用線條重複,且分別設定 20px、40px 造成線條交錯的效果,形成三色間隔。範例如下所示:

 FileName : gradient03.html

```
<h1 style="background:repeating-linear-gradient(to right,
   green 50%,lightgreen,darkgreen);color:white">
   重複
</h1>
<h1 style="background:repeating-radial-gradient(blue 30px,
   lightblue,blue);color:white">
   圓形重複
</h1>
<h1 style="background:repeating-linear-gradient(pink,orange 20px,
   red 40px);color:white">
   上下間格
</h1>
```

7.6　媒體查詢

針對不同使用裝置，因畫面螢幕大小而使用不同的 CSS 樣式，此一設定可以讓使用者有更良好的使用者體驗。當裝置大小為手機時，就使用手機適合的 CSS 樣式；當裝置大小為電腦螢幕時，就使用電腦螢幕適合的 CSS 樣式...等等。使用寫法可以套用在 CSS 檔或是利用@media 指令進行設定。寫法如下所示：

使用 Link 標籤套用 CSS 檔：

```
<link rel="stylesheet" type="text/css" media="screen" href="computer.css">
<link rel="stylesheet" type="text/css" media="print" href="scan.css">
```

使用@media 指令套用 CSS 樣式：

```
@media screen{
 p {color:red}
}
@media print{
 p {color:blue}
}
```

當使用的媒體類型不一樣時，會套用不同的媒體指令，一般最常使用的會是 screen 及 print。目前支援類型說明如下表所示：

媒體	支援類型
all	預設值，支援全部。
screen	螢幕。如 PC 瀏覽器、手機上行動瀏覽器。

print	印表機。
projection	投影機。布幕。
braille	點字機。
speech	聲音合成器。
tv	電視。
handheld	可攜式裝置。

目前最常使用的是平板電腦、手機、PC，利用@media 的設定讓 CSS 可以適當的做變化套用，並套用特徵寫法用來選擇目前所適合的 CSS 樣式。如下表說明：

特徵寫法	說明
min-width：長度 max-width：長度	瀏覽器畫面寬度。可取得最大寬度或最小寬度。
min-height：長度 max-height：長度	瀏覽器畫面高度。可取得最大高度或最小高度。
min-device-width：長度 max-device -width：長度	裝置螢幕寬度。可取得最大螢幕寬度或最小螢幕寬度。
min-device -height：長度 max-device -height：長度	裝置螢幕高度。可取得最大螢幕高度或最小螢幕高度。
orientation：垂直 | 水平	裝置的方向(垂直為 portrait；水平為 landscape)。
min-aspect-ratio：比例 max-aspect-ratio：比例	瀏覽器畫面的長寬比例 (例如 21/9 表示長寬比為 21:9)。
min-device-aspect-ratio：比例 max-device-aspect-ratio：比例	裝置螢幕的長寬比例(例如 1920/1080 表示畫面比例為 1920px 乘以 1080px)。
min-color：正整數 max-color：正整數	裝置色彩的位元數目。
min-color-index：正整數 max-color-index：正整數	裝置色彩中色彩筆數。

min-monochrome：正整數 max-monochrome：正整數	單色裝置像素位元數目。
min-resolution：解析度 max-resolution：解析度	裝置螢幕解析度(dpi 或 dpcm 為單位)。
scan：方式	電視掃描方式(循序式 progressive；交錯式 interlace)。
grid：1 | 0	裝置方式(1 為網格 grid；0 為點陣 bitmap)。

Ex 01　使用@media 指令練習在不同瀏覽器大小時即套用不同的 CSS。例如當瀏覽器寬度大於 1280px 時 (一般 PC 螢幕大小) 將文字 200%放大並將文字更改為藍色；當瀏覽器寬度介於 1279px 到 768px 時 (一般平板螢幕大小)將文字更改為咖啡色；當瀏覽器寬度小於 767px 時 (一般手機螢幕大小)將文字更改為標楷體並設定字體為 50%。範例如下：

 FileName：media01.html

```
<head>
<style>
    @media screen and (min-width:1280px) {
        body {
            font-size:200%;
            color:blue;
        }
    }
    @media screen and (max-width:1279px) and (min-width:768px) {
        body {
            color:brown;
        }
    }
    @media screen and (max-width:767px) {
        body {
            font-size :50% ;
            font-family:標楷體;
        }
    }
</style>
</head>
<body>
    <h1>碁峰資訊股份有限公司</h1>
</body>
```

1279px 到 768px 顯示的畫面　　　　　　　小於 767px 顯示的畫面

7.7　CSS 網頁範例

7.7.1 CSS 排版實例–MSN 網頁佈告欄

　　由前述章節學習到如何使用 CSS 來更改元素的樣式，因此在下方練習運用更改背景顏色屬性，以及版面定位屬性，來製作時下網站最流行的區塊列表。此區塊列表可以很明確地將每筆資訊區隔開來，在視覺上也有加分的效果，比起以往條列式的資訊更能輕易看懂。例如：在 MSN 的入口網站便是使用此種方式製作佈告專欄且明確將每則新聞區隔開來。如下圖所示：

佈告欄擺放區塊 ⟶

 範例　index.html

練習製作 MSN 網頁的佈告欄區塊，區塊排版會隨著瀏覽器的寬度自動延伸。

執行結果

上機練習

Step 01　在網站中加入欲使用的圖檔

將 ch07 資料夾下的 Market 資料夾拖曳到網站下，結果網站資料夾下會加入 Market 資料夾，該資料夾內會有 pic_01.jpg~pic_03.jpg 圖檔。

pic_01.jpg　　　　pic_02.jpg　　　　pic_03.jpg

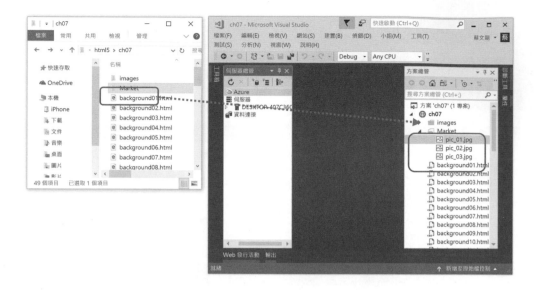

Step 02 　新增 index.html 網頁檔

Step 03 　區塊組成、背景設定

區塊列表主要由多個區塊組成，如同堆積積木一樣，先有了區塊分布，才會將資料加入到正確的區塊，形成列表。透過下方的舉例，可以將區塊列表看成以下最原始的區塊樣貌。

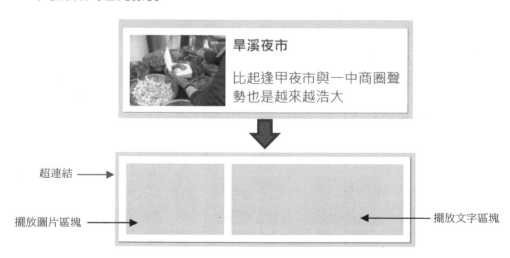

Step 04 　撰寫如下 index.html 網頁

程式碼　FileName:index.html

```
01  <!DOCTYPE html>
02  <html>
03  <head>
04      <meta charset="utf-8" />
05      <meta name="viewport" content="width=device-width, initial-scale=1">
06      <title>index</title>
07  </head>
08  <body>
09      <div class="div-all">
10          <a href="#">
11          <div class="div-img">
12              <img src="Market/pic_01.jpg">
13          </div>
14          <div class="div-cont">
15              <h4>一中商圈</h4>
16              <p>位在台中第一中學附近的商圈，滿滿的美食也吸引外地遊客慕名而來。</p>
17          </div>
18          </a>
19      </div>
20      <div class="div-all">
21          <a href="#">
22          <div class="div-img">
23              <img src="Market/pic_02.jpg">
24          </div>
25          <div class="div-cont">
26              <h4>逢甲夜市</h4>
27              <p>逢甲夜市鄰近逢甲大學，蘊含著許多人潮排隊美食。</p>
28          </div>
29          </a>
30      </div>
31      <div class="div-all">
32          <a href="#">
33          <div class="div-img">
34              <img src="Market/pic_03.jpg">
35          </div>
36          <div class="div-cont">
37              <h4>旱溪夜市</h4>
38              <p>比起逢甲夜市與一中商圈聲勢也是越來越浩大</p>
```

7-41

39	</div>
40	</a>
41	</div>
42	
43	</body>
44	</html>

📎 **說明**

1) 第 9~19 行：此處結構可視為右圖，但還未套用 CSS，所以無法呈現效果。

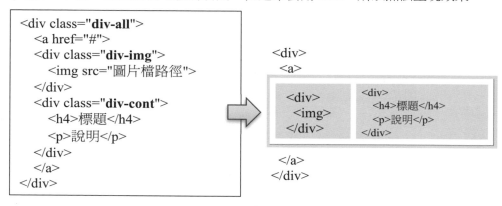

2) 第 20~41 行：執行同 9~19 行。

Step 05 在<head>~</head>之間撰寫 CSS 樣式，進行設計網頁排版

〈HTML〉**程式碼**　　FileName:index.html

	...略....
03	<head>
04	<meta charset="utf-8" />
05	<meta name="viewport" content="width=device-width, initial-scale=1">
06	<title>index</title>
07	<style>
08	**body** {
09	background-color: gainsboro;
10	}
11	**.div-all** {
12	width: 385px;
13	height: 100px;
14	background: white;

```
15          margin-top: 10px;
16          margin-left: 10px;
17          display: inline-block;
18          border-bottom: 1px solid grey;
19          border-right: 1px solid grey;
20          padding: 10px;
21      }
22      .div-img {
23          width: 135px;
24          height: 100%;
25          background-color: gainsboro;
26          float: left;
27      }
28      .div-img img {
29              width: 100%;
30      }
31      .div-cont {
32          width: 240px;
33          height: 100%;
34          float: left;
35          margin-left: 10px;
36          overflow: hidden;
37      }
38      .div-cont h4 {
39              margin-top: 0px;
40              margin-bottom: 0px;
41      }
42  </style>
43</head>
 ...略....
```

🔲 說明

1) 第 8~10 行：使用選擇器選擇 body 標籤，並設置背景顏色屬性為 gainsboro 亮灰色。

2) 第 11~21 行：使用類別選擇器選擇 class 屬性為 div-all 的標籤，接著設定標籤的長度與寬度屬性，並設定內距、外距還有右下框線設定。此處使用右下框線來模擬陰影的感覺。

3) 第 15~16 行：設定區塊標籤的外距，這裡代表區塊距離上方 10px，距離左方 10px。

4) 第 17 行：設定區塊標籤的 display 屬性，屬性值為 inline-block，代表當有多個區塊，將會按照寬度在同一行顯示，若裝置畫面寬度放不下則會顯示在下一行。

5) 第 18~19 行：設定區塊標籤的邊框 border 屬性，屬性值為 1px solid grey，此設定方法為簡便表示，代表框線的右方與下方寬度為 1px 的 solid 實體線條且顏色為 grey 灰色。此處使用右下框線來模擬陰影的感覺。

6) 第 22~27 行：使用類別選擇器選擇 class 屬性為 div-img 的標籤，接著設定標籤的長度與寬度屬性，並設定背景顏色以及位置向左浮動。

7) 第 28~30 行：使用後代選擇器選擇 class 屬性為 div-img 內的 img 標籤，接著設定標籤的寬度屬性為 100%，使寬度與父元素.div-img 寬度相同。

8) 第 31~37 行：使用類別選擇器選擇 class 屬性為 div-cont 的標籤，接著設定標籤的長度與寬度屬性，並設定背景顏色以及位置向左浮動。

9) 第 38~41 行：使用後代選擇器選擇 class 屬性為 div-cont 內的 h4 標籤，接著設定標籤的預設上下外距皆為 0px。

Step 03 測式網頁的執行結果

7.7.2 CSS 排版實例-旅遊相簿

綜合前述可知，製作網頁主要有表格 (Tables) 以及 CSS <div> 排版兩種方式，使用後者進行網頁排版優點在於提升開啟網頁速度，讓網頁的後續維護較為便利。

 **範例** default.html

綜合前述章節所學的 \<div\> 標籤以及屬性設定觀念，練習使用 HTML 標籤搭配 CSS 屬性設定，製作如下圖旅遊相簿的網頁排版。

執行結果

排版技巧

1. 下圖架構即是以本書範例中雙欄的網頁版型配置為例進行設計，版面最上方的欄位區塊為 \<header\> 標籤通常置於頁首位置；最下方欄位區塊為 \<footer\> 頁尾標籤，在網頁設計上多為放置版權聲明等資訊；中間欄位 \<div\> 區塊的 id 名稱設為 content，能劃分為左邊邊欄的 nav 標籤，以及右邊大區塊的內容 \<section\> 標籤，在 \<section\> 標籤中還可再以 \<figure\> 標籤設定圖片區域。

2. 網頁架構的示意圖如下所示：

   A) \<header\> 標籤，用來指定頁首。

   B) \<div\> 標籤，id 識別名稱為 content，用來指定網頁主要內容。

   C) \<footer\> 標籤，用來指定頁尾。

   D) \<section\> 標籤，用來放置旅遊相簿。

E) <nav> 標籤，用來放置網頁選單，本例未設定。

F) <figure> 標籤設定圖片區域，內含 <img> 圖片標籤與<figcaption>圖片說明文字標籤。

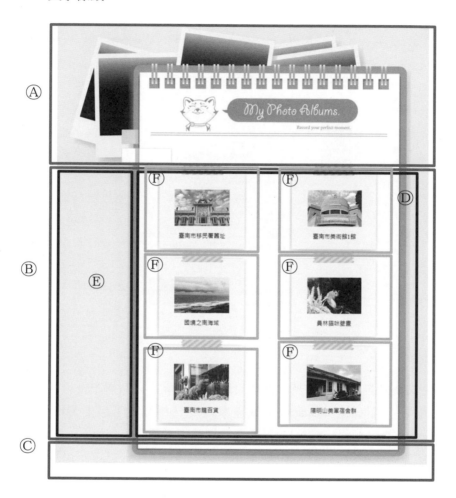

上機練習

Step 01　在網站中加入欲使用的圖檔

將 ch07 資料夾下的 images 資料夾拖曳到網站下，結果網站資料夾下會加入 images 資料夾。

1. 本例網頁相簿使用的照片圖檔為 1.jpg~6.jpg。

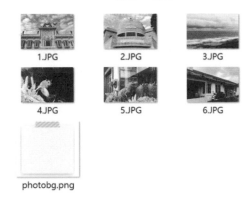

2. 本例使用 index_01.gif 當頁首底圖，index_04.gif 當頁尾底圖，index_02.gif 做為表格儲存格的底圖，當內容一多即能達成網頁底圖的無限延伸效果。

Step 02　新增 default.html 網頁檔，並撰寫如下程式碼：

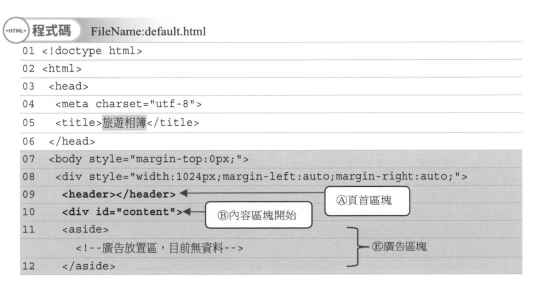

程式碼　FileName:default.html

```
01 <!doctype html>
02 <html>
03  <head>
04   <meta charset="utf-8">
05   <title>旅遊相簿</title>
06  </head>
07 <body style="margin-top:0px;">
08  <div style="width:1024px;margin-left:auto;margin-right:auto;">
09   <header></header>
10   <div id="content">
11   <aside>
       <!--廣告放置區，目前無資料-->
12   </aside>
```

ⒶＡ頁首區塊

Ⓑ內容區塊開始

Ⓔ廣告區塊

```
13    <section >
14        <figure class="photo">
15            <p><img src="images/1.JPG"></p>
16            <figcaption>臺南市移民署舊址</figcaption>      Ｆ圖片區塊
17        </figure>
18         <figure class="photo">
19            <p><img src="images/2.JPG"></p>
20            <figcaption>臺南市美術館 1 館</figcaption>     Ｆ圖片區塊
21        </figure>
22        <figure class="photo">
23            <p><img src="images/3.JPG"></p>
24            <figcaption>國境之南海域</figcaption>          Ｆ圖片區塊
25        </figure>
26        <figure class="photo">
27            <p><img src="images/4.JPG"></p>
28            <figcaption>員林貓咪壁畫</figcaption>          Ｆ圖片區塊
29        </figure>
30        <figure class="photo">
31            <p><img src="images/5.JPG"></p>
32            <figcaption>臺南市龍百貨</figcaption>          Ｆ圖片區塊
33        </figure>
34        <figure class="photo">
35            <p><img src="images/6.JPG"></p>
36            <figcaption>陽明山美軍宿舍群</figcaption>      Ｆ圖片區塊
37        </figure>
38    </section>
39    </div>                          Ｂ內容區塊結束
40    <footer></footer>               Ｃ頁尾區塊
41    </div>
42 </body>
43 </html>
```

Ｄ圖片內容區塊

說明

1) 第 7 行：設定 <body> 標籤樣式的 margin-top 屬性為 0px 取代原本的預設值，避免網頁上方有白邊產生。

2) 第 8 行：設定區塊樣式總寬度，使區塊內的內容依照寬度進行顯示，並對 margin 屬性進行設定左右自動延伸使區塊呈現置中效果。

Step 03 新增 web.css 樣式表，並撰寫如下程式碼設定 default.html 各區塊的排版樣式：

程式碼　FileName:web.css

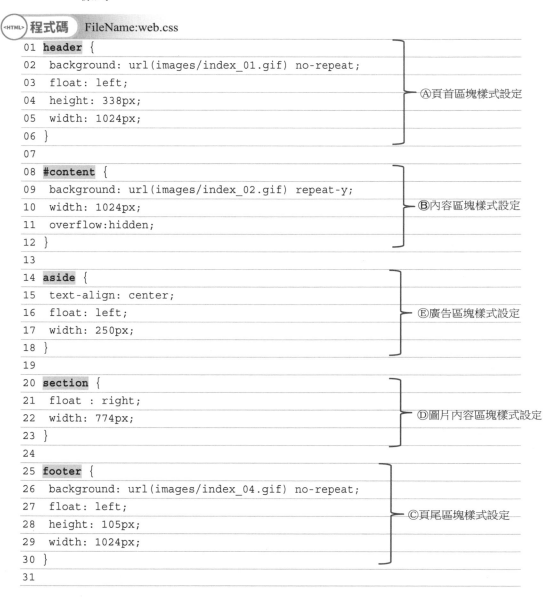

```
01 header {
02   background: url(images/index_01.gif) no-repeat;
03   float: left;                                        ──Ⓐ頁首區塊樣式設定
04   height: 338px;
05   width: 1024px;
06 }
07
08 #content {
09   background: url(images/index_02.gif) repeat-y;
10   width: 1024px;                                      ──Ⓑ內容區塊樣式設定
11   overflow:hidden;
12 }
13
14 aside {
15   text-align: center;
16   float: left;                                        ──Ⓔ廣告區塊樣式設定
17   width: 250px;
18 }
19
20 section {
21   float : right;
22   width: 774px;                                        ──Ⓓ圖片內容區塊樣式設定
23 }
24
25 footer {
26   background: url(images/index_04.gif) no-repeat;
27   float: left;
28   height: 105px;                                       ──Ⓒ頁尾區塊樣式設定
29   width: 1024px;
30 }
31
```

```
32  .photo{
33    font: 14px "新細明體", "標楷體";
34    color: #333;
35    background: url(images/photobg.png) no-repeat;
36    float: left;
37    height: 230px;
38    width: 280px;                                        Ⓕ圖片區塊樣式設定
39    text-align: center;
40    margin-bottom: 20px;
41    margin-left: 40px;
42    padding-top: 50px;
43  }
```

Step 04 在 default.html 網頁中引用 web.css 樣式表，請在 default.html 網頁撰寫如下灰底處程式碼：

‹HTML› 程式碼　　FileName:default.html

```
01  <!doctype html>
02  <html>
03    <head>
04      <meta charset="utf-8">
05      <title>旅遊相簿</title>
06      <link rel="stylesheet" type="text/css" href="web.css">
07    </head>
08    <body style="margin-top:0px;">
         ...略...
43    </body>
44  </html>
```

Step 05 測試網頁，執行結果如下圖所示：

08 CSS 變形、轉換與動畫設計

讓你出色的是你的才華，但能讓你成功的是你的熱忱，而擋著你的人是比你有才華又比你熱忱的那個。

▶ 學習目標

CSS 提供了變形、轉換以及動畫效果，這些效果不僅可以對元素進行變形，還可以使它具備動畫般的轉換效果，增加使用者與網頁之間的互動性，本章將介紹這些效果的應用方法，讓網頁製作與呈現上能有更豐富的視覺與互動體驗。

8.1 變形效果

　　本章節將會使用 CSS3 所推出的 transform 屬性來製作變形效果，使網頁更具互動性，該屬性可套用在任何元素(即標籤)上，使元素不再侷限於矩形框。

8.1.1 移動 translate(x,y)方法

　　元素套用此 translate()方法(translate Method)設定，會按照元素預設中心點做為基準進行移動，而移動分為 x 軸與 y 軸，依照設定可分為以下三種設定方式：

1. translate(x, y)：移動設定的 x 與 y 參數分別從平面來看，x 軸代表元素的水平位置，而 y 軸代表元素的垂直位置，參數單位預設為 px。

2. translateX(x)：此方法是單獨以 x 軸做為參數設定，與 translate()方法概念相同，x 軸代表元素的水平位置，參數單位預設為 px。

3. translateY(y)：此方法是單獨以 y 軸做為參數設定，與 translate()方法概念相同，y 軸代表元素的垂直位置，參數單位預設為 px。

Ex 01 使用 translate(x,y) 設定圖片移動，將 x、y 軸依序設定為-10px、20px，讓圖片達到位移效果。

HTML5 FileName：css/transform/CssTransform01.html

```
<style>
  #logo{
    width :100px ;
    height :100px ;
    transform :translate(-10px , 20px) ;
  }
<style>

<body>
  <img id = "logo" src = "dtc-logo.png" />
</body>
```

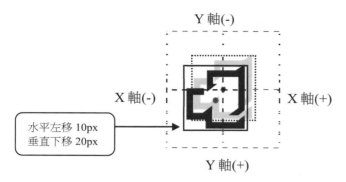

Ex 02　使用 translateX(x) 單獨設定圖片移動 x 軸為 10px，讓圖片達到水平位移效果。

FileName：css/transform/CssTransform02.html

```
<style>
  #logo
  {
    width :100px ;
    height :100px ;
    transform : translateX(10px) ;
  }
<style>

<body>
  <img id = "logo" src = "dtc-logo.png" />
</body>
```

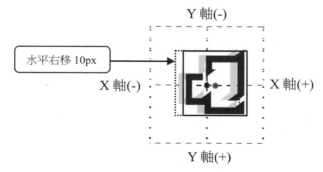

Ex 03　使用 translateY(y) 單獨設定圖片移動 y 軸為-20px，讓圖片達到垂直位移效果。

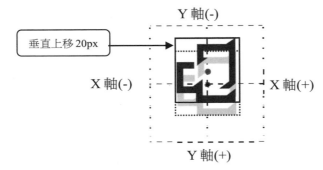

FileName：css/transform/CssTransform03.html

```
<style>
  #logo{
    width :100px ;
    height :100px ;
    transform : translateY(-20px) ;
  }
<style>

<body>
  <img id = "logo" src = "dtc-logo.png" />
</body>
```

8.1.2 縮放 scale(x,y)

　　元素套用 scale()方法(scale Method)設定，會按照元素預設中心點做為基準進行縮放，而縮放分為 x 軸與 y 軸，依照設定可分為以下三種設定方式：

1.　scale(x, y)：縮放設定的 x 與 y 參數分別從平面來看，x 軸代表元素的水平倍數，而 y 軸則代表元素的垂直倍數。參數是以數字做為值的倍數，當輸入 2.5 代表著原來大小的 2.5 倍，反之，若輸入 0.5 代表著縮小成原來大小的 0.5 倍。若在參數上只輸入單一個數，代表 x 軸與 y 軸皆套用此倍數，也稱做等比例縮放。

2.　scaleX(x)：此方法是單獨以 x 軸做參數設定，與 scale()方法概念相同，x 軸代表元素的水平縮放。參數是以數字做為值的倍數。

3.　scaleY(y)：此方法是單獨以 y 軸做參數設定，與 scale()方法概念相同，y 軸代表元素的垂直縮放。參數是以數字做為值的倍數。

Ex 01　使用 scale (x,y) 設定圖片縮放 x 軸為 1.2 倍與 y 軸為 0.8 倍,讓圖片達到縮放效果。

FileName:css/transform/CssTransform04.html

```
<style>
  #logo
  {
    width :100px ;
    height :100px ;
    transform : scale(1.2 , 0.8) ;
  }
<style>

<body>
  <img id = "logo" src = "dtc-logo.png" />
</body>
```

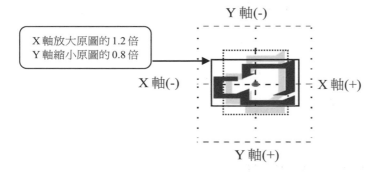

Ex 02　使用 scale (x,y) 設定圖片縮放的 x 軸與 y 軸倍數皆為 1.2 倍,讓圖片達到等比例縮放效果。

FileName:css/transform/CssTransform05.html

```
<style>
  #logo
  {
    width :100px ;
    height :100px ;
    transform : scale(1.2) ;
  }
```

```
<style>

<body>
  <img id = "logo" src = "dtc-logo.png" />
</body>
```

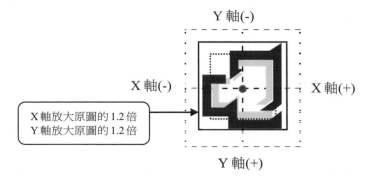

Y 軸(-)

X 軸(-)　　　　　　　　　X 軸(+)

X軸放大原圖的 1.2 倍
Y軸放大原圖的 1.2 倍

Y 軸(+)

Ex 03 使用 scaleX(x) 單獨設定圖片縮放 x 軸 1.4 倍，讓圖片達到水平縮放效果。

FileName：css/transform/CssTransform06.html

```
<style>
  #logo{
    width :100px ;
    height :100px ;
    transform : scaleX(1.4) ;
  }
<style>
<body>
  <img id = "logo" src = "dtc-logo.png" />
</body>
```

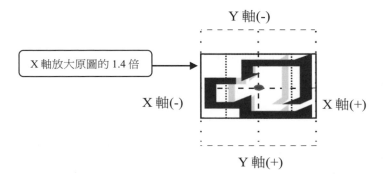

Y 軸(-)

X 軸放大原圖的 1.4 倍

X 軸(-)　　　　　　　　X 軸(+)

Y 軸(+)

Ex 04 使用 scaleY(y) 單獨設定圖片縮放 y 軸 0.8 倍，讓圖片達到垂直縮放效果。

FileName：css/transform/CssTransform07.html

```
<style>
  #logo{
    width :100px ;
    height :100px ;
    transform : scaleY(0.8) ;
  }
<style>

<body>
  <img id = "logo" src = "dtc-logo.png" />
</body>
```

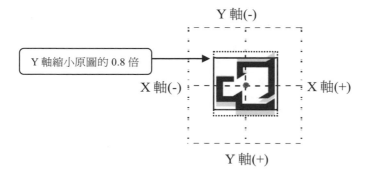

Y 軸(-)

Y 軸縮小原圖的 0.8 倍

X 軸(-)　　X 軸(+)

Y 軸(+)

8.1.3 旋轉 rotate(deg)

元素套用此 rotate()方法(rotate Method)設定，會按照元素預設中心點做為基準進行旋轉，而旋轉可分為正角度(順時針)與負角度(逆時針)旋轉。

1. rotate(deg)：參數是以 deg 角度做為單位，輸入正數做為參數值，執行方法時元素會向右方向旋轉，當輸入 30deg 則代表著該元素向右轉 30 度。

2. rotate(-deg)：參數是以 deg 角度做為單位，輸入負數做為參數值，執行方法時元素會向左方向旋轉，輸入-30deg 代表著該元素向左轉 30 度。

Ex 01　使用 rotate(deg)，將圖示(dtc-logo.png)往順時針 30 度方向進行旋轉。

FileName：css/transform/CssTransform08.html

```
<style>
  #logo
  {
    width :100px ;
    height :100px ;
    transform : rotate(30deg) ;
  }
<style>

<body>
  <img id = "logo" src = "dtc-logo.png" />
</body>
```

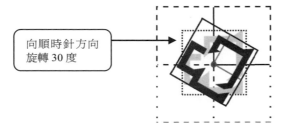

向順時針方向
旋轉 30 度

 Ex 02　使用 rotate(-deg)，將圖示(dtc-logo.png)往逆時針 50 度(-50 度)方向進行旋轉。

FileName：css/transform/CssTransform09.html

```
<style>
  #logo
  {
    width :100px ;
    height :100px ;
    transform : rotate(-50deg) ;
  }
<style>

<body>
  <img id = "logo" src = "dtc-logo.png" />
</body>
```

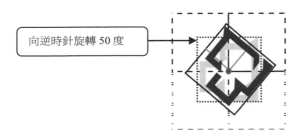

向逆時針旋轉 50 度

8.1.4 傾斜 skew(x,y)

　　元素套用 skew()方法(rotate Method)設定，會按照元素預設中心點做為基準進行傾斜，而傾斜可分為 x 軸與 y 軸，依照設定可分為以下三種設定方式：

1. **skew(x, y)**：傾斜設定的 x 與 y 參數分別從平面來看，x 軸代表元素的水平位置，而 y 軸代表元素的垂直位置。參數以 deg 角度做為單位，當輸入 30 代表著該元素向正傾斜 30 度，反之，若輸入-30 代表著該元素向反傾斜 30 度。

2. **skewX(x)**：此方法單獨以 x 軸做參數設定，與 skew()方法概念相同， x 軸代表元素的水平傾斜。參數是以 deg 角度做為單位

3. **skewY(y)**：此方法單獨以 y 軸做參數設定，與 skew()方法概念相同，y 軸代表元素的垂直傾斜。參數是以 deg 角度做為單位

Ex 01 練習使用 skew(x,y)，將圖示(dtc-logo.png)設定垂直傾斜角度與水平傾斜角度，讓元素達到傾斜效果。

FileName：css/transform/CssTransform10.html

```
<style>
  #logo{
    width :100px ;
    height :100px ;
    transform :skew(15deg , 15deg) ;
  }
<style>

<body>
```

```
    <img id = "logo" src = "dtc-logo.png" />
  </body>
```

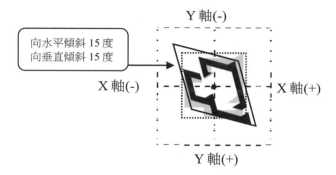

Y 軸(-)

向水平傾斜 15 度
向垂直傾斜 15 度

X 軸(-)　　　　　　　　　　　X 軸(+)

Y 軸(+)

Ex 02 練習使用 skewX(x) 將圖示(dtc-logo.png)設定水平傾斜角度，讓元素達到水平傾斜效果。

FileName：css/transform/CssTransform11.html

```
<style>
  #logo
  {
    width :100px ;
    height :100px ;
    transform :skewX(15deg) ;
  }
<style>

<body>
  <img id = "logo" src = "dtc-logo.png" />
</body>
```

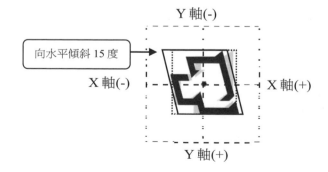

Y 軸(-)

向水平傾斜 15 度

X 軸(-)　　　　　　　　　　　X 軸(+)

Y 軸(+)

Ex 03　　練習使用 skewY(y) 將圖示(dtc-logo.png)設定垂直傾斜角度,讓元素達到垂直傾斜效果。

FileName：CssTransform12.html

```
<style>
  #logo
  {
    width :100px ;
    height :100px ;
    transform :skewY(15deg) ;
  }
<style>
<body>
  <img id = "logo" src = "dtc-logo.png" />
</body>
```

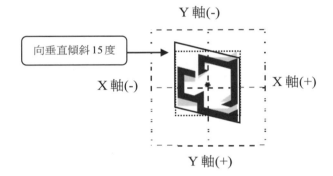

範例　　sample01.html

經過前幾個 CSS 章節的學習,相信已經具備 CSS 的觀念與基礎,緊接著利用 transform 屬性做為實作範例,此範例包含三個*.png 透明圖檔,在此請單純使用 CSS 來製作互動滿分的抽籤筒,當滑鼠滑過籤的圖檔時,圖檔將會向上移動,視覺上形成抽籤動作的動態效果。

執行結果

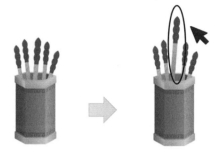

上機練習

Step 01 籤筒組成

首先來瞭解籤筒的組成，籤筒由三張圖所組成。

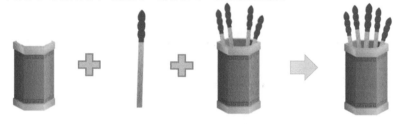

Endorsement_before.png　　stick.png　　Endorsement_after.png

Step 02 將圖檔加入資料夾中

Endorsement 資料夾內容含 Endorsement_after.png、stick.png、Endorsement_before.png 三個圖檔。

Step 03 新增 Sample01.html，並撰寫如下程式碼

先在<body>標籤中新增 3 個<div>標籤，再依序放入籤筒圖檔，接著在<head>標籤內撰寫<div>及<img>標籤基本設定，使用 transform 屬性進行變形設定。

程式碼 FileName:Sample/Sample01.html

```
01 <!DOCTYPE html>
02 <html>
03 <head>
04  <title></title>
05  <meta charset="utf-8" />
06  <style>
```

```
07      .Endorsement
08      {
09        position: absolute;
10      }
11      .Endorsement img
12      {
13          width: 100%;
14      }
15      #before
16      {
17          width: 300px;
18          margin-top:163px;
19      }
20      #after
21      {
22          width: 300px;
23          height: 300px;
24      }
25      #stick
26      {
27          width: 20px;
28          transform: translate(140px,60px) rotate(3deg);
29      }
30
31      #stick:hover
32      {
33          transform: translate(140px,0px) rotate(3deg);
34      }
35   </style>
36  </head>
37  <body>
38  <div id="after" class="Endorsement"><img
        src="Endorsement/Endorsement_after.png"></div>
39  <div id="stick" class="Endorsement"><img
        src="Endorsement/stick.png"></div>
40  <div id="before" class="Endorsement"><img
        src="Endorsement/Endorsement_before.png"></div>
41  </body>
42  </html>
```

說明

1) 第 7~10 行：使用類別選擇器選擇 class 屬性為 Endorsement 的標籤，因此將選擇到全部 div 標籤，做為一個相同的選擇器，當所有 div 標籤都會用到某個功能時，都會宣告至此，使用 position 屬性的 absolute 將選擇器所選的 div 區塊，定位在父元素 body 的左上絕對位置顯示。

2) 第 11~14 行：使用後代選擇器選擇 class 屬性為 Endorsement 的標籤下所有 img 標籤，接著將標籤的 width 寬度設定成百分之百，意味著 img 標籤將會隨著父元素 div 標籤的寬度來改變。

3) 第 15~19 行：使用 ID 選擇器選擇 id 屬性為 before 的標籤，接著將標籤的 width 寬度設定 300px，margin-top 屬性設定標籤向上距離 163px。

4) 第 20~24 行：使用 ID 選擇器選擇 id 屬性為 after 的標籤，接著將標籤的 width 寬度設定 300px，height 高度設定 300px。

5) 第 25~29 行：使用 ID 選擇器選擇 id 屬性為 stick 的標籤，接著將標籤的 width 寬度設定 20px，transform 屬性的 translate 設定標籤向 x 位移 140px，向 y 位移 60px，且使用 rotate 設定標籤向正方向旋轉 3deg。

6) 第 31~34 行：使用 ID 選擇器搭配狀態選擇器用來選擇 id 屬性為 stick 的標籤，設定當發生 hover 時 css 所發生的改變，當狀態發生時，transform 屬性的 translate 設定標籤向 x 位置不改變，向 y 位移至 0 的位置，形成抽籤的動態效果。

7) 第 38 行：新增<div>區塊標籤將 id 設為 after 使該區塊作為籤筒的底圖層，按照執行順序此區塊將會排序在最下方，在內容新增<img>標籤圖片設定成 Endorsement_after.png。

8) 第 39 行：新增<div>區塊標籤將 id 設為 stick 使該區塊作為籤筒的圖層，按照執行順序此區塊將會排序在第二層，在內容新增<img>標籤圖片設定成 stick.png。

9) 第 40 行：新增<div>區塊標籤將 id 設為 before 使該區塊做為籤筒的最上圖層，按照執行順序此區塊將會排序在第三層，在內容新增<img>標籤圖片設定成 Endorsement_before.png。

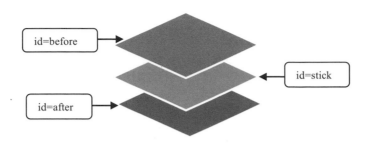

8.2　轉場效果

　　轉場是一個非常華麗且強大的效果，它能使標籤在兩個不同的 css 做更改屬性的切換時，給予一段動態效果持續的時間，因此標籤視覺上像逐格動畫般的呈現。

8.2.1 轉換時間 transition-duration : time

　　元素套用此屬性設定，當標籤有更改 css 屬性的時候，會依照 transition-duration 所設定的時間，進行屬性轉變。值以時間 s(秒)做為單位，若輸入 1.5s 則代表轉場之間的持續秒數為 1.5 秒。寫法如下所示：

transition-duration : 1.5s

Ex 01　transition-duration : time
使用 hover 狀態更改元素屬性的關鍵動作。當滑鼠碰到圖示則圖片放大 1.5 倍，且透明度為 0.5，並設定轉換時間為 1.5 秒。

FileName：css/transition/CssTransition01.html

`<style>`	`<style>`
`#logo`	`#logo:hover`
`{`	`{`
`transform :scale(1) ;`	`transform :scale(1.5) ;`
`opacity :1 ;`	`opacity :0.5 ;`
`transition-duration :1.5s;`	`}`

}	</style>
<style>	
<body>		
<img id="logo" src="dtc-logo.png">		
</body>		

轉場效果時間 ：1.5 秒

8.2.2 轉換屬性 transition-property：css 屬性

　　元素若套用此屬性設定，需搭配 transition-duration 設定，當標籤更改 css 屬性的時候，可以使用 transition-property 來設定標籤中特定的屬性進行轉變。帶入屬性值使用該標籤的 css 屬性，預設值為 all，即代表轉換屬性為標籤的全部。

transition-property：屬性值;

Ex 01　transition-property：css 屬性
　　設定 transform 做為轉換的屬性，故執行時只有 transform 具有轉場效果。

FileName：css/transition/CssTransition02.html

```
<style>
#logo
{
  transform :scale(1) ;
  opacity :1 ;
  transition-duration :1.5s ;
  transition-property :transform ;
}
#logo:hover
{
```

```
    transform :scale(1.5) ;
    opacity :0.5 ;
 }
</style>
......
<body>
  <img id="logo" src="dtc-logo.png">
</body>
```

只有 transform 屬性具有轉場效果

8.2.3 轉換方法 transition-timing-function：速度

元素若套用此設定，需搭配 transition-duration 屬性，當標籤更改 css 屬性的時候，可使用 transition-timing-function 來設定標籤進行轉場特效時，轉換方式的效果。寫法如下：

transition-timing-function：屬性值;

目前 transition-timing-function 提供以下幾種屬性值設定：

1. linear：轉換速度從開始到結束相同，保持平均速度進行轉場。
2. ease：柔和的轉場開始，中間速度正常，直至柔和的轉場結束，使用 ease 設定在視覺效果下較具美感。此為該屬性的預設值。
3. ease-in：轉換速度從慢到快，開頭較為慢速，而到了轉換屬性的四分之一時，速度變快。
4. ease-out：ease-in 的相反效果，轉換速度從快到慢，開頭較為快速，而到了轉換屬性的四分之一時，速度變慢。
5. ease-in-out：與 ease 速度變化相似，轉換速度從慢到快，再由快到慢，開頭較為慢速，而到了轉換屬性中間的部分速度加快，結尾速度變慢，與 ease

差異在於 ease-in-out 速度變化較為平均，屬於較平穩的變化，而 ease 變化時中間速度較快，讓人視覺上產生瞬間速度縮放的感受。

Ex 01 transition-timing-function : linear

練習設定轉換方法，將圖示(dtc-logo.png)元素套用此種屬性設定，並觀察其速度變化。

 FileName：css/transition/CssTransition03.html

```
<style>
#logo
 {
   transform :scale(1) ;
   opacity :1 ;
   transition-duration :1.5s ;
   transition-property :transform ;
   transition-timing-function : linear ;
 }
#logo:hover
 {
   transform :scale(1.5) ;
   opacity :0.5 ;
 }
</style>
......
<body>
 <img id="logo" src="dtc-logo.png">
</body>
```

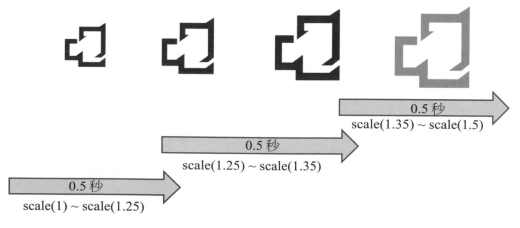

0.5 秒
scale(1.35) ~ scale(1.5)

0.5 秒
scale(1.25) ~ scale(1.35)

0.5 秒
scale(1) ~ scale(1.25)

Ex 02　transition-timing-function : ease

　　練習為圖示(dtc-logo.png)元素套用此種屬性設定，並觀察其速度變化。

FileName：css/transition/CssTransition04.html

```
<style>
#logo
 {
   transform :scale(1) ;
   opacity :1 ;
   transition-duration :1.5s ;
   transition-property :transform ;
   transition-timing-function : ease ;
 }

#logo:hover
 {
   transform :scale(1.5) ;
   opacity :0.5 ;
 }
</style>
......
<body>
  <img id="logo" src="dtc-logo.png">
</body>
```

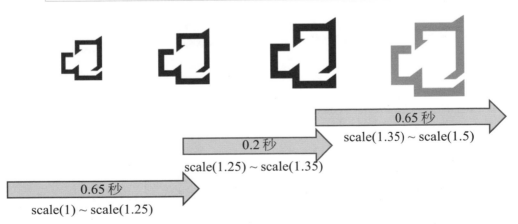

Ex 03 transition-timing-function：ease-in

練習為圖示(dtc-logo.png)元素套用此種屬性設定，並觀察其速度變化。

 FileName：css/transition/CssTransition05.html

```
<style>
#logo
{
  transform :scale(1) ;
  opacity :1 ;
  transition-duration :1.5s ;
  transition-property :transform ;
  transition-timing-function : ease-in ;
}
#logo:hover
{
  transform :scale(1.5) ;
  opacity :0.5 ;
}
</style>
......
<body>
 <img id="logo" src="dtc-logo.png">
</body>
```

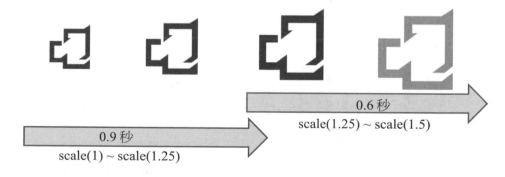

0.6 秒
scale(1.25) ~ scale(1.5)

0.9 秒
scale(1) ~ scale(1.25)

Ex 04 transition-timing-function：ease-out

練習為圖示(dtc-logo.png)元素套用此種屬性設定，並觀察其速度變化。

FileName：css/transition/CssTransition06.html

```
<style>
#logo
 {
   transform :scale(1) ;
   opacity :1 ;
   transition-duration :1.5s ;
   transition-property :transform ;
   transition-timing-function : ease-out ;
 }
#logo:hover
 {
   transform :scale(1.5) ;
   opacity :0.5 ;
 }
</style>
......
<body>
  <img id="logo" src="dtc-logo.png">
</body>
```

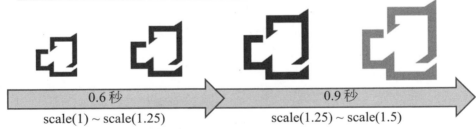

0.6秒
scale(1) ~ scale(1.25)

0.9秒
scale(1.25) ~ scale(1.5)

Ex 05　transition-timing-function : ease-in-out

練習為圖示(dtc-logo.png)元素套用此種屬性設定，並觀察其速度變化。

FileName：css/transition/CssTransition07.html

```
<style>
#logo
 {
   transform :scale(1) ;
   opacity :1 ;
   transition-duration :1.5s ;
```

```
    transition-property :transform ;
    transition-timing-function : ease-in-out ;
}
#logo:hover
 {
    transform :scale(1.5) ;
    opacity :0.5 ;
 }
</style>
......
<body>
  <img id="logo" src="dtc-logo.png">
</body>
```

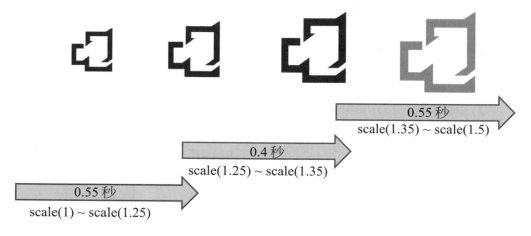

0.55 秒
scale(1.35) ~ scale(1.5)

0.4 秒
scale(1.25) ~ scale(1.35)

0.55 秒
scale(1) ~ scale(1.25)

8.2.4 延遲轉換 transition-delay：time

此屬性可延遲轉場的開始時間，屬性值的設定是以時間為為單位，而時間的單位則是 s(秒)，若輸入 1.5s 則代表轉場之間的播放秒數為 1.5 秒。寫法如下所示：

```
transition-delay :1.5s ;
```

Ex 01 transition-delay：time

練習使用此設定，將圖示(dtc-logo.png)延遲 1 秒後，進行轉場效果。

FileName：css/transition/CssTransition08.html

```
<style>
#logo{
    transform :scale(1) ;
    opacity :1 ;
    transition-duration :1.5s ;
    transition-property :transform ;
    transition-timing-function : ease-in-out ;
    transition-delay :1s ;
}
#logo:hover{
    transform :scale(1.5) ;
    opacity :0.5 ;
}
</style>
......
<body>
  <img id="logo" src="dtc-logo.png">
</body>
```

延遲 1 秒　　　　　　　　　　轉場開始　　　　　　　　　　轉場結束

8.2.5 綜合設定 transition

由上述的舉例練習可發現，轉換屬性、轉換方法、延遲轉換皆需依靠轉換時間來進行變化，故 CSS 直接提供 transition 屬性可一次設定以上所有的屬性設置，而此屬性會以第一個設定的秒數做為轉換時間的基準，若有輸入第二個秒數則是設定延遲轉換的時間。寫法如下所示：

transition：轉換時間 轉換屬性 轉換方法 延遲轉換;

01 transition

將之前的練習設定交由 transition 屬性來進行一次設定，執行結果與個別設定結果相同。

原始

| #logo
{
  transform :scale(1) ;
  opacity :1 ;
  transition-duration :1.5s ;
  transition-property :transform ;
  transition-timing-function : ease ;
  transition-delay : 1s ;
} | #logo:hover
{
  transform :scale(1.5) ;
  opacity :0.5 ;
} |

簡化

| #logo
{
  transform :scale(1) ;
  opacity :1 ;
  transition : 1.5s transform ease 1s ;
} | #logo:hover
{
  transform :scale(1.5) ;
  opacity :0.5 ;
} |

範例 Sample02.html

延續 Sample01.html，嘗試使用 transition 屬性，當滑鼠碰到籤時，即播放籤被抽起的效果。

執行結果

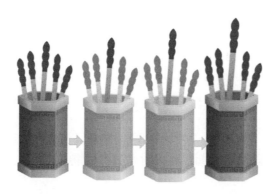

Step 01 延續 Sample01.html，撰寫如下灰底處的程式碼

在選擇 id 為 stick 的 ID 選擇器內設定 transition 屬性，設定轉換成 hover 動作
屬性時間為 1.5 秒，請新增如下灰底處的程式碼即可。

程式碼 FileName:Sample/Sample02.html

```
01  <!DOCTYPE html>
02  <html>
03  <head>
04  <title></title>
05  <meta charset="utf-8" />
06  <style>
07      .Endorsement
08      {
09        position: absolute;
10      }
11      .Endorsement img
12      {
13          width: 100%;
14      }
15      #before
16      {
17          width: 300px;
18          margin-top:163px;
19      }
20      #after
21      {
22          width: 300px;
23          height: 300px;
24      }
25      #stick
26      {
27          width: 20px;
28          transform: translate(140px,60px) rotate(3deg);
29          transition: 1.5s
30      }
31
32      #stick:hover
33      {
34          transform: translate(140px,0px) rotate(3deg);
35      }
36  </style>
```

```
37  </head>
38  <body>
39  <div id="after" class="Endorsement"><img
        src="Endorsement/Endorsement_after.png"></div>
40  <div id="stick" class="Endorsement"><img
        src="Endorsement/stick.png"></div>
41  <div id="before" class="Endorsement"><img
        src="Endorsement/Endorsement_before.png"></div>
41  </body>
42  </html>
```

8.3 　動畫效果

　　使用 CSS 製作動畫是非常快速方便的事，試若想當一張圖需要做簡單的動作時，在過往會將這張圖再丟到剪輯軟體做編輯輸出成影片或*.gif，當要播放動畫時，讓網頁去讀取，這樣的做法不僅很浪費時間且每製作一次就必須輸出一次成品，而現在只要對一張圖使用 CSS 動畫效果讓它進行一段動作，如此一來，網站只需要讀取圖片的資源，動畫的部分就交由 CSS 處理，因此無論在消耗資源方面還是難易度，都大大的降低，並且較容易修改，也讓網站的維護更加簡便。

8.3.1 動畫關鍵影格@keyframes

　　因動畫關鍵影格沒有特定綁在標籤上可供多個選擇器使用，因此新增至 style 內與選擇器同層，如下語法內容中的 from 與 to 意思代表變化的初始與結束，from 就是動畫的開始，to 就是動畫的結束，動畫內容需擺入 CSS 屬性，百分比的設定方式，0%代表動畫的開始，而 100%就是動畫的結束，與 from..to 的差異在於，使用百分比設定的可變化性較為強大。

1. from....to
   此方式可以設定動畫從開始到結束欲變化的屬性，在 form 內容放入初始 CSS 樣式設定，而 to 內容放入最後結束時的 CSS 樣式設定。如下動畫關鍵影格執行結果會從 0 度向正方向旋轉 360 度。

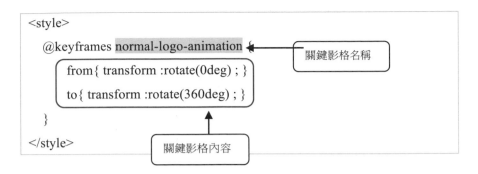

2. 百分比

若要製作一個擁有較多變化的動畫，通常會使用此種方式設計動畫，與 from...to 的差別在於百分比可設定多個關鍵影格，而 from...to 只能設定開始和結束。百分比會按照動畫的播放時間進行分配，播放時間設定將會在後續小節介紹。如下百分比關鍵動畫影格，該動畫會先向正方向旋轉 360 度，接著在從 360 度轉回 0 度。

```
<style>
    @keyframes normal-logo-animation {
        0%{ transform :rotate(0deg) ; }         ←──  關鍵影格內容(百分比)
        25%{ transform :rotate(180deg) ; }
        50%{ transform :rotate(360deg) ; }
        75%{ transform :rotate(180deg) ; }
        100%{ transform :rotate(0deg) ; }
    }
</style>
```

8.3.2 動畫名稱設定 animation-name：關鍵影格名稱

元素使用此 anmation-name 屬性可設定欲套用關鍵影格動畫的名稱，帶入的值是@keyframes 名稱。使用方式如下所示：

```
animation-name：關鍵影格名稱；
```

Ex 01　animation-name：keyframesName
練習使用 anmation-name 屬性，來設定元素使用的動畫關鍵影格名稱為 normal-logo-animation。

FileName：CssAnimation01.html

```
<style>
  #logo
  {
      animation-name : normal-logo-animation ;
  }
  @keyframes normal-logo-animation {
      from{ transform :rotate(0deg) ; }
      to{ transform :rotate(360deg) ; }
  }
<style>
  ......
<body>
  <img id="logo" src="dtc-logo.png">
</body>
```

8.3.3 動畫時間設定時間：animation-duration

當完成動畫名稱設定時，還需要給標籤運作關鍵影格所需要的時間，所以必需使用 animation-duration 屬性來設定動畫總時間，否則元素將不會有動靜。屬性值使用時間為單位，而時間是使用 s(秒)做為計算，若輸入 10s 則代表轉場間的播放秒數為 10 秒。寫法如下所示：

```
animation-duration : 10s ;
```

Ex 01 animation-duration : time

延續上例，練習設定元素的 animation-name 關鍵影格動畫屬性，並使用 animation-duration 屬性設定動畫總時間為 10 秒。

HTML
FileName：css/animation/CssAnimation02.html

```
<style>
  #logo
  {
      animation-name : normal-logo-animation ;
      animation-duration :10s ;
  }
```

```
@keyframes normal-logo-animation {
    from{ transform :rotate(0deg) ; }
    to{ transform :rotate(360deg) ; }
}
<style>
    ......
<body>
    <img id="logo" src="dtc-logo.png">
</body>
```

rotate(0deg)　　rotate(90deg)　　rotate(180deg)　　rotate(270deg)　　rotate(360deg)

轉場效果時間 ：10 秒

Ex 02 animation-duration : time

延續上例，練習為圖示(dtc-logo.png)設定關鍵影格動畫 percent-logo-animation，設定動畫從開始到結束，總時間為 10 秒。

FileName：css/animation/CssAnimation03.html

```
<style>
    #logo
    {
        animation-name : percent-logo-animation ;
        animation-duration :10s ;
    }
    @keyframes percent-logo-animation {
        0%{ transform :rotate(0deg) ; }
        50%{ transform :rotate(360deg) ;}
        100%{ transform :rotate(0deg) ; }
    }
<style>
    ......
<body>
    <img id="logo" src="dtc-logo.png">
</body>
```

rotate(0deg)　　rotate(180deg)　　rotate(360deg)　　rotate(180deg)　　rotate(0deg)

轉場效果時間：10 秒

8.3.4 動畫轉換方法 animation-timing-function

透過此設定，可設定動畫轉換的方式，透過不同的屬性值可設定轉換速度。寫法如下所示：

> animation-timing-function：屬性值；

由下表說明每個屬性值的速度變化：

關鍵字	效果
linear	動畫開始與動畫結束保持平均速度。
ease	柔和的動畫開始，中間速度正常，柔和的動畫結束(預設值)。
ease-in	動畫速度從慢到快，視覺風格與 ease 相似。
ease-out	動畫速度從快到慢，視覺風格與 ease 相似。
ease-in-out	動畫速度從慢到快，再由快到慢與 ease 不同的地方在於速度變換較為平均。

Ex 01　延續上一小節練習，在此使用 animation-timing-function 屬性設定 ease-in-out 做為動畫的轉換速度，其速度變化從慢到快，再由快到慢。

HTML5 FileName：css/animation/CssAnimation04.html

```
<style>
  #logo
  {
      animation-name：normal-logo-animation；
```

```
            animation-duration :10s ;
            animation-timing-function : ease-in-out ;
      }
      @keyframes normal-logo-animation {
            from{ transform :rotate(0deg) ; }
            to{ transform :rotate(360deg) ; }
      }
<style>
   ......
<body>
   <img id="logo" src="dtc-logo.png">
</body>
```

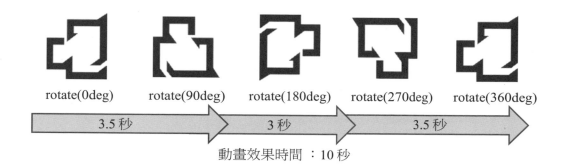

rotate(0deg)　　rotate(90deg)　　rotate(180deg)　　rotate(270deg)　　rotate(360deg)

3.5 秒　　　　　　3 秒　　　　　　3.5 秒

動畫效果時間：10 秒

8.3.5 重複次數設定 animation-iteration-count

使用 animation-iteration-count 屬性可設定動畫重複次數。寫法如下所示：

animation-iteration-count：重複次數；

動畫的重複次數設定有以下幾種方式：

1. 數字：若使用數字設定重複次數，動畫效果會依照所設定的數字重複播放次數。

2. Infinite：如字面上代表無限的意思，若使用此設定動畫重複次數，動畫將會無限循環播放。

Ex 01 使用 animation-iteration-count 屬性設定動畫重複次數，並指定動畫重複播放 2 次。

 FileName：css/animation/CssAnimation05.html

```
<style>
    #logo
    {
        animation-name : normal-logo-animation ;
        animation-duration :10s ;
        animation-timing-function : ease-in-out ;
        animation-iteration-count : 2 ;
    }
    @keyframes normal-logo-animation {
        from{ transform :rotate(0deg) ; }
        to{ transform :rotate(360deg) ; }
    }
<style>
    ......
<body>
    <img id="logo" src="dtc-logo.png">
</body>
```

Ex 02 animation-iteration-count : infinite
延續上例將屬性值設定為 infinite，讓動畫無限循環播放。

 FileName：css/animation/CssAnimation06.html

```
<style>
    #logo
    {
        animation-name : normal-logo-animation ;
        animation-duration :10s ;
        animation-timing-function : ease-in-out ;
        animation-iteration-count : infinite ;
    }
    @keyframes normal-logo-animation {
        from{ transform :rotate(0deg) ; }
        to{ transform :rotate(360deg) ; }
    }
<style>
```

```
    ......
<body>
   <img id="logo" src="dtc-logo.png">
</body>
```

8.3.6 播放方向設定 animation-direction

animation-direction 可控制動畫播放方向，寫法如下所示：

animation-direction：播放方向；

屬性值的設定有以下幾種方式：

1. normal：為預設值，代表動畫方向從頭開始到結束。

2. reverse：與 normal 效果相反，代表動畫方向從結束倒帶播放回到開頭。

3. alternate：從動畫開頭播放至動畫結束，再從結束倒帶播放至開頭。切記，播放開始到結束屬於 1 次播放，再從結束到開始屬於第 2 次的播放，所以使用此屬性時，播放次數設定必須大於 1 次，如此效果才能正常顯示。

4. alternate-reverse：與 alternate 效果相反，從動畫結束倒帶播放至開頭，再從開頭播放至動畫結束。與 alternate 同樣需要注意播放次數的設定問題。

Ex 01　animation-direction：normal
　　練習為圖示(dtc-logo.png)元素新增播放方向屬性設定，並設定 normal 屬性值，動畫方向從頭開始到結束。

HTML5 FileName：css/animation/CssAnimation07.html

```
<style>
   #logo
   {
       animation-name : normal-logo-animation ;
       animation-duration :10s ;
       animation-timing-function : ease-in-out ;
       animation-iteration-count : 1 ;
       animation-direction :normal ;
   }
   @keyframes normal-logo-animation {
```

```
        from{ transform :rotate(0deg) ; }
        to{ transform :rotate(360deg) ; }
    }
<style>
    ......
<body>
    <img id="logo" src="dtc-logo.png">
</body>
```

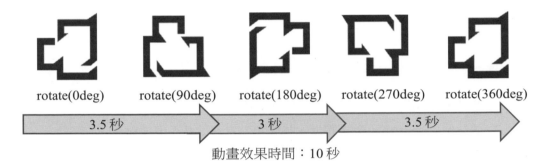

| rotate(0deg) | rotate(90deg) | rotate(180deg) | rotate(270deg) | rotate(360deg) |

3.5 秒 3 秒 3.5 秒

動畫效果時間：10 秒

Ex 02　animation-direction：reverse

練習設定 reverse 為播放方向屬性值，設定動畫播放方向從結束倒帶播放回到開頭。

 FileName：css/animation/CssAnimation08.html

```
<style>
    #logo
    {
        animation-name : normal-logo-animation ;
        animation-duration :10s ;
        animation-timing-function : ease-in-out ;
        animation-iteration-count : 1 ;
        animation-direction : reverse;
    }

    @keyframes normal-logo-animation {
        from{ transform :rotate(0deg) ; }
        to{ transform :rotate(360deg) ; }
    }
<style>
```

```
......
<body>
  <img id="logo" src="dtc-logo.png">
</body>
```

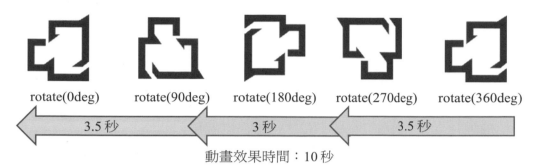

rotate(0deg)　　rotate(90deg)　　rotate(180deg)　　rotate(270deg)　　rotate(360deg)

3.5 秒　　　　　3 秒　　　　　3.5 秒

動畫效果時間：10 秒

Ex 03　animation-direction：alternate

以下練習設定 alternate 為播放方向屬性值，設定動畫播放方向從開始到結束，再從結束倒帶播放回到開頭，並將播放次數設置為重複播放 2 次。

FileName：css/animation/CssAnimation09.html

```
<style>
  #logo{
      animation-name : normal-logo-animation ;
      animation-duration :10s ;
      animation-timing-function : ease-in-out ;
      animation-iteration-count : 2 ;
      animation-direction : alternate;
  }
  @keyframes normal-logo-animation {
      from{ transform :rotate(0deg) ; }
       to{ transform :rotate(360deg) ; }
  }
<style>
  ......
<body>
  <img id="logo" src="dtc-logo.png">
</body>
```

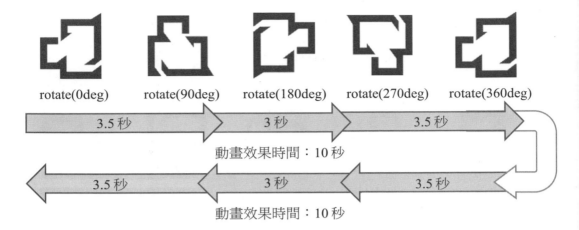

8-36

Ex 04　animation-direction : alternate-reverse

練習設定 alternate-reverse 為播放方向屬性值,設定動畫播放方向從結束倒帶回到開頭,再從開頭播放到結束,並將播放次數設為重複播放 2 次。

HTML5 FileName：css/animation/CssAnimation10.html

```
<style>
   #logo
   {
       animation-name : normal-logo-animation ;
       animation-duration :10s ;
       animation-timing-function : ease-in-out ;
       animation-iteration-count : 2 ;
       animation-direction : alternate-reverse;
   }
   @keyframes normal-logo-animation {
       from{ transform :rotate(0deg) ; }
        to{ transform :rotate(360deg) ; }
   }
<style>
   ......
<body>
   <img id="logo" src="dtc-logo.png">
</body>
```

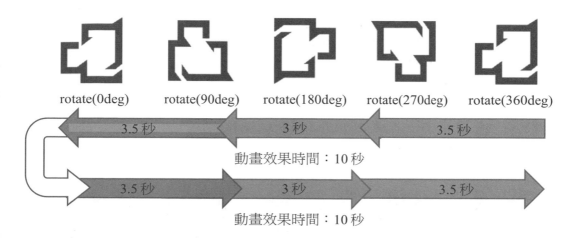

rotate(0deg)　　rotate(90deg)　　rotate(180deg)　　rotate(270deg)　　rotate(360deg)

3.5 秒　　　　3 秒　　　　3.5 秒

動畫效果時間：10 秒

3.5 秒　　　　3 秒　　　　3.5 秒

動畫效果時間：10 秒

8.3.7 播放延遲設定 animation-delay

使用此屬性設定，可控制動畫開始的延遲時間。屬性值使用的是以時間做為單位，而時間上所使用的則是 s(秒)做為計算，若輸入 2s 則代表轉場之間的播放秒數為 2 秒。注意延遲的時間是動畫開始播放的時間與次數無關,故第一次開始播放後，後續開頭將不會延遲。寫法如下所示:

```
animation-delay : 2s ;
```

Ex 01　animation-delay : time
延續上一小節練習，使用此 animation-delay 屬性設定 2s 為值，讓動畫在播放動畫效果前延遲 2 秒。

FileName：css/animation/CssAnimation11.html

```
<style>
  #logo
  {
      animation-name : normal-logo-animation ;
      animation-duration :10s ;
      animation-timing-function : ease-in-out ;
      animation-iteration-count : 2 ;
      animation-direction : normal ;
      animation-delay : 2s ;
  }
```

```
@keyframes normal-logo-animation {
    from{ transform :rotate(0deg) ; }
    to{ transform :rotate(360deg) ; }
}
<style>
......
<body>
 <img id="logo" src="dtc-logo.png">
</body>
```

rotate(0deg)   rotate(90deg)   rotate(180deg)   rotate(270deg)   rotate(360deg)

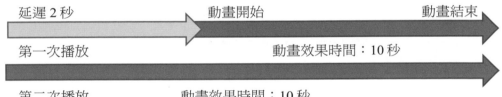

8.3.8 播放狀況設定 animation-play-state

使用此屬性設定,可控制動畫的播放狀況,通常使用此屬性的時機在於增加使用者的互動性。寫法如下所示:

> animation-play-state : 播放狀態 ;

狀態可分為以下兩種情況:

1. paused:代表暫停播放的意思。

2. running:代表開始播放的意思。

Ex 01   animation-play-state : paused

使用 hover 選擇器來控制播放狀態。當滑鼠滑過圖片上方時,動畫效果會在當前畫面馬上暫停,滑鼠移開圖片時又會繼續播放動畫效果。

FileName：css/animation/CssAnimation12.html

```
<style>
    #logo
    {
        animation-name : normal-logo-animation ;
        animation-duration :10s ;
        animation-timing-function : ease-in-out ;
        animation-iteration-count : 2 ;
        animation-direction : normal ;
    }
    #logo:hover
    {
        animation-play-state : paused ;
    }
    @keyframes normal-logo-animation {
        from{ transform :rotate(0deg) ; }
        to{ transform :rotate(360deg) ; }
    }
<style>
    ......
<body>
    <img id="logo" src="dtc-logo.png">
</body>
```

hover 狀態　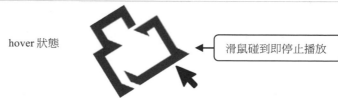　滑鼠碰到即停止播放

Ex 02　animation-play-state : running

利用上一個範例舉一反三。使用 hover 選擇器來控制播放狀況。原本動畫
是暫停播放的狀態，當元素處於 hover 狀態時，動畫效果才會正常播放，
滑鼠移開圖片時則會暫停播放。

FileName：css/animation/CssAnimation13.html

```
<style>
    #logo
    {
```

```
            animation-name : normal-logo-animation ;
            animation-duration :10s ;
            animation-timing-function : ease-in-out ;
            animation-iteration-count : 2 ;
            animation-direction : normal ;
            animation-play-state : paused ;
    }
    #logo:hover
    {
            animation-play-state : running ;
    }
    @keyframes normal-logo-animation {
            from{ transform :rotate(0deg) ; }
             to{ transform :rotate(360deg) ; }
    }
<style>
   ......
<body>
    <img id="logo" src="dtc-logo.png">
</body>
```

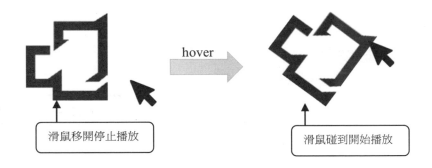

滑鼠移開停止播放   hover   滑鼠碰到開始播放

8.3.9 綜合設定 animation

　　使用 animation 屬性可直接將上面的舉例練習所使用到的動畫名稱、動畫時間、轉換方法、重複次數、播放方向還有播放狀況設定一次統整到此屬性中，以上設定模式皆能統整在 animation 屬性，做一綜合性設定。寫法如下所示：

animation :
　　影格名稱 動畫時間 轉換效果 重複次數 播放方向 延遲時間 播放狀態;

Ex 01 animation

CssAnimation14.html 為個別設定，CssAnimation15.html 為綜合設定，結果發現綜合設定寫法較為精簡，兩者執行結果相同。

 FileName：css/animation/CssAnimation14.html

```
<style>
    #logo
    {
        animation-name : normal-logo-animation ;
        animation-duration :10s ;
        animation-timing-function : ease-in-out ;
        animation-iteration-count : 2 ;
        animation-direction : normal ;
        animation-delay : 2s ;
        animation-play-state : paused ;
    }
    #logo:hover
    {
        animation-play-state : running ;
    }
    @keyframes normal-logo-animation {
        from{ transform :rotate(0deg) ; }
         to{ transform :rotate(360dcg) ; }
    }
<style>
    ......
<body>
    <img id="logo" src="dtc-logo.png">
</body>
```

 FileName：css/animation/CssAnimation15.html

```
<style>
    #logo
    {
        animation : normal_logo_animation 10s ease-in-out 2 normal 2s pause;
    }
    #logo:hover
    {
```

```
        animation-play-state : running ;
    }
    @keyframes normal-logo-animation {
        from{ transform :rotate(0deg) ; }
        to{ transform :rotate(360deg) ; }
    }
<style>
    ......
<body>
    <img id="logo" src="dtc-logo.png">
</body>
```

⬇️ 範例　Sample03.html

延續上個範例，已經嘗試過使用 transform 以及 transition 屬性，打造出籤筒的互動
效果，現在將使用這一節所學到的 animation 動畫效果，一同來製作籤筒搖動的動
畫。

執行結果

Step 01　延續上例，撰寫灰底處程式碼

在<style>中新增關鍵影格@keyframes，並使用百分比影格方式製作，接著在
before 以及 after 選擇器裡設定關鍵影格，最後完成動畫效果。請新增灰底處
的程式碼即可。

程式碼　FileName:Sample03.html

```
01 <!DOCTYPE html>
02 <html>
```

```
03 <head>
04   <title></title>
05   <meta charset="utf-8" />
06   <style>
07     .Endorsement
08     {
09       position: absolute;
10     }
11     .Endorsement img
12     {
13         width: 100%;
14     }
15     #before
16     {
17         width: 300px;
18         margin-top:163px;
19         transform-origin:top;
20         animation-name:logo_animation;
21         animation-duration:2s;
22         animation-iteration-count:infinite;
23     }
24     #after
25     {
26         width: 300px;
27         height: 300px;
28         animation-name:logo_animation;
29         animation-duration:2s;
30         animation-iteration-count:infinite;
31     }
32     #stick
33     {
34         width: 20px;
35         transform: translate(140px,60px) rotate(3deg);
36         transition: 1.5s ;
37     }
38     #stick:active
39     {
40         transform: translate(140px,0px) rotate(3deg);
41     }
42     @keyframes logo_animation
```

```
43      {
44        0%   {  transform:rotate(0deg);   }
45        25%  {  transform:rotate(15deg);    }
46        50%  {  transform:rotate(-15deg);   }
47        75%  {  transform:rotate(15deg);    }
48        100% {  transform:rotate(0deg);   }
49      }
50  </style>
51  </head>
52  <body>
53  <div id="after" class="Endorsement"><img
        src="Endorsement/Endorsement_after.png"></div>
54  <div id="stick" class="Endorsement"><img
        src="Endorsement/stick.png"></div>
55  <div id="before" class="Endorsement"><img
        src="Endorsement/Endorsement_before.png"></div>
56  </body>
57  </html>
```

說明

1) 第 42~49 行：新增關鍵影格@keyframes，內容使用百分比設定，名稱設定為 logo_animation，影格內容主要使用 transform 屬性的 rotate 旋轉，將使用此影格的標籤進行旋轉的動畫。

2) 第 19~22 行：在 id 為 before 的選擇器中新增 animation 屬性，動畫名稱設定為 logo_animation、動畫時間設定 2 秒、且動畫次數設定為無限循環播放。

3) 第 28~30 行：在 id 為 after 的選擇器中新增 animation 屬性，動畫名稱設定為 logo_animation、動畫時間設定 2 秒、且動畫次數設定為無限循環播放。

4) 第 19 行：因為 Endorsement_after 和 Endorsement_before 的圖片高度不同，若套用 logo_animation 旋轉動畫時，會發生旋轉角度不相同的問題，所以在此需要使用 transform-origin 來更改旋轉的中心點位置。

09

JavaScript 語言、變數與運算子

「HTML5」如果是你吃飯的傢伙,那你最好把時間花在「它」身上,試著弄懂所有的工具與方法。

▶ 學習目標

JavaScript 程式語言可讓開發人員呈現多元的物件,像是靜態的資訊、表單驗證、多媒體視訊、2D/3D 動畫...等等,同時又可建立具使用者體驗的網頁。本章將介紹 JavaScript 語言的變數、運算子與撰寫注意事項,同時介紹如何透過 JavaScript 來動態存取表單內容與更改網頁內容。

9.1 JavaScript 基本功能介紹

HTML是用來定義網頁結構並呈現網頁內容的標籤語言；CSS是用來描述HTML文件外觀的樣式表語言；至於 JavaScript 則是一種高階程式語言，同時也是物件導向 (基於原型) 的直譯語言，屬於一種用戶端 (前端) 的技術。JavaScript 可透過瀏覽器的直譯執行，協助用戶端的表單進行資料驗證、或建立用戶端動態效果的互動式多媒體網頁。

JavaScript 語言簡介

JavaScript 是由 Netscape Communications 公司所開發的程式語言，屬於高階程式語言，專門應用於網頁中，經由 ECMA (European Computer Manufacturer 's Association，歐洲電腦製造商協會) 實現語言的標準化，是預設的網頁程式語言，全球主流的瀏覽器如 IE、FireFox、Chrome、Edge 等均支援，其語言支援物件導向程式開發，以及指令式與函式語言的程式設計，JavaScript 主要目的是提高網頁的互動性，並可藉由將計算與驗證的部分透過 JavaScript 在用戶端電腦執行，減輕伺服器的計算資源與網路流量，另外透過 Cache 預先抓取圖片與檔案，可以增加使用者後續瀏覽網頁的便利性，除此之外，運用 AJAX 功能可在不換頁的狀況下存取伺服器資料顯示於網頁中。

JavaScript 基本功能

開發人員或是前端工程師可以使用JavaScript讓網頁提高與使用者的互動性、以及增加豐富的視覺體驗效果，如建立動畫或是設計具視差滾動操作效果的網頁，動態即時更新內容、整合 Google Map 地圖服務等。JavaScript 的基本語法相當簡單容易上手，同時可內嵌在 HTML 網頁內，以下是 JavaScript 對 HTML 提供的基礎功能：

1. 表單前端資料驗證
   表單資料傳送到伺服器之前，在用戶端驗證使用者所輸入的資料是否正確。

2. 動態更改 HTML 標籤屬性或 CSS 樣式

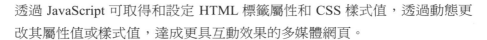

透過 JavaScript 可取得和設定 HTML 標籤屬性和 CSS 樣式值,透過動態更改其屬性值或樣式值,達成更具互動效果的多媒體網頁。

3. 動態建立文件內容

透過 JavaScript 可動態輸出 HTML 標籤,配合非同步存取與伺服器技術可將伺服器資料庫或雲端資料庫的資料,動態輸出在網頁上。(此部份可參閱由碁峰出版的「跟著實務學習 ASP.NET MVC 5.x-打下前進 ASP.NET Core 的基礎」書籍)

4. 處理網頁的互動與事件

透過 JavaScript 可定義如同視窗應用程式上的操作體驗,如網頁載入事件、按一下按鈕或超連結的事件或是拖曳事件...等,讓用戶端網頁的操作更具互動性。

9.2　JavaScript 程式碼位置

9.2.1 網頁中嵌入 JavaScript 程式碼

JavaScript 撰寫在網頁文件的 <script> 標籤中,瀏覽器只要解讀到 <script> 標籤就會透過直譯器來執行 JavaScript 程式碼,JavaScript 撰寫格式如下:

```
<script type="text/javasript">
    //JavaScript 程式碼
</script>
```

上面 type 屬性指定 script 的格式與類別,若是 HTML5 文件,則 type 屬性可以省略不用指定,其寫法如下:

```
<script>
    //JavaScript 程式碼
</script>
```

1. JavaScript 如果是要馬上執行,可將 <script> 放在網頁文件的 <body> 標籤中。
(參考 js01.html)

2. JavaScript 若是被呼叫的函式或事件,則建議將<script>放在 <head> 標籤中。
(參考 js02.html)

Ex 01　本例練習使用 JavaScript 的 alert() 函式來顯示一個訊息方塊，訊息方塊顯示的訊息為「Hello JavaScript」。其寫法如下所示：

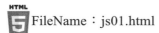FileName：js01.html

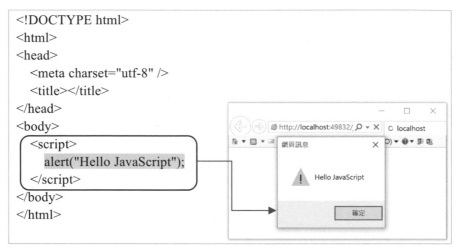

```
<!DOCTYPE html>
<html>
<head>
    <meta charset="utf-8" />
    <title></title>
</head>
<body>
    <script>
        alert("Hello JavaScript");
    </script>
</body>
</html>
```

Ex 02　本例按下 Hello 按鈕時會觸發該按鈕的 click 事件，此時會執行 onclick 所指定的 fnHello() 函式，fnHello() 函式執行時會使用 alert() 函式顯示訊息方塊，該訊息方塊會顯示「Hello JavaScript」訊息。其寫法如下所示：

FileName：js02.html

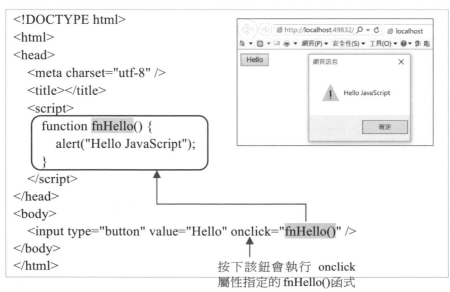

```
<!DOCTYPE html>
<html>
<head>
    <meta charset="utf-8" />
    <title></title>
    <script>
        function fnHello() {
            alert("Hello JavaScript");
        }
    </script>
</head>
<body>
    <input type="button" value="Hello" onclick="fnHello()" />
</body>
</html>
```

按下該鈕會執行 onclick
屬性指定的 fnHello()函式

9.2.2 網頁中引用外部的 JavaScript 檔案

當 JavaScript 程式碼過於複雜龐大，通常會避免將 JavaScript 寫在 HTML 檔案中，以免讓 HTML 語法混雜 JavaScript 程式碼造成開發人員除錯上的困難。又或者是要將寫好的 JavaScript 程式碼提供給多個網頁使用，此時可以將該檔獨立存成一個附檔名*.js，這裡要注意的是，該 *.js 檔必須與引用它的 *.html 檔置於同一資料夾。然後再由其它網頁引用。引用*.js 的語法如下：

```
<script src="javasript 檔案"></script>
```

上機練習

延續 js02.html 練習引用外部 JavaScript 檔案。將 fnHello() 函式撰寫於 myjs.js，接著在js03.html 網頁引用 myjs.js 檔，最後按下 Hello 鈕呼叫 myjs.js 的 fnHello() 函式，本例執行結果與 js02.html 相同。操作步驟如下：

Step 01 建立 JavaScript 檔，檔名為 myjs.js

在方案總管的網站名稱按滑鼠右鍵並執行快顯功能表的【加入(D)/加入新項目(W)...】指令新增 JavaScript 檔，並將檔名設為「myjs.js」。

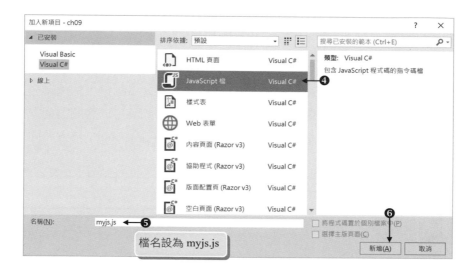

Step 02 撰寫 myjs.js 的 JavaScript 程式碼，如下所示：

FileName：myjs.js

```javascript
function fnHello() {
    alert("Hello JavaScript");
}
```

Step 03 建立 HTML 網頁檔，檔名為 js03.html，並撰寫如下程式碼：

FileName：js03.html

```html
<!DOCTYPE html>
<html>
<head>
    <meta charset="utf-8" />
    <title></title>
    <script src="myjs.js"></script>
</head>
<body>
    引用外部的 myjs.js 檔
    <input type="button" value="Hello" onclick="fnHello()" />
</body>
</html>
```

9.2.3 撰寫 JavaScript 的注意事項

撰寫 JavaScript 程式碼時，請依照下列注意事項，以便讓撰寫出來的程式碼更加容易閱讀與維護。

1. 英文字母大小寫視為不同

   HTML 的標籤與屬性撰寫時不需區分英文大小寫，但是 JavaScript 所宣告的變數、定義的常數、函式或物件是有大小寫區分的。例如：下面宣告的 price 和 Price 是代表不同變數。

   ```
   var price ;
   var Price ;
   ```

2. JavaScript 保留字

   JavaScript 定義了下表的「保留字」，這些保留字都有其特定的意義與功能，例如 var 用來宣告變數、function 用來定義函式...等，而這些保留字無法當做變數、常數、函式或物件的名稱。

break	default	if	this	while
case	do	in	throw	with
catch	else	instanceof	try	
const	finally	new	typeof	
continue	for	return	var	
debugger	function	switch	void	

3. 程式敘述結尾分號

   在 JavaScript 程式是由多行敘述組合而成，而每一行敘述結尾要加上「;」分號，「;」分號是敘述的分隔，也可以作為敘述的結尾。如下寫法：

   ```
   var age, price ; ⇨敘述結尾要加上 ; 分號
   age = 10 ;
   price = 100 ;
   ```

   上面程式也可以改寫成一行，因為以「;」分號進行分隔，所以程式執行時還是被當成三行。

   ```
   var age, price ; age = 10 ; price = 100 ;
   ```

4. 註解符號

   註解通常用來提示程式碼的功能，以供未來維護程式碼參考，註解是會被編譯器忽略的文字，在程式碼適當的加入註解有利於開發人員了解程式碼的內容。JavaScript 使用「//」符號當做程式碼的單行註解，使用「/*...*/」當做多行註解。寫法如下：

```
var qty, price, total;    //宣告 qty ( 庫存數量 ), price(單價), total(小計變數)
/*
小計=單價*數量
total = price*qty
*/
qty=5 ;
price=100 ;
total = price*qty ;
```

5. 程式碼內縮

   JavaScript 程式碼的區塊是由「{」左大括號和「}」右大括號組成，為了方便程式碼是屬於哪個區域，建議撰寫時將 {...} 內的程式碼進行縮排，以方便閱讀。如下程式判斷 price 大於 100 則印出"好貴"，否則印出"便宜"，因為程式未縮排，故不好閱讀：

```
var price=100 ;
if (price>100){
document.write("好貴") ;
}else{
document.write("便宜") ;
}
```

   若將 {...} 內的程式碼進行縮排，比較容易看出是屬於哪個區塊的程式：

```
var price=100 ;
if (price>100){
    document.write("好貴") ;
}else{
    document.write("便宜") ;
}
```

9.3　JavaScript 變數的使用

9.3.1 常值與變數

在 JavaScript 中使用 var 保留字來宣告變數,「變數」是使用有意義的名稱來取代常值,允許在整個程式執行中變更其值,「常值」(Literal) 則是指資料本身的值,例如:字串 "Jasper" 或數字 7 都是常值,而不是變數值或運算式的結果。所以,常值可用來指定給變數當作變數值或指定給物件屬性作為屬性值。當程式執行時,在記憶體中會配置空間來存放每個常值,所以 JavaScript 程式中所使用的變數都必須賦予名稱,名稱是用來在程式中參照使用,宣告變數的語法如下:

```
var 變數名稱 ;

var 變數名稱 1, 變數名稱 2, ...變數名稱 n ;
```

1. 在變數名稱的命名上,建議以小寫英文開頭,命名規則如下:

   ① 變數名稱不允許使用數字 0~9 開頭,必須以 A~Z、a~z 或 _ (底線) 等字元開頭。識別字的第一個字元後面可以接大小寫英文字母(大小寫視為不同字元)、數字、底線。

   ② 變數名稱內的英文字母大小寫被視為不同的字元,例如:PRICE、price、Price 三者是不同的變數名稱。

   ③ 變數名稱的命名最好具有意義並且與資料有關聯性,切勿使用 a 和 b 之類無意義的名稱當作變數名稱,如此程式碼會備較高的可讀性。例如 age 代表年齡、vender 代表廠商,為了增加可讀性,可以在變數名稱上將多個有意義的單字連用,單字間可使用底線連接可增加變數名稱的可讀性;或者透過每個單字的第一個字母大寫與其他字母小寫區隔,如:id_no、IdNo 代表身分證字號變數、phone_no、PhoneNo 代表手機號碼變數。

   ④ 在 JavaScript 允許使用中文字作為變數名稱,但由於使用上容易混淆,因此不建議變數名稱中有中文字。

   ⑤ JavaScript 的保留字不允許作為變數名稱使用。

   ⑥ 需注意如果有配合原始碼掃描軟體如 HP Fortify SCA 掃描時,以特定關

鍵字做為變數名稱可能會被掃描出來被當成有資安風險,例如 password
作為變數名稱時會被判定為寫死密碼在程式碼內。

下列是正確變數的命名方式:

TelNo	// 兩個單字的第一個字元使用大寫字母
_id	// 第一個字也可以使用 _ 底線
first_name	// 兩個單字中間可使用 _ 底線區隔
性別	// 可以使用中文,但建議不使用,避免程式難以維護

下列是不正確變數的命名方式:

tel no	// 中間不能使用空格
1_name	// 第一個字元不可以是數字
AT&T	// & 不是可使用的字元
var	// var 是關鍵字

2. 每行敘述的最後需要加上「;」分號,代表敘述結束。

3. 多個變數同時宣告時,可以透過「,」逗號隔開。

9.3.2 JavaScript 基本資料型態

JavaScript 常使用的資料型態有 String、Number 以及 Boolean,其說明如下:

1. Number:數字資料包含整數和浮點數。

2. String:字串可由文字、數字以及符號所組成,指定字串資料時可使用「'」
   或「"」括住字串資料。例如:'王小明'、"Xbox One"、"67_4"都是字串資料。

3. Boolean:布林值有 true 或 false 兩種,true 表示真、false 表示假,通常當兩
   種選擇時使用。

如下寫法宣告 name、age、isMarry 三個變數,分別用來代表姓名、年齡以及
是否已婚。

var name, age, isMarry;	//宣告 name, age, isMarry 三個變數
name = "王小明";	//name 為字串資料
age = 34;	//age 為整數資料
isMarry = true;	//isMarry 為布林資料

9.3.3 JavaScript 基本資料型態的轉換

不同的 JavaScript 資料型態之間無法進行有效的運算，舉例來說，如果同樣是字串型態的兩個 "1" 相加，則會形成 "11" 這種讓人出乎意料的結果，因此如果想要讓應用程式正確地進行數字運算，則必須先把文字 "1" 透過 JavaScript 型態轉換函式將之轉型成數字 1 才可以。 JavaScript 中提供常用的型態轉換函數說明如下：

1. 數字轉文字

```
var a = 123;
var s = a.toString(); //將數字 123 轉換成字串型態
```

2. 文字轉數字

```
var s = "123";
var a = parseInt(s); //將字串 "123" 轉換成數字型態
```

3. 文字轉浮點數

```
var s = "123.123";
var a = parseFloat(s); //將字串 "123" 轉換成浮點數型態
```

4. 文字轉布林

```
var s = "true";
var b = Boolean(s); //將字串 "true" 轉換成布林型態
```

要注意的是，在 JavaScript 中如果轉換數字型態失敗的話，將會出現 NAN 的關鍵字，代表的意思是「Not A Number」並非一個數字。通常初學者很容易在遇到這種問題時不知所措，因此要特別注意要被轉換的資料是否為數字型態。

```
var a = parseInt("."); // 由於 "." 並非數字型態，因此結果會出現 NAN
```

9.4　JavaScript 運算子

運算子 (Operator) 是做為資料進行運算使用。運算子依照運算時所需的運算元 (Operand) 數目可分為以下三種：

1. 單元運算子(Unary Operator)，例如：i++、-1。

2. 二元運算子(Binary Operator)，例如：j - k。

3. 三元運算子(Tenary Operator)，例如下面寫法：

   msg = (score>=60) ? "及格" : "不及格"；

   若 score 大於 60 即為真 (true)，此時 msg 等於 "及格"；否則 msg 等於 "不及格"。

9.4.1 算術運算子

算術運算子屬於二元運算子，是用來執行加、減、乘、除和取餘數等數學運算。JavaScript 所提供的算術運算子與運算式如下表所示：

運算子	運算子符號	運算式	若 b=10 , c=3　下列是 a 的運算結果
相加	+	a = b + c	a ⇐ 13　　(10+3)
相減	-	a = b – c	a ⇐ 7　　(10-3)
相乘	*	a = b * c	a ⇐ 30　　(10*3)
相除	/	a = b / c	a ⇐ 3 (10/3，整數相除結果取整數) 若 b = 10.0　c = 3.0 (a=b/c　則 a=3.333333333333333)
取餘數	%	a = b % c	a ⇐ 1　　(10 % 3)

【用法】

```
var a, b, c;     // 宣告 a、b、c 為整數型別的變數
a = 10;          // 設定 a 的初值為 10，也就是將 10 指定給等號左邊的變數 a
b = a * 4;       // 將 a 乘以 4 的結果指定給等號左邊的變數 b，b 值為 40
c = a % 3;       // 將 a 除以 3 後的餘數指定給等號左邊的變數 c，其值為 1
```

9.4.2 關係運算子

關係運算子屬於二元運算子，常用來比較數值或字串的大小，關係運算式是指當兩個型別相同的運算元在其中加入關係運算子，經過運算之後，其結果會傳回真 (true) 或假 (false) 布林值，並可透過其結果來決定程式的執行流程。如下表所示是 JavaScript 所提供的關係運算子與關係運算式：

關係運算子	意義	數學式	關係運算式
==	相等	X=Y	X==Y
===	資料和型別同時相等	無	X===Y
!=	不相等	X≠Y	X!=Y
!==	資料和型別皆不相等	無	X!==Y
>	大於	X>Y	X>Y
<	小於	X<Y	X<Y
>=	大於或等於	X≧Y	X>=Y
<=	小於或等於	X≦Y	X<=Y

①　上表中的 X 和 Y 是要比較的資料。

②　6 > 2　　　　// 結果為 true(真)

③　"c" > "d"　　// 結果為 false (假)

9.4.3 邏輯運算子

邏輯運算子屬於二元運算子，主要用來連接多個關係運算式，邏輯運算子兩邊的運算元如果是布林值則構成「邏輯運算式」。例如：(a>b) || (c<d)，其中(a>b) 和 (c<d) 兩者為關係運算式，兩者間利用邏輯運算子 || "或" 來連接成為邏輯運算式。邏輯運算式以布林值真 (true) 或假 (false) 作為運算結果。如下所示即為 JavaScript 所提供的邏輯運算子種類、意義與邏輯運算式的用法：

邏輯運算子	意義	邏輯運算式	用法
!	非(Not 反相)	! X	當 X 為 true，結果為 false； 當 X 為 false，結果為 true。
||	或(Or)	X || Y	當 X 或 Y 其中有一個為 true，結果即為 true。
&&	且(And)	X && Y	當 X、Y 兩者皆為 true 時，結果即為 true。

1. ①(1 > 2) && ('a'=='b')　⇨ false(假) && true(假)　⇨ false(假)

   ②(1 < 2) || ('a'=='b')　　⇨ true(真) || false(假)　⇨　true(真)

   ③! (1 < 2)　⇨　!(true)　⇨ false(假)

2. 單價介於 10 ≦price < 100 之間的條件式：

   (price >= 10) && (price < 100)

3. price 不等於零的條件式寫法：

   price != 0

9.4.4 複合指定運算子

指定運算子 (Assignmemt Operator) 是以等號 (=) 來表示，主要用於程式中需要指定某個變數的值，以及將某個變數或某個運算式的結果指定給某個變數，則必須使用指定運算子。複合指定運算子 (Combination assignment operator) 是在一個指定運算子的兩邊有相同的變數名稱的狀況來使用。例如：一個指定運算式 i＝i+1，由於指定運算子等號兩邊都有相同的變數 i，因此可以改寫 i += 1。等號左邊的運算元不可是運算式或常數，必須是變數、陣列元素或物件屬性。如下表所示為常用的複合指定運算子表示法：

運算子符號	意義	使用方式
=	指定	i = 1;
+=	相加後再指定	i += 1;
-=	相減後再指定	i -= 1;
/=	相除後再指定	i /= 1;
*=	相乘後再指定	i *= 1;
%=	餘數除法後再指定	i %= 1;

9.4.5 遞增及遞減運算子

++ 遞增運算子以及-- 遞減運算子兩者皆屬於單元運算子。例如：i = i - 1 可表示為 i--，而 i＝i+1 可表示為 i++。依據運算子放於變數前後也會有所差別，若將

++ 遞增運算子放在變數之前則表示前遞增，放在之後則為後遞增，而 -- 遞減運算子亦是如此。下表說明常用的單元運算子寫法與實例：

運算子符號	意義	實例
++	遞增運算子	a++; //和 a=a+1 相同
--	遞減運算子	a--; //和 a=a-1 相同

Ex 01

```
var i = 1, z ;
z = i-- ;       // 結果 z = 1, i = 0。相當於先執行 z = i，再執行 i = i-1
```

Ex 02

```
var i = 1, z ;
z = --i ;       // 結果 z=0, i=0。相當於先執行 i=i-1，再執行 z=i。
```

Ex 03

```
var i, x, z ;
i = x = 1 ;     //先將 1 指定給 x，再將 x 值指定給 i，i 和 x 都為 1
z = ++i*5 ;     //先將 i 加 1，i 變為 2，再將 i 乘以 5 指定給 z，z 值為 10
x = z++ * 2;    //先將 z 值(10) 乘以 2 指定給 x，x 值為 20，再將 z 值加 1 為 11
```

 ## 9.5 ┃ JavaScript 常用輸出入方法

9.5.1 document.write()方法

document.write() 方法是 Document 物件集合常用的輸出功能，輸出的資料可以是單純的文字，也可以是 HTML 標籤，其寫法如下所示：

```
<script>
    document.write("欲顯示在網頁上的資料") ;
</script>
```

 使用 document.write() 方法輸出「Xbox One」產品資訊到網頁中，資訊包含品名、單價、數量、小計以及產品圖示。其寫法如下所示：

FileName：js04.html

```
...略...
<body>
  <script>
    var name, price, qty, total;      //宣告 name, price, qty, total 變數
    name = "XBox One 遊戲機";
    price = 12800;
    qty = 8;
    total = price * qty;              //單價*數量等於小計
    document.write("品名：" + name + "<br>");
    document.write("單價：" + price + "<br>");
    document.write("數量：" + qty + "<br>");
    document.write("小計：" + total + "<br>");
    //使用 document.write()方法輸出 <img> 標籤來顯示圖片
    document.write("<img src='images/xboxone.jpg' width='200'>");
  </script>
</body>
...略...
```

執行結果如下圖：

9.5.2 alert() 函式

alert() 函式可在網頁上顯示訊息方塊，訊息方塊上的內容為文字資料，無法呈現 HTML 的效果，其寫法如下所示：

```
<script>
    alert("訊息方塊顯示的資料") ;
</script>
```

Ex 01 使用 alert() 函式將「Xbox One」產品資訊顯示在訊息方塊上，資訊包含品名、單價、數量、小計，若欲在訊息方塊中進行分行顯示，則可使用「\n」。其寫法如下所示：

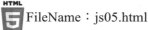FileName：js05.html

```
<body>
  <script>
    var name, price, qty, total;
    name = "XBox One 遊戲機";
    price = 12800;
    qty = 8;
    total = price * qty;
    var msg = "品名：" + name +
      "\n 單價：" + price + "" +
      "\n 數量：" + qty +
      "\n 小計：" + total;
    alert(msg);
  </script>
</body>
```

9.5.3 存取 HTML 元素

文件物件模型 (Document Object Model, DOM)是 HTML 文件的程式介面,而 HTML 文件中的標籤都代表一個物件,因為 DOM 將 HTML 文件的內容物件化, 所以若善用 DOM 即能在文件的指定位置進行更新文件內容或更新結構與樣式。 在 JavaScript 中可以透過 document.getElementById()方法來找到 HTML 文件中指定 的標籤即 DOM 文件的結構,如下介紹存取表單欄位與標籤內容。

若要存取表單欄位的資料,可先透過 document.getElementById()方法依 id 識 別名稱取得欄位元素並指定給一個變數來代替該欄位,接著透過 value 屬性來存取 欄位的值,其寫法如下所示:

```
<script>
    var 變數 = document.getElementById("id 識別名稱") ;
    變數.value = 欄位值 ;  //將指定值指定給表單欄位的 value 屬性
</script>
```

上述寫法的 value 屬性可取得欄位的值 (內容),但是像下拉式清單這種欄位就 會有 value 值、<option> 標籤中的內容和選取清單第幾個項目的資訊,若要取得下 拉式清單的相關資料可以透過下列屬性來達成:

1. value:存取選取清單欄位的內容。

2. selectedIndex:存取清單第幾個編號。

3. options[i].text:存取清單第幾個 <option> 標籤上的內容。

若要存取標籤元素中的內容,一樣是先透過 document.getElementById() 方法 依 id 識別名稱取得標籤元素並指定給一個變數來代替該標籤,接著使用 innerHTML 屬性來存取元素的內容即可,innerHTML 同時可以存取 HTML 元素, 其寫法如下所示:

```
<script>
    var 變數 = document.getElementById("id 識別名稱") ;
    變數.innerHTML = "欲顯示的資料或 HTML 內容" ;
</script>
```

js06.html

製作遊戲機選購網頁，選購遊戲機時可透過下拉式清單選取產品，同時可輸入購買數量再按下 訂購 鈕，完成後會在網頁顯示產品單價、訂購小計以及產品圖示。

執行結果

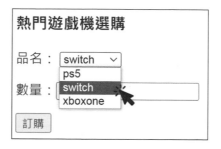

← 顯示訂購資訊

使用圖檔

　　本例網頁所使用的圖檔置於 images 資料夾下，圖檔名稱為 ps5.jpg、switch.jpg、xboxone.jpg，圖檔名稱與下拉式清單 <option> 標籤內容相同。

ps5.jpg　　　　switch.jpg　　　xboxone.jpg

　　本例完整程式碼如下：

程式碼　FileName:js06.html

```
01 <!DOCTYPE html>
02 <html>
03 <head>
04     <meta charset="utf-8" />
05     <title>熱門遊戲機選購</title>
06     <script>
07         function fnOrder() {
08             var selName, txtQty, divShow, qty,  price, total, imgName;
09             selName = document.getElementById("selName");
10             txtQty = document.getElementById("txtQty");
11             divShow = document.getElementById("divShow");
12             qty = txtQty.value;
13             price = selName.value;
14             total = qty * price;
15             imgName =
                    selName.options[selName.selectedIndex].text + ".jpg";
16             divShow.innerHTML = "<p>單價：" + price + "</p>" +
                    "<p>小計：" + total + "</p>" +
                    "<img src='images/" + imgName + "' width='200'>"
17         }
18     </script>
19 </head>
20 <body>
21     <h3>熱門遊戲機選購</h3>
```

22	`<p>品名：`
23	`    <select id="selName">`
24	`        <option value="11000">ps5</option>`
25	`        <option value="12900">switch</option>`
26	`        <option value="12800">xboxone</option>`
27	`    </select>`
28	`</p>`
29	`<p>數量：<input type="number" id="txtQty" min="1" value="1" /></p>`
30	`<p><input type="button" value="訂購" onclick="fnOrder()" /></p>`
31	`<hr /><div id="divShow"></div>`
32	`</body>`
33	`</html>`

說明

1) 第 7~17, 30 行：定義 fnOrder() 函式，按下 訂購 鈕會執行此處。

2) 第 9, 23~27 行：取得 selName 下拉式清單欄位，並設定為 selName 變數。

3) 第 10,29 行：取得 txtQty 文字欄位，並設定為 txtQty 變數。

4) 第 11,31 行：取得 divShow 標籤，並設定為 divShow 變數。

5) 第 12 行：將 txtQty 文字欄的資料放入 qty 變數。

6) 第 13 行：取得 selName 下拉式清單選取的 value 值放入 price 變數。

7) 第 14 行：計算數量 * 單價等於小計，並將小計的結果放入 total。

8) 第 15 行：取得下拉式清單選取的 `<option>` 文字內容再加上 ".jpg" 並放入 imgName 變數，也就是 imgName 存放的是所選取產品的圖檔名稱。

9) 第 16 行：將 price 單價、total 小計與選購的產品圖顯示在 divShow 標籤內。

　　搭配 HTML 元素可以結合前面章節討論過的運算子功能，設計出更多有趣的應用程式，例如可以計算數學上加法的運算方程式的範例。

　　要完成這樣的範例，必須先知道一些 JavaScrip 對基本型別的操作知識，一般來說 JavaScript 會把使用者在 HTML 元素輸入的資料預設都當成是字串來處理。這樣一來會造成若使用者輸入分別輸入 1 和 2 相加，結果並不會等於預期的「3」而會變成「12」。要解決這樣的困境，就必須把使用者輸入的資料轉換成數字型別，因為數字型別才能支援數學運算子算出正確的結果，寫法如下：

```
var s="123";           // 建立存放 "123" 字串的 s 變數
var i = parseInt(s); // 透過轉換函數把 s 轉換成數字 123
```

範例 js07.html

練習製作計算數學上加法的運算方程式的範例。

執行結果

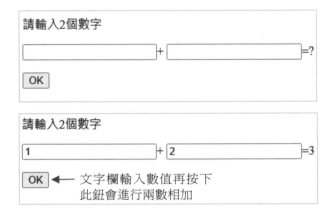

本範例完整程式碼如下：

程式碼 FileName:js07.html

```
01  <!DOCTYPE html>
01  <!DOCTYPE html>
02  <html>
03  <head>
04    <meta charset="utf-8" />
05    <script>
06        function fnCalc() {
07            var a = parseInt(document.getElementById("txtA").value);
08            var b = parseInt(document.getElementById("txtB").value);
09            var ans = a + b;
10            document.getElementById("lblAns").innerHTML = ans;
11        }
12    </script>
13  </head>
14  <body>
15    <p>請輸入 2 個數字</p>
```

16	`<p>`
17	`<input type="number" id="txtA" min="1" value="" />+`
18	`<input type="number" id="txtB" min="1" value="" />=<label`
	`id="lblAns">?</label>`
19	`</p>`
20	`<p><input type="button" value="OK" onclick="fnCalc()" /></p>`
21	`</body>`
22	`</html>`

說明

1) 第 5~12, 20 行：定義 fnCalc()函式，按下 OK 鈕會執行此處。

2) 第 7 行：取得使用者輸入的第一個數字，轉換成數字，並設定為 a 變數。

3) 第 8 行：取得使用者輸入的第二個數字，轉換成數字，並設定為 b 變數。

4) 第 9 行：將數字 a 和數字相加，並設定為 ans 變數。

5) 第 10 行：將 ans 變數顯示在 lblAns 標籤內。

10 JavaScript 流程控制

職場是一個修練場，有人專門修正自己，有人專門修理他人。

▶ 學習目標

選擇結構是依條件指定要執行哪個區塊內的敘述，而重覆結構是指重覆執行某一區塊內的敘述，善用這兩種結構有助於訓練初學者的邏輯。本章將介紹 JavaScript 所提供選擇與重複結構，讓網頁開發人員可以強化網頁前端。

10.1 選擇敘述

程式敘述的流程控制中，不外乎是循序、選擇和重複結構這三者所組成的敘述。說明如下：

1. 循序結構敘述指的是程式由上而下逐步執行。

2. 選擇結構敘述指的是當程式執行時遇到需要改變程式執行流程時，可藉由條件式變更其流程。

3. 重複結構敘述是透過迴圈的方式，也就是當某個敘述區塊需要重複執行多次時使用。

選擇結構是用來改變程式執行的流程，想要在 JavaScript 撰寫選擇敘述，其做法是當程式執行時，透過條件式進行判斷，若條件式結果為 true，則執行屬於條件式為 true 的敘述區塊，若條件式結果為 false，則執行屬於條件式為 false 的敘述區塊。兩者執行完成後會回到同一個位置，並且繼續執行後面的敘述。

10.1.1 if...else...選擇敘述

設計程式時若碰到「如果 ... 則 ...」，此種狀況就要使用單向選擇，流程圖如右，語法如下：

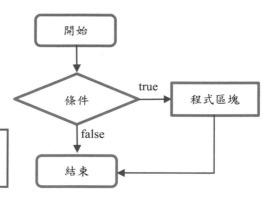

```
if (條件式){
    //條件式為 true 時執行此處
}
```

設計程式時若碰到「如果 ... 則 ... 否則...」，此種情形便需要雙向選擇。當條件式為 true 時執行 if {...} 內的程式區塊，否則執行 else {...} 內的程式區塊，流程圖與語法如下：

```
if (條件式){
    //條件式為 true 時執行此處
}else{
    //條件式為 false 時執行此處
}
```

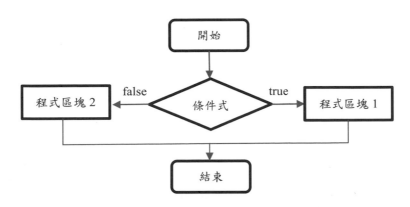

1. <條件式> 為關係運算式，或是由多個關係運算式所組成，運算式之間使用 &&(And)、||(Or)、！(Not) 等邏輯運算子來連接。

2. 單價 price 大於 100 時，即顯示 "好貴"，否則顯示 "便宜"，程式寫法如下：

```
var price=90 ;
if (price>100){ //price 為 90，條件式結果為 false，故執行 else 後的敘述
    document.write("好貴") ;
}else{
    document.write("便宜") ; //price 為 90 小於 100，所以會顯示 "便宜"
}
```

3. 星座為 "射手座" 且年齡介於 20~30 之間，其占星評語為 "超幸運"，否則評語為 "一如往常"，程式寫法如下：

```
var constellation, age ;
constellation="射手座" ;
age=24 ;
if (constellation=="射手座" && (age>=20 && age<=30) ){
    document.write("超幸運") ;
}else{
    document.write("一如往常") ;
}
```

Ex 01　使用 if...else... 敘述撰寫判斷成績是否及格的程式。在文字欄輸入成績並按 確定 鈕即可顯示成績評語，若成績大於等於 60 則顯示 "成績及格"，否則顯示 "成績不及格"。程式碼寫法如下所示：

FileName：if01.html

```html
<!DOCTYPE html>
<html>
<head>
    <meta charset="utf-8" />
    <title>成績評語</title>
    <script>
        function fnClick() {
            //取得 id 為 txtScore 的欄位值並指定給 score 成績變數
            var score = document.getElementById("txtScore").value;
            //取得 id 為 show 的 <p> 標籤元素並指定給 show 變數
            var show = document.getElementById("show");
            var msg;
            //判斷 score 是否大於等於 60
            if (score >= 60) {
                msg = "成績及格";
            } else {
                msg = "成績不及格";
            }
            show.innerHTML = msg; //將 msg 評語顯示在 show 指定的標籤中
        }
    </script>
</head>
<body>
    <p>成績：<input type="text" id="txtScore" /></p>
    <p><input type="button" value="確定" onclick="fnClick()" /></p>
    <p id="show"></p>
</body>
</html>
```

執行結果如下：

10.1.2 巢狀選擇

如果 if...else...敘述裡面還有 if...else...敘述，就稱之為「巢狀選擇」。巢狀選擇在撰寫程式時，應以逐層內縮方式來撰寫，如此即容易閱讀也不易出錯。程式結構如下所示：

```
外  內   if (條件式 1){
層  層       if (條件式 2){
if  if           //條件式 1 與條件式 2 為 true 時執行此處
             }else{
                 //條件式 1 為 true，條件式 2 為 false 時執行此處
             }
         }else{
             //條件式 1 為 false 時執行此處
         }
```

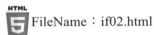

延續 if01.html，使用巢狀選擇在外層 if...else...先判斷成績是否介於 0~100 之間，若成立再透過內層 if...else...敘述判斷成績是否及格，若成績未在 0~100 之間則顯示 "成績應介於 0~100 之間" 的訊息。可參閱如下灰底處程式碼：

FileName：if02.html

```
...略...
  <script>
    function fnClick() {
      //取得 id 為 txtScore 的欄位值並指定給 score 成績變數
      var score = document.getElementById("txtScore").value;
      //取得 id 為 show 的 <p> 標籤元素並指定給 show 變數
      var show = document.getElementById("show");
      var msg;
      //判斷 score 是否介於 1~100 之間
      if (score >= 0 && score <= 100) {
        //判斷 score 是否大於等於 60
        if (score >= 60) {
          msg = "成績及格";
        } else {
          msg = "成績不及格";
```

```
        }
    } else {
        msg = "成績應介於 0~100 之間";
    }
        show.innerHTML = msg; //將 msg 評語顯示在 show 指定的標籤中
    }
  </script>
...略...
```

執行結果如下所示：

10.1.3 if...else if...else...多向選擇敘述

當程式有多個條件要判斷，此時就要使用 if...else if...else 多向選擇敘述，此種選擇敘述會選擇條件成立的區塊來執行，其語法如下：

```
if (條件式 1){
    //條件式 1 為 true 時執行程式區塊 1
}else if(條件式 2){
    //條件式 2 為 true 時執行程式區塊 2
......
}else{
    //所有條件都不成立時執行 else 程式區塊
}
```

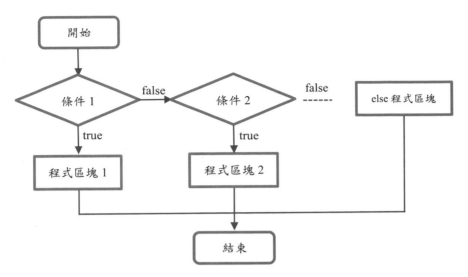

Ex 01　延續 if02.html，使用多向選擇敘述為成績判斷等級。90~100 為優等、80~89 為甲等、70~79 為乙等、60~69 為丙等、0~59 為不及格。可參閱如下灰底處程式碼：

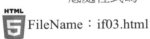 FileName：if03.html

```
...略...
<script>
  function fnClick() {
    //取得 id 為 txtScore 的欄位值並指定給 score 成績變數
    var score = document.getElementById("txtScore").value;
    //取得 id 為 show 的 <p> 標籤元素並指定給 show 變數
    var show = document.getElementById("show");
    var msg;
    //判斷 score 是否介於 1~100 之間
    if (score >= 0 && score <= 100) {
      if (score >= 90) {          // 90~100, 優等
        msg = "優等";
      } else if (score >= 80) {   // 80~89, 甲等
        msg = "甲等";
      } else if (score >= 70) {   // 70~79, 乙等
        msg = "乙等";
      } else if (score >= 60) {   // 60~69, 丙等
        msg = "丙等";
      } else {
```

```
            msg = "不及格";
        }
    } else {
        msg = "成績應介於 0~100 之間";
    }
    show.innerHTML = msg;   //將 msg 評語顯示在 show 指定的標籤中
    }
</script>
```

執行結果如下：

範例　if04.html

綜合本章所學到的流程控制技術。讀者可以延續前面章節所設計的「數字加法計算器」練習題，將之升級成可以計算完整「加、減、乘、除」的數字計算器。下圖是 js07.htm 原本執行的畫面。

透過本章的技術可將之升級成讓使用者自行決定要計算「加、減、乘、除」的結果範例。執行結果如下：

執行加法結果

執行減法結果

執行乘法結果

執行除法結果

本範例完整程式碼如下：

（HTML）**程式碼**

01	`<!DOCTYPE html>`
02	`<html>`
03	`<head>`
04	`<meta charset="utf-8" />`
05	`<script>`
06	`function fnCalc() {`
07	`var a = parseInt(document.getElementById("txtA").value);`
08	`var b = parseInt(document.getElementById("txtB").value);`

```
10          var op = document.getElementById("selOp").value
11          var ans = 0;
12          if (op == "+") {
13              ans = a + b;
14          } else if (op == "-") {
15              ans = a - b;
16          } else if (op == "*") {
17              ans = a * b;
18          } else if (op == "/") {
19              ans = a / b;
20          }
21          document.getElementById("lblAns").innerHTML = ans;
22      }
23      </script>
24  </head>
25  <body>
26      <p>請輸入 2 個數字</p>
27      <p>
28          <input type="number" id="txtA" min="1" value="" />
29          <select id="selOp">
30              <option value="+">+</option>
31              <option value="-">-</option>
32              <option value="*">*</option>
33              <option value="/">/</option>
34          </select>
35          <input type="number" id="txtB" min="1" value="" />=<label
                  id="lblAns">?</label>
36      </p>
37      <p><input type="button" value="OK" onclick="fnCalc()" /></p>
38  </body>
39  </html>
```

説明

1) 第 6~22, 37 行：定義 fnCalc()函式，按下 OK 鈕會執行此處。

2) 第 7 行：取得使用者輸入的第一個數字，轉換成數字，並設定為 a 變數。

3) 第 8 行：取得使用者輸入的第二個數字，轉換成數字，並設定為 b 變數。

4) 第 10 行：取得使用者選擇的運算符號，並設定為 op 變數。

5) 第 11 行：宣告一個 ans 變數並將預設值設為 0。

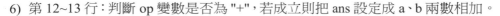

6) 第 12~13 行：判斷 op 變數是否為 "+"，若成立則把 ans 設定成 a、b 兩數相加。

7) 第 14~15 行：判斷 op 變數是否為 "+"，若成立則把 ans 設定成 a、b 兩數相減。

8) 第 16~17 行：判斷 op 變數是否為 "*"，若成立則把 ans 設定成 a、b 兩數相乘。

9) 第 18~19 行：判斷 op 變數是否為 "/"，若成立則把 ans 設定成 a、b 兩數相除。

10)第 21 行：將 ans 變數顯示在 lblAns 標籤內。

10.2　迴圈敘述

　　在程式執行過程中，遇到需要多次重複執行特定的區塊敘述時，則需使用「重複結構」敘述來達成此目的。在 JavaScript 中所提供的重複結構敘述中，大致分為兩種敘述：在重複執行次數確定的情況下，可透過 for 敘述來完成；在重複執行的次數無法確定的情況下，需透過當下的條件式判斷來決定時，則須透過 while 前測式敘述和 do...while 後測式敘述來達成。

10.2.1 for 計數迴圈

　　在撰寫程式過程中，如果已經確定要重複執行的次數時，則可透過 for 敘述來達成。for 敘述是由 <初值>、<條件>、<增值> 所組成。當程式執行時進入 for 迴圈內，首先會判斷 <條件> 的結果是否為 true，若為 true 則迴圈內的 <程式區塊> 執行一次並且 <增值> 一次；再代入判斷 <條件> 中檢查結果是否為 true，如果為 true 則持續重複迴圈內的 <程式區塊> 一次，直到 <條件式> 結果為 false 時才離開迴圈。for 敘述語法與流程圖如下：

```
for(初值 ;條件式 ;增值) {
    //程式區塊迴圈主體
}
```

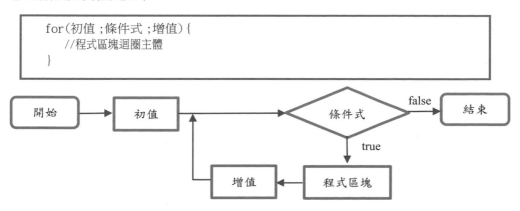

1. <初值>

   指定重複迴圈所使用的計數控制變數的初始值，此處只會在進入迴圈時執行一次，一直到迴圈執行完成都不再執行。

2. 若 for 敘述的 <初值>、<條件式>、<增值> 有兩個以上運算式，則中間使用逗號做分隔。寫法如下：

   for (var i = 0, k = 0 ; i < 5 && k < 10 ; i++ , k += 2)
   　　　初值　　　　　　　條件式　　　　　增值

   ① 在 <增值> 部分則是改變計數控制變數的值，並且在 <條件式> 部分中判斷條件，確認是繼續執行或離開迴圈。

   ② 若初值、條件式、增值都省略的狀況下，分號必須保留，如：for(; ;)，此狀況會變成無窮迴圈。

3. for 迴圈有兩種方式，分別是遞增迴圈與遞減迴圈：

   ① 遞增迴圈：<增值> 為正，條件式的終值須大於或等於 <初值>，寫法如下：
   for (var i = 0 ; i < 5 ; i++)

   ② 遞減迴圈：<增值> 為負，條件式的終值須小於或等於 <初值>，寫法如下：
   for (var i = 5 ; i > 0 ; i--)

4. 當在迴圈 (for, while, do…while) 中碰到 continue 敘述時即會返回該迴圈的條件式，繼續再判斷條件式是否要進入執行迴圈的程式主體。

5. 當在迴圈 (for, while, do…while) 中碰到 break 敘述時即會離開迴圈。

Ex 01 練習 for 迴圈與 break 的使用，完整程式碼請參考 for01.html。

1. 使用 for 迴圈在網頁印出「1,2,3,4,5,」，寫法如下：

```
for (var i=1 ; i<=5 ; i++)  {
    document.write(i + ",");
}
```

2. 使用 for 迴圈在網頁印出「5,4,3,2,1,」，寫法如下：

```
for (var i=5 ; i>=1 ; i--){
    document.write(i + ",");
}
```

3. for 迴圈執行 5 次並指定印出 1~5，但因為 i 等於 4 時即執行 break 敘述離開
迴圈，所以只印出「1,2,3,」，寫法如下：

```
for (var i=1 ; i<=5 ; i++)  {
    if (i==4){               // 當 i 等於 4 時即執行 break 敘述離開迴圈
        break;
    }
    document.write(i + ",");
}
```

執行結果如下：

Ex 02 使用 for 迴圈在網頁印出 images 資料夾下的 1.jpg~9.jpg，同時配合 CSS3
設定當滑鼠碰到圖片時，該圖片即設為透明度 0.2 且順時針旋轉 10 度。
完整程式碼如下：

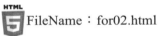FileName：for02.html

```
<!DOCTYPE html>
<html>
<head>
    <meta charset="utf-8" />
    <title>旅行相簿</title>
    <style>
        a:hover {
            opacity: 0.2;                        滑鼠碰到超連結功能的物件，即將該物
            transform: rotate(10deg);            件的透明度設為 0.2 且順時針旋轉 10 度
        }
        img{
            margin:10px;                         圖片上右下左
        }                                        間距為 10px
    </style>
```

```
</head>
<body>
  <script>
    for (var i = 1; i <= 9; i++) {  //顯示 1.jpg~9.jpg
      document.write("<a href='#'><img src='images/"+i+".jpg'></a>");
    }
  </script>
</body>
</html>
```

執行結果如下：

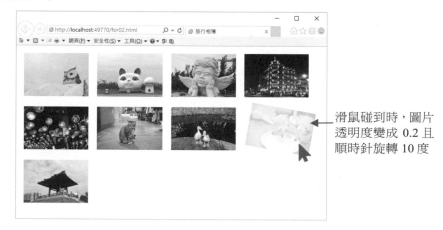

滑鼠碰到時，圖片
透明度變成 0.2 且
順時針旋轉 10 度

10.2.2 while 前測式迴圈

　　while 之後即接上條件式，所以又稱為「前測式迴圈」。當條件式為 true 時即
進入迴圈內執行程式區塊，執行後再回到條件式判斷是否繼續執行迴圈內的程式
區塊，一直到條件式為 false 時才離開 while 迴圈。所以迴圈內的程式區塊必須有
設定條件式為 false 的程式敘述，否則程式會無法離開迴圈而形成無窮迴圈。由於
while 迴圈是先判斷條件式再決定是否執行迴圈內的程式區塊，因此該迴圈有可能
一次都不會執行。while 敘述語法與流程圖如下：

```
while(條件式){
    //程式區塊迴圈主體
}
```

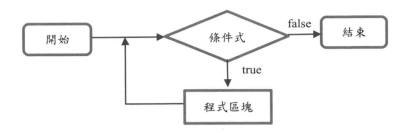

Ex 01 將 for02.html 網頁的 for 迴圈改使用 while 迴圈撰寫，執行結果與 for02.html 相同。如下灰底處為修改過的程式碼：

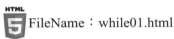FileName：while01.html

```
...略...
  <script>
    var i = 1;          //宣告 i 等於 1
    while (i <= 9) {    //i 小於等於 9 時即執行迴圈內程式
      document.write("<a href='#'><img src='images/" + i + ".jpg'></a>");
      i++ ;             //i 加 1 再指定給 i
    }
  </script>
...略...
```

10.2.3 do...while 後測式迴圈

　　do...while 剛好和 while 相反，是先進入迴圈內執行程式區塊後再判斷條件式來決定是否進入迴圈內執行程式區塊，因為先進入迴圈內執行，所以最少會執行一次，此種迴圈又稱為「後測式迴圈」。do...while 敘述語法與流程圖如下所示：

```
do{
    //程式區塊迴圈主體
}while(條件式) ;
```

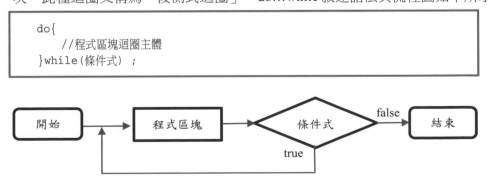

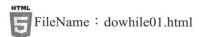 將 for02.html 網頁的 for 迴圈改使用 do...while 迴圈撰寫，執行結果與 for02.html 相同。如下灰底處為修改過的程式碼：

HTML5 FileName：dowhile01.html

```
...略...
  <script>
    var i = 1;              //宣告 i 等於 1
    do {
       document.write("<a href='#'><img src='images/" + i + ".jpg'></a>");
       i++ ;                //i 加 1 再指定給 i
    } while (i <= 9);    //i 小於等於 9 時即執行迴圈內程式
  </script>
...略...
```

10.2.4 巢狀迴圈

若迴圈內還有迴圈就構成「巢狀迴圈」。在程式中需要製作二維表格都可以使用「巢狀迴圈」。如下為九九乘法表的程式結構，由於外層迴圈共執行 9 次，外層迴圈每執行一次，內層迴圈就會被執行 9 次，所以此巢狀迴圈共會執行 81 次。

```
外   內  for (var i=1 ; i<=9 ; i++){
層   層     for(var k=1 ; k<=9 ; k++){
for  for        //印出 i*k=(i*k)
               }
          }
```

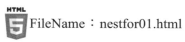 使用上列巢狀迴圈在網頁中顯示九九乘法表：

HTML5 FileName：nestfor01.html

```
...略...
<body>
  <script>
    document.write("<table border='1'>");
```

```
for (var i = 1; i <= 9; i++) {
    document.write("<tr>");
    for (var k = 1; k <= 9; k++) {
        document.write("<td>" + i + "*" + k + "=" + (i * k) + "</td>");
    }
    document.write("</tr>");
}
    </script>
</body>
...略...
```

執行結果如下圖：

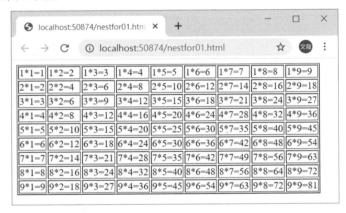

11

JavaScript
陣列與函式

依照觀察經驗，每個人都會長大，但不是每個人都會成長。

▶ **學習目標**

「陣列」(Array) 就是數學上的矩陣，是一種有順序的複合式的資料結構，用於定義、存放複數的資料類型。至於函式可將重複且相似的功能獨立撰寫並區隔開來，提升程式的再用性，同時對於維護與除錯也更加方便。因此陣列和函式在程式設計上是非常重要的必備知識。

11.1　陣列

變數在 JavaScript 中扮演了資料存放角色，然而一個變數只能存放一個資料，如果在程式中需要存放大量且同性質的資料，並進行運算時，例如要在程式中輸入 20 個學生的成績並計算平均成績，如果在程式中直接宣告 20 個不同的變數名稱來存放輸入的成績，在這樣的狀況下，程式的複雜度與維護困難度將大幅增加，而在後續計算成績平均值的部分也相當困難，也因此 JavaScript 提供陣列來解決此問題，「陣列」(Array) 就是數學上的矩陣，是一種有順序的複合式的資料結構，用於定義、存放複數的資料類型。

11.1.1 建立一維陣列

陣列 (Array) 是將相同資料型別的變數，在記憶體中有順序且連續的串接在一起，在程式開發上經常會使用到，其使用時機通常在於需要處理多個同性質資料，例如前述輸入 20 個學生成績並進行計算的情境，我們可以將原本宣告 20 個變數儲存 20 個學生成績的方式，改為使用一維陣列的方式取代，並且將陣列內的每一個陣列元素視為一個變數來儲存一個學生的成績。如果想要存取陣列變數內的陣列元素，則是由陣列名稱其後以中括號括住陣列的索引值 (index) 方式存取陣列元素，陣列的索引值是由 0 開始算起，例如 names[0] 是 names 陣列的第一個陣列元素，names[1] 是第二個陣列元素，而 names[4] 是第 5 個陣列元素，其它以此類推…。

在 JavaScript 中使用 Array() 建構函式來建立陣列，有下面兩種語法：

```
//建立陣列同時指定陣列大小
var 陣列變數 = new Array(陣列大小) ;

//建立陣列同時指定陣列元素的值
var 陣列變數 = new Array(元素 1, 元素 2, 元素 3..., 元素 n) ;
```

1. 建立 names 陣列用來存放五位學生的姓名，寫法如下所示：

```
var names = new Array(5);
names[0]= "王小明" ;
names[1]= "李小華" ;
names[2]= "張三" ;
```

```
names[3]= "李四" ;
names[4]= "王五" ;
```

2. 建立 score 陣列用來存放五位學生的成績，寫法如下所示：

```
var score = new Array(5);
score[0]= 100 ;
score[1]= 66 ;
score[2]= 90 ;
score[3]= 47 ;
score[4]= 88 ;
```

3. 也可在建立陣列的同時透過 Array() 建構函式，同時指定陣列元素值，上面可改成如下寫法：

```
var score = new Array(100, 66, 90, 47, 88);
```

4. 也可直接使用 [ ] 來指定陣列元素值，上面可改成如下寫法：

```
var score = [100, 66, 90, 47, 88];
```

5. 陣列索引由 0 開始，只要透過陣列的 length 屬性，即可取得陣列元素的個數，同時配合迴圈即可將陣列中的元素取出，如下寫法用來顯示 names 陣列中的五位學生姓名：

```
var names = new Array("王小明","李小華","張三","李四","王五");
for(var i=0 ; i<names.length ; i++){
  document.write(name[i] + ",") ;
}
```

Ex 01　本例建立 names、price、imgfile 用來存放三筆產品記錄的品名、單價、圖檔名稱，最後再使用 for 迴圈配合表格標籤，將三筆產品記錄顯示在網頁上，寫法如下所示：

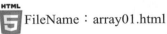

FileName：array01.html

```
...略...
<body>
  <script>
    var names = new Array("PS 5 主機",
```

```
        "任天堂 Nintendo Switch 藍紅手把組",
        "Xbox One S 500G 同捆組")
    var price = new Array(9980, 12999, 11000)
    var imgfile = new Array("ps5.jpg", "switch.jpg", "xboxone.jpg")
    document.write("<table border='1'>");
    document.write("<tr>");
    document.write("<td>品名</td>");
    document.write("<td>單價</td>");
    document.write("<td>產品圖示</td>");
    document.write("</tr>");
    for (var i = 0; i < names.length; i++) {
        document.write("<tr>");
        document.write("<td>" + names[i] + "</td>");
        document.write("<td>" + price[i] + "</td>");
        document.write("<td><img src='images/" + imgfile[i]
            + "' width=150></td>");
        document.write("</tr>");
    }
    document.write("</table>");
  </script>
</body>
...略...
```

執行結果如圖所示：

11.1.2 建立二維陣列

二維陣列可以使用表格來看，就像是班級的座位表或是電影院的座位表一樣，可想像是由行和列所組成。如下為員工資料表也可視為二維陣列：

	第1行	第2行	第3行	第4行
	員工編號	員工姓名	地址	薪資
第1列	"E01"	"王小明"	"台中市"	56000
第2列	"E02"	"李小華"	"台北市"	46000
第3列	"E03"	"蔡小保"	"高雄市"	71000

上面的員工資料表如果看成陣列的話即是 3 列*4 行的二維陣列，其二維陣列索引表示如下：

	第1行	第2行	第3行	第4行
	員工編號	員工姓名	地址	薪資
第1列	[0][0]	[0][1]	[0][2]	[0][3]
第2列	[1][0]	[1][1]	[1][2]	[1][3]
第3列	[2][0]	[2][1]	[2][2]	[2][3]

在 JavaScript 二維陣列，其實就是先建立一個一維陣列，接著一維陣列的元素，再建立一個一維陣列，上面員工資料表二維陣列程式，寫法如下所示：

```
//建立一維陣列 employee
var employee = new Array();
//employee[0] 陣列元素再建立一個一維陣列，同時給予初值，以此類推
employee[0] = ["E01", "王小明", "台中市", 56000];
employee[1] = ["E02", "李小華", "台北市", 46000];
employee[2] = ["E03", "蔡小保", "高雄市", 71000];
```

如上程式碼可知，employee[0] ～ employee[2] 用來存放三筆員工記錄，而employee[0][1] ="王小明"，employee[2][3] =71000，其它以此類推。

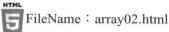 將上面員工資料表定義為二維陣列，陣列變數名稱為 employee，接著再使用巢狀迴圈，將 employee 二維陣列的內容顯示在網頁上。

HTML5 FileName：array02.html

```
...略...
  <script>
    // 建立 employee 為二維陣列
    var employee = new Array();
    employee[0] = ["E01", "王小明", "台中市", 56000];
    employee[1] = ["E02", "李小華", "台北市", 46000];
    employee[2] = ["E03", "蔡小保", "高雄市", 71000];
    document.write("<table border='1'>");
    document.write("<tr>");
    document.write("<td>員工編號</td>");
    document.write("<td>員工姓名</td>");
    document.write("<td>地址</td>");
    document.write("<td>新資</td>");
    document.write("</tr>");
    //使用巢狀迴圈顯示 employee 二維陣列元素的資料
    for (var i = 0; i < employee.length; i++) {
      document.write("<tr>");
      for (var k = 0; k < employee[i].length; k++) {
        document.write("<td>" + employee[i][k] + "</td>");
      }
      document.write("</tr>");
    }
    document.write("</table>");
  </script>
  </script>
...略...
```

執行結果如圖所示：

Ex 02 將 array01.html 改使用二維陣列寫法。先建立 product[0]~product[2] 陣列元素，接著再將每個陣列元素再建立成一維陣列用來存放每筆產品記錄，也就是使用二維陣列來存放產品資料，寫法如下所示：

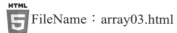FileName：array03.html

```
...略...
  <script>
    //建立一維陣列 product
    var product = new Array();
    //product[0]~product[2] 陣列元素再建立一維陣列用來存放產品資料
    product[0] = ["PS5 主機", 9980, "ps5.jpg"];
    product[1] =
        ["任天堂 Nintendo Switch 藍紅手把組", 12990,"switch.jpg"];
    product[2] = ["Xbox One S 500G 同捆組", 11000,"xboxone.jpg"];
    document.write("<table border='1'>");
    document.write("<tr>");
    document.write("<td>品名</td>");
    document.write("<td>單價</td>");
    document.write("<td>產品圖示</td>");
    document.write("</tr>");
    //使用迴圈配合表格印出產品資料
    for (var i = 0; i < product.length; i++) {
      document.write("<tr>");
      document.write("<td>" + product[i][0] + "</td>");//印出品名
      document.write("<td>" + product[i][1] + "</td>");//印出單價
      //印出產品圖
      document.write
        ("<td><img src='images/" + product[i][2] + "' width=150></td>");
      document.write("</tr>");
    }
    document.write("</table>");
  </script>
...略...
```

執行結果如下圖：

11.2 函式

11.2.1 函式簡介

當開發一個規模較大且複雜的網站時，隨著程式碼與功能不斷增加，會發現重複且相似功能的程式碼越來越多，例如：印出員工資料、印出產品資料…等。由於這些程式碼很相似，因此我們可以將這些重複功能的程式碼片段獨立出來，並且撰寫成函式 (Function) 以利重複呼叫使用，換言之函式指的是具有特定功能的程式碼，使用函式具有以下優點：

1. 將重複且相似的功能獨立成為函式，可讓程式碼看起來更為簡潔，對於維護與除錯也更加方便。
2. 具有意義且明確邏輯的函式，可有效降低主程式複雜度，增加程式碼可讀性。
3. 函式具有模組化的功能概念，符合結構化語言的特性。
4. 可以將開發好的函式提供給其它網站專案使用。
5. 當開發規模較大的網站應用程式時，可以定義好函式的功能規格，再分配給不同的開發人員撰寫，藉此縮短網站專案的整體開發時間。
6. 將網站應用程式分割成數個小且功能不同的函式，可針對每個函式進行單元測試，加快程式除錯的時間。

　　舉例說明：若想要在程式中印出員工、產品與訂單的資料，開發人員撰寫印出的程式區塊就要重複出現三次，如左下示意圖，除了程式變得很冗長之外，若要進行維護也相當不便。因此若將印出資料的程式碼，撰寫成名稱為 print 的函式，同時傳入 table 即是代表要印出的內容，此時在程式碼中只要呼叫 print()函式，同時代入要呼叫的資料是員工、產品或是訂單即可，如此一來不但可縮短程式碼的長度，而且程式碼的可讀性與維護性也相對提高，如右下示意圖。

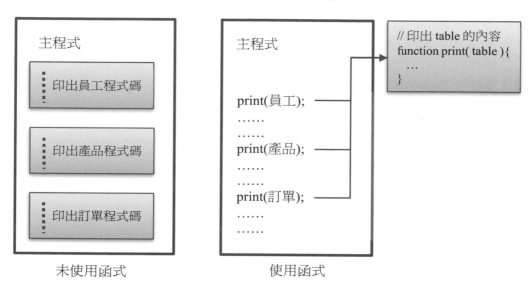

11.2.2 JavaScript 函式的使用

　　JavaScript 函式必須先定義完成，接著就可以直接呼叫使用，其寫法如下所示：

```
//函式的定義
function 函式名稱([引數1，引數2，引數3...，引數n]){
   函式程式主體
   [return 函式傳回值 ;]
}

//函式的呼叫
函式名稱([引數1，引數2，引數3 ... ，引數n]) ;
```

函式定義與呼叫說明如下：

1. 函式名稱

   函式名稱的命名方式與變數、常數等識別字相同,且函式名稱不可以重複定義,也不能和變數名稱同名。

2. (引數 1, 引數 2, 引數 3, … 引數 n)

   函式中的引數不是必要項目。呼叫函式時,該函式也要有對應的引數可以代入,引數可以是變數、常數、陣列或物件,函式的引數若多個,則必須用「,」逗號區隔。若無引數時,須填寫成一個空的小括號。

3. 函式程式主體

   是呼叫函式要執行的程式區塊,函式程式主體是由左、右 {...}大括號括住。

4. return 函式傳回值

   return 是有指定函式傳回值才使用的,此段敘述會停止函式,並將函式傳回值,傳回原程式的呼叫處繼續往下執行,函式傳回值可以是字串、整數或物件...等。

5. JavaScript 函式可撰寫在網頁中任何地方。

6. 函式也可用來當做事件的處理程式。

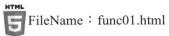 撰寫名稱為 Hello 函式可彈出 alert 訊息方塊,並顯示 "Hello!大家好" 訊息。程式寫法如下所示:

HTML5 FileName:func01.html

```
...略...
  <script>
    function Hello() {
      alert("Hello!大家好")
    }
    Hello(); //呼叫 Hello()函式
  </script>
...略...
```

Ex 02 撰寫一個名稱為 HelloByName 函式可傳入使用者姓名 name,呼叫時會彈出 alert 訊息方塊,並顯示 "Hello!大家好" 同時加上使用者姓名的訊息。程式寫法如下所示:

FileName：func02.html

```
...略...
  <script>
    function HelloByName(name) {
      alert("Hello!大家好, 我是" + name)
    }
    HelloByName("王小明");
    HelloByName("李小華");
  </script>
...略...
```

執行結果如下圖：

HelloByName("王小明");　　　　　　HelloByName("李小華");

Ex 03 延續上列，修改 HelloByName 函式可傳入使用者姓名 name 與性別 gender 兩個引數，若 gender 為 true 以先生稱呼，否則以小姐稱呼。程式如下：

FileName：func03.html

```
...略...
  <script>
    function HelloByName(name, gender) {
      var str = "";
      if (gender ) {
        str = "先生";
      } else {
        str = "小姐";
      }
      alert("Hello!大家好, 我是" + name + str)
    }
    HelloByName("王小明", true);
```

```
        HelloByName("李小華", false);
    </script>
...略...
```

執行結果如下圖：

HelloByName("王小明", true);　　　　HelloByName("李小華", false);

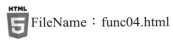 定義 getSum() 函式可傳回代入兩個陣列的總和。請建立兩個陣列同時呼叫 getSum() 函式計算兩個陣列的總和。程式寫法如下所示：

FileName：func04.html

```
...略...
  <script>
    //取得陣列總和，
    function getSum(ary) {
      var sum = 0;
      // 陣列的 length 可取得陣列的長度(即個數)
      for (var i = 0; i < ary.length; i++) {
        sum += ary[i];
      }
      return sum;  //傳回陣列加總
    }

    var score = [89, 56, 77, 90, 43];
    var arysum = getSum(score); //呼叫 getSum()傳回 score 總和
    alert("score = [89, 56, 77, 90, 43] 陣列\n 總和：" + arysum);
    var score2 = [100, 98, 54, 78, 99, 43, 66];
    alert("score2 = [100, 98, 54, 78, 99, 43, 66] 陣列\n 總和：" +
      getSum(score2)); //若函式有傳回值可以直接當成一個運算結果
  </script>
```

執行結果如下圖：

```
var score = [89, 56, 77, 90, 43];
var arysum = getSum(score);
alert("score = [89, 56, 77, 90, 43] 陣列\n 總和：" + arysum);
```

```
var score2 = [100, 98, 54, 78, 99, 43, 66];
alert("score2 = [100, 98, 54, 78, 99, 43, 66] 陣列\n 總和：" +
      getSum(score2));
```

範例　func05.html

綜合本章所學到的函式技術。讀者可以延續前面章節所設計的「數字計算器」練習題，透過函式技術將之改版成可重複利用程式碼的版本，雖然改版之後的範例，在外觀與功能上看不出任何差異，但在程式架構上已經變成由單一事件的模型變成可重複使用程式碼的模型(可重複呼叫函式)。下圖是 func05.htm 原本執行的畫面：

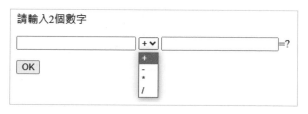

範例完整程式碼如下：

程式碼 func05.html

```
01  <!DOCTYPE html>
02  <html>
03  <head>
04      <meta charset="utf-" />
05      <script>
06          function getCompute(a, b, op) {
07              if (op == "+") {
08                  return a + b;
09              } else if (op == "-") {
10                  return a - b;
11              } else if (op == "*") {
12                  return a * b;
13              } else if (op == "/") {
14                  return a / b;
15              }
16          }
17          function fnCalc() {
18              var a = parseInt(document.getElementById("txtA").value);
19              var b = parseInt(document.getElementById("txtB").value);
20              var op = document.getElementById("selOp").value
21              document.getElementById("lblAns").innerHTML = getCompute(a,
                    b, op);
23          }
24      </script>
25  </head>
26  <body>
27  <p>請輸入 2 個數字</p>
28      <p>
29          <input type="number" id="txtA" min="" value="" />
30          <select id="selOp">
31              <option value="+">+</option>
32              <option value="-">-</option>
33              <option value="*">*</option>
34              <option value="/">/</option>
35          </select>
36          <input type="number" id="txtB" min="" value="" />=<label
                id="lblAns">?</label>
37      </p>
```

```
38      <p><input type="button" value="OK" onclick="fnCalc()" /></p>
39    </body>
40    </html>
```

說明

1) 第 17~23, 38 行：定義 fnCalc()函式，按下 OK 鈕會執行此處。

2) 第 18 行：取得使用者輸入的第一個數字，轉換成數字，並設定為 a 變數。

3) 第 19 行：取得使用者輸入的第二個數字，轉換成數字，並設定為 b 變數。

4) 第 20 行：取得使用者選擇的運算符號，並設定為 op 變數。

5) 第 6~16, 21 行：定義 getCompute ()函式，執行 fnCalc()函式會呼叫此處。

6) 第 7~8 行：判斷 op 變數是否為 "+"，若成立則把 ans 設定成 a、b 兩數相加。

7) 第 9~10 行：判斷 op 變數是否為 "+"，若成立則把 ans 設定成 a、b 兩數相減。

8) 第 11~12 行：判斷 op 變數是否為 "*"，若成立則把 ans 設定成 a、b 兩數相乘。

9) 第 13~14 行：判斷 op 變數是否為 "/"，若成立則把 ans 設定成 a、b 兩數相除。

10)第 21 行：將 ans 變數顯示在 lblAns 標籤內。

12 jQuery 基礎與選擇器的使用

別想用重複同樣的方法，但卻期待有不一樣的結果。

▶ 學習目標

jQuery 是一套功能強大、跨瀏覽器且容易學習的 JavaScript 套件，在使用上更加精簡、方便。在這章將介紹 jQuery 函式的使用方式，以及如何使用 jQuery 函式配合 CSS 選擇器，以簡潔的語法來操作網頁的 DOM 元素。

12.1　jQuery 特色與功能

在開發網站中後期，JavaScript 成為開發人員每天撰寫的程式語言，JavaScript 可操作 HTML 文件物件模型 (Document Object Model, DOM) 元素，可製作具有互動性效果的動態網站。逐漸有許多開發人員發現在 JavaScript 進行開發上有許多不便利性，例如程式碼和瀏覽器支援等問題，就在 2006 年的時候約翰·雷西格 (John Resig) 推出了一套跨瀏覽器的 JavaScript 函式庫，在當時立刻迅速地從開發人員的口耳相傳中熱門起來，此風潮甚至蔓延至全球許多熱門的動態網站，而這些動態網站皆使用此 JavaScript 函式庫，而此函式庫名稱就叫做 jQuery。

12.1.1 jQuery 特色介紹

jQuery 能在網站開發中迅速竄紅並不是件意外的事，主要都歸功於它簡化了撰寫 JavaScript 程式碼。例如簡化功能函式、操作文件、選擇 DOM 元素的寫法，以及簡化了建立動畫效果、處理事件，還提供 Ajax 程式庫來存取雲端資料，提升了開發人員在前端互動的產能。

以下使用 JavaScript 程式碼製作動畫效果，以改變圖片寬度高度為例子，使用 ID 選擇器取得 <img> 標籤元素後，再使用 setInterval() 函式每 0.005 秒重複呼叫 zoom() 函式。

 使用 JavaScript 撰寫動畫效果改變圖片屬性

```
<scirpt>
    var img = document.getElementById("img");      //ID 選擇器
    var range = 0;
    var zm = setInterval(zoom, 5);    //每 0.005 秒呼叫 zoom 函式
    function  zoom() {
     if (range == 300) {
      clearInterval(zm);                //如果 range 等於 300 才停止 zoom 函式
     } else {
      range++;                          //否則持續累加
      img.style.width = range + 'px';   //替換該選擇器的 width 寬度
      img.style.height = range + 'px';  //替換該選擇器的 height 高度
     }
    }
</script>
```

　　以下使用 jQuery 製作動畫效果，同上範例以改變圖片寬度高度為例子，使用 jQuery 選擇器選擇 <img> 標籤元素後，使用 animate() 函式在 1.5 秒內，改變 <img> 標籤的寬度與高度。由此可見 jQuery 簡化了許多複雜的處理，至於 animate 動畫效果函式將在 13 章介紹。

◟jQuery 使用 jQuery 撰寫動畫效果改變圖片屬性

```
<script>
    $("#img").animate({
        height: '+=300px',        //在 1.5 秒內將選擇器的 width 寬度累加
        width: '+=300px'          //在 1.5 秒內將選擇器的 height 高度累加
    },1500);
</script>
```

12.1.2 引用 jQuery 函式庫

　　前面 JavaScript 章節中，已學到如何將 *.js 函式庫引用到網頁內，而 jQuery 也和一般 JavaScript 函式庫一樣是附檔名為*.js 的文字檔。首先必須先至 jQuery 官網下載最新版本的函式庫，並放入到指定的網站中，操作步驟如下說明：

Step 01　下載 jQuery 函式庫

1. 如下圖連結到「https://jquery.com」進入到 jQuery 官網，可點選左上角的「Download」連結或是按下「Download jQuery」的大字按鈕 (框線處)，接著可連結到 jQuery 函式的下載頁面。

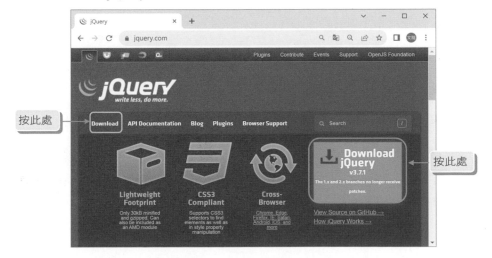

2. 如下圖在「Download the compressed, production jQuery 3.7.1」連結按滑鼠右鍵，並執行快顯功能表的「另存連結為(K)...」指令，接著出現「另存新檔」對話方塊，請儲存下載的「jquery-3.7.1.min.js」jQuery 函式庫檔案。

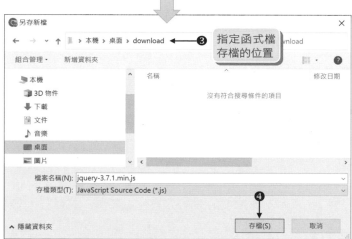

Step 02　使用 Visual Studio 開啟 C:\html5\ch12 網站資料夾。

Step 03　在 ch12 網站中新增 js 資料夾

在方案總管的網站名稱按滑鼠右鍵，並執行快顯功能表的【加入(D)/新增資料夾(D)...】指令，將該資料夾命名為「js」。

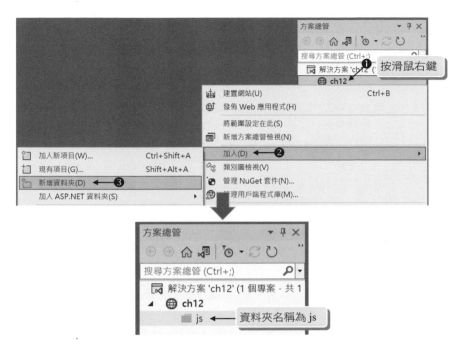

Step 04　將 jQuery 函式檔新增至網站的 js 資料夾

將「jquery-3.7.1.min.js」拖曳到網站的 js 資料夾中，讓該檔新增至 js 資料夾下；或選取 js 資料夾按滑鼠右鍵，並執行快顯功能表的【加入(D)/現有項目(G)...】指令，在 js 資料夾中加入「jquery-3.7.1.min.js」檔案。

Step 05　在 HTML 網頁中引用 jQuery 函式庫

在 <head> 標籤中，使用 <script> 標籤引用 jQuery 函式庫，使該網頁接下來可以使用 jQuery 函式；下面示範使用 jQuery 函式在 <p> 標籤顯示「WelCome，第一個 jQuery 程式」，請撰寫如下的灰底處程式碼：

<HTML>程式碼 FileName: jQuery01.html

```
01 <!DOCTYPE html>
02 <html>
03 <head>
04     <meta charset="utf-8" />
05     <title></title>
06     <script src="js/jquery-3.7.1.min.js"></script>
07 </head>
08 <body>
09     <p></p>
10     <script>
11         //p 標籤內設定 "WelCome，第一個 jQuery 程式" 文字
12         $("p").text("WelCome，第一個 jQuery 程式");
13     </script>
14 </body>
15 </html>
```

Step 05 測試 jQuery 程式
的執行結果，如右
圖所示：

12.2　jQuery 語法

12.2.1 jQuery 撰寫位置

　　首先需要先瞭解撰寫 jQuery 的位置，錯誤的位置可能會造成程式碼無法正常執行。而不能正常執行的原因，是因為 JavaScript 在頁面執行有先後順序，依序由上而下逐步執行，所以在網頁程式碼撰寫時，如果在 jQuery 函式庫引用之前，撰寫了使用 jQuery 的程式碼時，因為 jQuery 函式庫尚未載入完成，將會造成程式無法正常運作，撰寫方式如下所示：

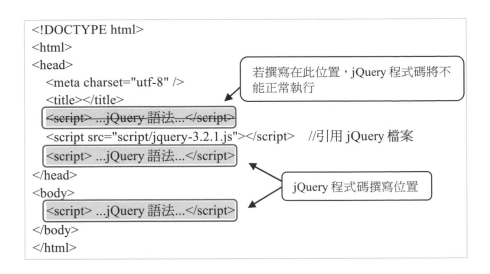

12.2.2　使用 jQuery()函式選取元素

　　jQuery() 函式主要用來選擇與呼叫 DOM 元素標籤、類別等功能，在撰寫程式碼時會頻繁使用到，故依照約翰・雷西格 (John Resig) 設計 jQuery 以簡單又快速的宗旨，因此使用錢字符號的函式 $() 作為 jQuery()函式的捷徑，所以呼叫函式 $() 和 jQuery() 兩者效果都是相同的。也由於使用 $() 方式呼叫，較為精簡且方便，故本書 jQuery 範例皆使用 $()。如下所示：

```
jQuery("選擇器類型")
$("選擇器類型")
```

　　以下使用兩種不同寫法來選擇 <div> 標籤元素，並使用 text() 函式在 <div> 內指定「碁峰資訊」的文字。text() 是一個可以取得與設定元素內容文字的函式，將會在 13 章節解說。撰寫方式如下所示：

1.　使用 jQuery()函式撰寫

```
jQuery("div").text("碁峰資訊")
```

2.　使用$()函式撰寫

```
$("div").text("碁峰資訊")
```

12.2.3 ready 事件

撰寫 jQuery 函式時，若操作未下載完成的 DOM 元素，此時網頁程式會沒有反應，若是使用開發工具即會告知找不到對應函式。如下程式透過 jQuery 選取 <p> 標籤顯示 "WelCome，第一個 jQuery 程式" 文字，但因為前端網頁是採由上而下直譯執行，所以 <p> 標籤還未載入完成，jQuery 即會找不到 <p> 標籤，所以最後 <p> 標籤即無文字訊息呈現。

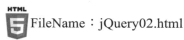 FileName：jQuery02.html

```html
<!DOCTYPE html>
<html>
<head>
    <meta charset="utf-8" />
    <title></title>
    <script src="js/jquery-3.7.1.min.js"></script>
    <script>
        $("p").text("WelCome，第一個 jQuery 程式");
    </script>
</head>
<body>
    <p></p>
</body>
</html>
```

<p>標籤內無法
顯示指定的文字 ——→

　　為了解決上面的情形，可以等到 document 網頁文件全部載入完成，再進行呼叫 JavaScript 或 jQuery 即可，此時就可以使用 jQuery 函式的 ready 事件。當執行網頁時，document 網頁文件的所有 DOM 元素，全部載入完成時會觸發 ready 事件，此時只要將相關程式碼，撰寫在 ready 事件的處理函式就可以了，其寫法如下：

```
$(document).ready(function(){
    //Document 網頁文件全部載入完成會執行此處
});
```

jQuery02.html 欲正常執行，只要將操作 <p> 標籤的 jQuery 程式碼放入 document
網頁文件 ready 的事件處理函式內即可。程式碼如下所示：

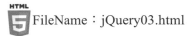 FileName：jQuery03.html

```
<!DOCTYPE html>
<html>
<head>
    <meta charset="utf-8" />
    <title></title>
    <script src="js/jquery-3.7.1.min.js"></script>
    <script>
        $(document).ready(function () {
            $("p").text("WelCome，第一個 jQuery 程式");
        });
    </script>
</head>
<body>
    <p></p>
</body>
</html>
```

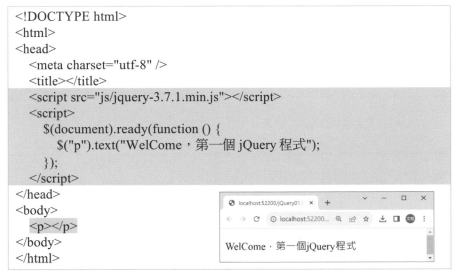

12.3　jQuery 選擇器使用

操作 DOM 元素是 JavaScirpt 最基礎也是最根本的技術，在進行樣式變化、套用
特效、基礎操作等處理前，皆必須先選取 DOM 元素，而 jQuery 結合 CSS 選擇器，
使選擇 DOM 元素更加直覺化。以下介紹六種選擇選擇器類型的使用，分別為元素、
ID、類別、屬性、群組、階層選擇器，如下表：

選擇器類型	說明
元素選擇器	透過標籤名稱選擇元素，也稱為標籤選擇器。
ID 選擇器	透過元素的 id 屬性值來選擇。

類別選擇器	透過元素的 class 屬性值來選擇。
屬性選擇器	透過元素的任一屬性與屬性值來選擇。
階層選擇器	以階層方式選擇元素,可以透過元素的相鄰、上下階層關係選擇元素。
群組選擇器	可以同時混合上述五種不同選擇器,以群組方式選擇元素。

12.3.1 元素選擇器

可選擇 HTML 指定的元素(即 HTML 標籤),其寫法如下所示:

```
<script>
    $("元素名稱")
</script>
```

例如:寫法 $("p") 可取得所有 <p> 標籤;$("input") 可取得所有 <input> 標籤。

12.3.2 ID 選擇器

ID 選擇器使用 CSS 選擇器來選擇 HTML 元素的 id 屬性,id 名稱以 DOM 標籤元素的 id 屬性名稱前加上「#」符號來進行選取,其寫法如下所示:

```
<script>
    $("#id 名稱")
</script>
```

Ex 01 建立表單有姓名、信箱、地址欄位,填入資訊後按下 送出 鈕即出現訊息方塊,並顯示使用者所填寫的資訊。

HTML5 FileName:jQuerySelector01.html

```
...略...
  <script src="js/jquery-3.7.1.min.js"></script>
  <script>
    //按下 [送出] 鈕執行 fnSend 函式
```

```
    function fnSend() {
      // 宣告 name, email, addr, output 變數
      var name, email, addr, output;
      name = $("#txtName").val(); //取得 txtName 欄位值指定給 name
      email = $("#txtEmail").val();   //取得 txtEmail 欄位值指定給 email
      addr = $("#txtAddr").val(); //取得 txtAddr 欄位值指定給 addr
      // 將表單欄位的資訊指定給 output
      output = "姓名：" + name + "\n";
      output += "信箱：" + email + "\n";
      output += "地址：" + addr + "\n";
      alert(output);
    }
  </script>
</head>
<body>
  <form>
    <p>姓名：<input type="text" id="txtName"></p>
    <p>信箱：<input type="text" id="txtEmail"></p>
    <p>地址：<input type="text" id="txtAddr"></p>
    <p><input type="button" onclick="fnSend()" value="送出"></p>
  </form>
</body>
...略...
```

執行結果如圖：

12.3.3　類別選擇器

　　類別選擇器使用 CSS 選擇器來選擇 HTML 元素的 class 類別屬性，class 名稱以標籤的 class 屬性名稱前加上「.」符號來進行選取，其寫法如下所示：

```
<script>
    $(".類別名稱")
</script>
```

Ex 01 建立購物表單，表單有選擇產品的下拉式清單和數量文字欄位。本範例
設計.selProduct 類別，可將元素的背景色設為淺綠色，同時下拉式清單套
用.selProduct 類別。當填寫好訂購資訊並按下 [訂購] 鈕，此時即會出現
訊息方塊，並顯示訂單的產品名稱和訂購數量，此處使用 jQuery 函式配
合 .selProduct 類別來取得下拉式清單的值。程式碼如下所示：

 FileName：jQuerySelector02.html

```
...略...
  <style>
    .selProduct{
        background:#b6ff00;
    }
  </style>
  <script src="js/jquery-3.7.1.min.js"></script>
  <script>
    // 按下 [訂購] 鈕執行此函式
    function fnOrder(){
        var num, product;
        //取得 txtNum 文字欄的值
        num = $("#txtNum").val();
        //取得套用.selProduct 類別的欄位值
        product = $(".selProduct").val();
        alert("您訂購了 " + num + " 個 " + product);
    }
  </script>
</head>
<body>
  <form>
    <p>數量：<input type="number" id="txtNum"></p>
    <p>商品名稱：
      <select class="selProduct">
        <option value="iPhone 15">iPhone 15</option>
        <option value="switch">switch</option>
        <option value="XBOX One">XBOX One</option>
        <option value="PS5">PS5</option>
```

```
        </select>
      </p>
      <p><input type="button" onclick="fnOrder()" value="訂購"></p>
    </form>
  </body>
  ...略...
```

執行結果如下圖：

12.3.4 屬性選擇器

屬性選擇器，顧名思義可以選取任何 DOM 元素中有相同屬性的元素，主要使用中括號「[]」符號代表屬性，其寫法如下所示：

```
<script>
    $("[屬性 = 屬性名稱]")
</script>
```

Ex 01　本例有鑽石、黃金、一般會員選項鈕，其欄位名稱為 radLevel，且對應的 value 值依序為 0~2，預設選取為鑽石。使用 jQuery 選擇器，透過屬性來選取 name 屬性為 radLevel 的標籤元素，並選擇該群組被 checked(核取) 的標籤元素，最後以所選的單選鈕的 value 值當做會員等級與禮品的索引值，回應使用者所獲得的生日好禮。

FileName：jQuerySelector03.html

```
...略...
  <script src="js/jquery-3.7.1.min.js"></script>
  <script>
    function fnSend(){
```

```
        var levelId;
        //使用屬性選擇器取得欄位值
        //將選項鈕 name 等於 radLevel 被選取的欄位值指定給 levelId
        levelId = $("[name=radLevel]:checked").val();
        //指定會員等級與禮品
        var title = new Array("鑽石", "黃金", "一般")
        var gift = new Array("高級精油", "高級沐浴精", "香皂");
        //使用 levelId 為索引，取得對應的會員等級與禮品
        var result = title[levelId] + "會員您好，生日好禮可獲得" +
            gift[levelId] + "一盒";
        alert(result);
      }
    </script>
  </head>
  <body>
    <p>會員等級</p>
    <input type="radio" name="radLevel" value="0" checked />鑽石
    <input type="radio" name="radLevel" value="1" />黃金
    <input type="radio" name="radLevel" value="2" />一般
    <p><input type="button" onclick="fnSend()" value="送出"></p>
  </body>
...略...
```

執行結果如圖：

12.3.5 群組選擇器

jQuery 函式使用的選擇器具備群組選擇功能，可將多種選擇器組合成一個群組，內容可以包含元素、id、類別選擇器，用來獲取多個選擇器的 DOM 對象，每個選擇器中間加上「,」符號表示區隔，寫法如下：

```
<script>
    $("HTML 標籤元素 , id 名稱 , 類別名稱 , ....")
</script>
```

Ex 01 以下範例練習，在<body>標籤中分別建立 <div>、<a>、<p> 標籤元素。
使用 jQuery 群組選擇器，透過不同方式選擇標籤元素，再使用 css() 函式
將標籤元素樣式的背景色彩，設為粉紅色(background-color : "pink")，css()
函式將於第 13 章介紹，程式碼如下所示：

 FileName：jQueryselector04.html

```
...略...
    <script src="js/jquery-3.7.1.min.js"></script>
    <script>
      $(document).ready(function () {
          // 指定 h1, MyIdA 的 Id 識別名稱與套用 .MyClassP 類別的 DOM 元素
          // 背景色指定為粉紅色
          $("h1 , #MyIdA , .MyClassP").css("background-color", "pink");
      });
    </script>
  </head>
  <body>
    <h1>碁峰資訊股份有限公司</h1>
    <a href="https://www.gotop.com.tw/" id="MyIdA">網站連結</a>
    <p class="MyClassP">台北市南港區三重路 66 號 7 樓之 6</p>
  </body>
  ...略...
```

執行結果如下圖：

12.3.6 階層選擇器

階層選擇器主要是利用 DOM 元素之間的父子、兄弟、祖孫、前後階層關係，來選擇欲選取的元素，如下說明四種階層選擇器：

1. 父子階層選擇器：

   主要使用「>」符號代表父子層級關係，如同一個爸爸能同時擁有多個兒子的關係，使用此階層，能夠按照父元素選取多個子元素。

   ```
   $("選擇器 > 選擇器")
   ```

2. 祖孫階層選擇器：

   主要使用「空格」的符號代表祖孫層級關係，如同一個祖先能同時擁有多層的孫子關係(孫、曾孫、玄孫以此類推)，使用此階層，能夠按照祖元素選取全部子孫元素。如下為祖孫階層選取範例，和父子階層最大的差別在於可以選取到最後一層元素。

   ```
   $("選擇器   選擇器")
   ```

3. 兄弟階層選擇器：

   主要使用「~」符號代表兄弟層級關係，元素間代表著左右關係，如同兄弟般平層的關係，使用此階層能夠以平層關係來選取兄弟元素。

   ```
   $("選擇器 ~ 選擇器")
   ```

4. 前後階層選擇器：

   主要使用「+」符號代表前後層級關係，與兄弟階層選取類似，皆是在同一層中選取元素，而不同於兄弟階層的重點在於，前後階層只能選取下一個同層元素，一個加一個像是排隊。

   ```
   $("選擇器 + 選擇器")
   ```

Ex 01 練習使用 jQuery 來選取四種階層選擇器，程式碼如下所示：

FileName：jQueryselector05.html

```
...略...
  <script src="js/jquery-3.7.1.min.js"></script>
  <script>
    $(document).ready(function () {
        // (父子階層選擇器)指定 <div> 下一層 <h4> 的背景色為黃色
        $("div > h4").css("background-color", "yellow");
        // (祖孫階層選擇器)指定 <div> 內所有 <li> 的背景色為粉紅色
        $("div  li").css("background-color", "pink");
        // (兄弟階層選擇器)指定與 <h4> 同層的 <p> 的背景色為淺咖啡色
        $("h4 ~ p").css("background-color", "powderblue");
        // (前後階層選擇器)指定排在<p> 旁邊 <ul> 的前景色為藍色
        $("p + ul").css("color", "blue");
    });
  </script>
</head>
<body>
  <div>
      <h3>木葉忍者-第七班</h3>
      <h4>班導：旗木卡卡西</h4>
      <p>XBox One 遊戲：火影忍者:終極風暴</p>
      <p>PS 5 遊戲：新火影世代-慕留人傳</p>
      <ul>
          <li>漩渦鳴人</li>
          <li>宇智波佐助</li>
          <li>春野櫻</li>
      </ul>
  </div>
</body>
...略...
```

執行結果如右圖：

13

jQuery 函式、
特效與事件應用

在一項領域裡，要經過一萬小時的修行才能成為達人；
而成為神人的唯一途徑，就是不斷練習。

▶ **學習目標**

jQuery 函式庫提供了多樣化簡易的方法來提
升功能性，這些簡易的方法簡化了原本需要
撰寫多行且複雜的 JavaScript 程式碼，使開發
人員在設計動畫、選擇元素以及前端互動更
加方便。

13.1　與 DOM 元素互動

在前一章學習如何使用 jQuery 函式進行選取元素，在本章將透過選取元素來製作動畫、改變元素等網頁功能。

13.1.1　類別互動

addClass()、removeClass()、toggleClass()可以將指定的 DOM 元素選擇器進行新增、移除與切換 CSS 類別名稱，其寫法如下所示：

> $("DOM 元素選擇器").addClass("類別名稱")；　　//新增類別
>
> $("DOM 元素選擇器").removeClass("類別名稱")；//移除類別
>
> $("DOM 元素選擇器").toggleClass("類別名稱")；//切換類別

使用 toggleClass() 函式時，若指定類別不存在則新增類別，若指定類別存在則移除類別。

Ex 01　練習使用 addClass()、removeClass() 與 toggleClass() 函式

建立 .cont-opacity 類別可指定元素的透明度為 0.5，接著建立 新增類別 、 刪除類別 、 替換類別 按鈕，用來指定新增、移除、切換 .cont-opacity 類別至 dog.png 圖片上。

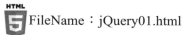 FileName：jQuery01.html

```html
<!DOCTYPE html>
<html>
<head>
  <meta charset="utf-8" />
  <title></title>
  <style>
    .cont-opacity {
      opacity: 0.5;          透明度為 0.5
    }
  </style>
  <script src="js/jquery-3.7.1.min.js"></script>
  <script>
```

```
      function fnAddClass() {
         $("#img_dog").addClass("cont-opacity");      //新增.cont-opacity 類別
      }
      function fnRemoveClass() {
         $("#img_dog").removeClass("cont-opacity");//移除.cont-opacity 類別
      }
      function fnToggleClass() {
         $("#img_dog").toggleClass("cont-opacity"); //切換.cont-opacity 類別
      }
   </script>
</head>
<body>
   <input type="button" value="新增類別" onclick="fnAddClass();" />
   <input type="button" value="刪除類別" onclick="fnRemoveClass();" />
   <input type="button" value="切換類別" onclick="fnToggleClass();" />
   <p><img src="images/dog.png" id="img_dog" /></p>
</body>
</html>
```

執行結果如下：

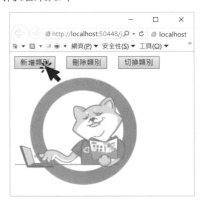
按新增類別 dog.png 變透明度 0.5

按刪除類別 dog.png 取消透明度

13.1.2 存取元素內容

　　jQuery 提供兩個可以存取 DOM 元素內容的函式，分別為 html() 和 text()，函式在不帶入參數的情況下，將會取得標籤元素內容，若在函式中帶入參數的話，則會被視為取代 DOM 元素內的內容，所以透過函式可以很快速的存取元素內容。如下介紹 HTML 內容操作的 html() 方法、以及純文字內容操作的 text() 方法。

$("DOM 元素選擇器").html() ;	//取得元素的 HTML 內容
$("DOM 元素選擇器").html("HTML 內容") ;	//設定元素的 HTML 內容
$("DOM 元素選擇器").text() ;	//取得元素的純文字內容
$("DOM 元素選擇器").text("純文字內容") ;	//設定元素的純文字內容

Ex 01　練習 html()方法

製作可巡覽夜市資料的網頁。宣告 img、title、info 用來放置三筆夜市圖片、夜市名稱、夜市說明,當按下 下一篇 鈕,即可切換至下一篇夜市資料,完整程式碼如下所示:

FileName:jQuery02.html

```
<!DOCTYPE html>
<html>
<head>
   <meta charset="utf-8" />
   <title></title>
   <script src="js/jquery-3.7.1.min.js"></script>
   <script>
      // 宣告 index 用來代表目前是第幾筆記錄,0 表示第一筆
      var index = 0;
      // 宣告 img, title, info 用來放置三筆夜市圖片、夜市名稱、夜市說明
      var img = new Array("Fengjia.jpg", "Yizhong.jpg", "Tunghai.jpg");
      var title = new Array("逢甲夜市", "一中夜市", "東海夜市");
      var info = new Array
         ("位在逢甲大學前的觀光夜市,假日時節常常吸引大批人潮。",
         "位於台中一中與台中科技大學之間的街道。",
          "位在東海大學旁的夜市,由於鄰近台灣大道使得人潮從不間斷。");
      //建立 toHTML()函式用來傳回 HTML 的夜市內容
      function toHTML(index) {
         var hm = "<img src='images/" + img[index] +
             "' width='125' style='float:left;margin:10px;'>";
         hm += "<h3>" + title[index] + "</h3>";
         hm += "<p>" + info[index] + "</p>";
         return hm;
      }
      //網頁元素載入就緒執行 ready 事件
      $(document).ready(function () {
         //將 toHTML()函式取得的夜市資料呈現在#div_cont 元素上
         $("#div_cont").html(toHTML(index));
```

```
    })
    //按下一篇鈕執行
    function fnNext() {
        //移往下一筆
        index++;
        //判斷是否超出最後一筆
        if (index >= img.length) {
            //指定從第一筆開始
            index = 0;
        }
        //將 toHTML()函式取得的夜市資料呈現在#div_cont 元素上
        $("#div_cont").html(toHTML(index));
    }
    </script>
</head>
<body>
    <div id="div_cont" style="border-style:solid">
    </div>
    <p><input type="button" onclick="fnNext();" value="下一篇"></p>
</body>
</html>
```

執行結果如下圖：

13.1.3 新增、刪除內容

在 jQuery 函式庫中，有許多方法具有新增內容的功用，這些方法可將夾帶的參數，新增至 DOM 元素的任何位置，而參數可以擺入任何 HTML 內容，新增內容的方法包含以下三種：在元素中新增的 append()、在元素前新增的 before()、在元素後新增的 after()，另外 jQuery 提供 empty() 函式可用來清除元素內容，使用方法如下：

$("DOM 元素選擇器").append("內容字串");　　//在元素中新增內容

$("DOM 元素選擇器").before("內容字串");　　//在元素之前新增內容

$("DOM 元素選擇器").after("內容字串");　　//在元素之後新增內容

$("DOM 元素選擇器").empty();　　　　　　//清除元素內容

Ex 01　練習使用 empty() 與 append() 函式

延續第 7 章 MSN 網頁佈告欄的排版方式，設計中部夜市網頁。宣告 img、title、info 用來放置三筆夜市圖片、夜市名稱、夜市說明，先使用 empty() 函式清除 #divShow 元素的內容，接著配合 for 迴圈與 append() 函式將 img、title 與 info 夜市資料組成 HTML 內容，並新增到 #divShow 元素內。

 FileName：jQuery03.html

```
<!DOCTYPE html>
<html>
<head>
  <meta charset="utf-8" />
  <title></title>
  <style>
   ...略...
  </style>
  <script src="js/jquery-3.7.1.min.js"></script>
  <script>
      var img = new Array("pic_01.jpg", "pic_02.jpg", "pic_03.jpg");
      var title = new Array("一中商圈", "逢甲夜市", "旱溪夜市");
      var info = new Array
       ("位在台中第一中學附近的商圈，滿滿的美食也吸引外地遊客慕名而來。",
        "逢甲夜市鄰近逢甲大學，蘊含著許多人潮排隊美食。",
        "比起逢甲夜市與一中商圈聲勢也是越來越浩大。");
      $(document).ready(function () {
        //宣告 html 字串用來存放要附加的網頁內容
        var html = "";
        //將#divShow 的內容清除
        $("#divShow").empty();
        //使用 for 迴圈將 img, title, info 的夜市資料
        //如夜市的圖片、名稱、資訊放入#divShow 內
        for (var i = 0; i < img.length; i++) {
          html =
            "<div class='div-all'>" +
```

```
                "<a href='#'>" +
                 "<div class='div-img'><img src='Market/"+img[i]+"'></div >" +
                 "<div class='div-cont'>" +
                     "<h4>"+title[i]+"</h4>" +
                     "<p>"+info[i]+"</p>" +
                 "</div>" +
                "</a >" +
               "</div>"
            $("#divShow").append(html);
        }
     });
  </script>
</head>
<body>
  <div id="divShow"></div>
</body>
</html>
```

執行結果如下圖所示：

13.1.4　新增、刪除屬性

製作互動網站時常會運用 JavaScript 來更改 DOM 元素的屬性，而 jQuery 為了使更改元素屬性更加簡單，於是提供新增和移除屬性的 attr() 和 removeAttr() 函式，讓開發人員能夠透過更加直覺的方式來修改屬性，另外 attr() 也有提供一次設定多個屬性的方式，屬性名稱與屬性值用半形冒號區隔，以下將會介紹這三種操作元素屬性函式的使用方法：

```
$("DOM 元素選擇器").attr("屬性","屬性值") ;
$("DOM 元素選擇器").attr({"屬性 1":"屬性值 1","屬性 2":"屬性值 2", ....});
$("DOM 元素選擇器").removeAttr("欲刪除的屬性") ;
```

將 id 為 a01 的元素新增 href 的屬性值「https://www.gotop.com.tw/」,寫法如下:

```
<a id="a01">碁峰</a>
    ......
<script>
    $("#a01").attr( "href" , "https://www.gotop.com.tw/ " ) ;
<script>
```

將 id 為 a01 的元素的 href 的屬性刪除,寫法如下所示:

```
<a id="a01" href="https://www.gotop.com.tw/ ">碁峰</a>
    ......
<script>
    $("#a01").removeAttr( "href" ) ;
<script>
```

Ex 01 練習使用 attr() 與 removeAttr() 函式

按下 新增類別 鈕可替 id 名稱為#img_dog 元素 (圖片) 新增 style 屬性,並設定該屬性值為 opacity: 0.5 使 #img_dog 的透度度為 0.5;當按下 刪除類別 按即刪除 style 屬性,使#img_doc 取消透明度。

 FileName:jQuery04.html

```
<!DOCTYPE html>
<html>
<head>
    <meta charset="utf-8" />
    <title></title>
    <script src="js/jquery-3.7.1.min.js"></script>
    <script>
        function fnAddAttr() {
            $("#img_dog").attr("style", "opacity: 0.5");    //新增屬性
        }
        function fnRemoveAttr() {
            $("#img_dog").removeAttr("style");              //刪除屬性
```

```
    }
    </script>
</head>
<body>
    <input type="button" value="新增屬性" onclick="fnAddAttr();" />
    <input type="button" value="刪除屬性" onclick="fnRemoveAttr();" />
    <p><img src="images/dog.png" id="img_dog" /></p>
</body>
</html>
```

執行結果如下圖所示：

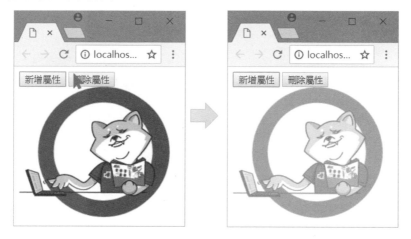

13.1.5　存取表單欄位 value 值

取得表單的 value 值在製作互動式網站中，是一項非常重要的技術，且時常會運用到。例如在處理表單操作的時候，需要取得使用者輸入的 value 值傳送至伺服端，進行資料存取，又或是網頁需要動態輸入 value，來更改 DOM 元素。jQuery 提供 val() 函式可以輕鬆取得元素的 value 屬性值，若 val() 函式帶入參數則可以設定 value 屬性值，以下介紹 val() 函式的兩種寫法：

```
$("DOM 元素選擇器").val() ;      //取得 value 值
$("DOM 元素選擇器").val(值) ;    //設定 value 值
```

 使用 val() 函式取得 value 值

表單上設計姓名和性別欄位，姓名使用文字欄、性別使用男和女選項鈕，男女選項鈕的 value 依序為 1 和 0，當選取男並按下按鈕即以 "先生" 稱呼，否則以 "小姐" 稱呼。

HTML
FileName：jQuery05.html

```html
<!DOCTYPE html>
<html>
<head>
  <meta charset="utf-8" /><title></title>
  <script src="js/jquery-3.7.1.min.js"></script>
  <script>
    function fnSend () {
      var name = $("#txt_name").val();    //取得姓名欄位 value
      //取得性別欄位被選取的 value
      var gender = $("[name=radGender]:checked").val();
      if (gender == 0) { //判斷是否核取「女」的核取方塊
        alert(name + "小姐，您好！");
      } else {
        alert(name + "先生，您好！");
      }
    }
  </script>
</head>
<body>
  <p>姓名：<input id="txt_name" type="text"></p>
  <p>性別：
    <input type="radio" name="radGender" value="1" checked>男
    <input type="radio" name="radGender" value="0">女</p>
  <p> <input type="button" value="送出" id="btnSend"
        onclick="fnSend();" /></p>
</body>
</html>
```

執行結果如下圖所示：

13.2 與元素的 CSS 互動

　　CSS 屬性的修改是每位開發人員在製作互動式網站時，都會面臨到的挑戰，不管是使用 JavaScript，還是使用 jQuery 來修改元素的 CSS，在學習上雖然簡單，但若要靈活運用，則需要了解每個 CSS 屬性的作用，才能得心應手的應用，而 jQuery 在這方面一樣秉持著理念，創造出了一個具便利性、直覺性的 css() 函式，專門操作 DOM 元素所有關於 CSS 語法的設定，使用當下如果 DOM 元素的 CSS 設定沒有此屬性名稱，方法則會新增此設定；若有，方法會修改此屬性名稱的設定值，其寫法如下所示：

```
//寫法一
$("DOM 元素選擇器").css("CSS 屬性名稱","CSS 屬性值");
//寫法二
$("DOM 元素選擇器").css({"CSS 屬性名稱 1":"CSS 屬性值 1",
                        "CSS 屬性名稱 2":"CSS 屬性值 2",
                        …………
                        "CSS 屬性名稱 n":"CSS 屬性值 n"});
```

寫法一一次只能設定一個 CSS 屬性，寫法二可同時設定多個 CSS 屬性：

Ex 01 使用 css() 函式製作，製作開關燈效果的網頁。

FileName：jQuery06.html

```html
<!DOCTYPE html>
<html>
<head>
    <meta charset="utf-8" />
    <title></title>
    <style>
        .btn {
            border: solid 1px;
            border-color: black;
            background-color: white;
            padding: 10px 20px;
        }
    </style>
    <script src="js/jquery-3.7.1.min.js"></script>
    <script>
        function fnOff() {
            //寫法一，逐一指定 CSS 的屬性
            $(".btn").css("border-color", "white");
            $(".btn").css("color", "white");
            $(".btn").css("background-color", "black");
            $("body").css("background-color", "black") ;
        }
        function fnOn() {
            //寫法二，一次指定 CSS 的屬性
            $(".btn").css({ "border-color": "black",
                           "color": "black",
                           "background-color":"white"});
            $("body").css("background-color", "white") ;
        }
    </script>
</head>
<body>
    <input type="button" value="關燈" class="btn" onclick="fnOff();">
    <input type="button" value="開燈" class="btn" onclick="fnOn();">
</body>
</html>
```

執行結果如下圖所示：

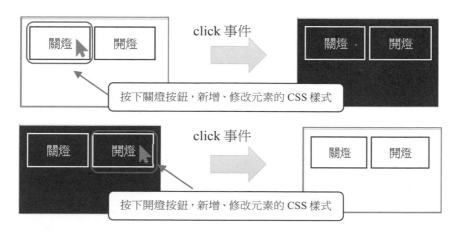

13.3 事件處理

13.3.1 事件類型

　　事件驅動是程式設計的主要流程，代表使用者和圖形化的操作介面進行互動的方式。JavaScript 是提供事件驅動 (Event-driven) 的程式語言，提供事件的觸發動作，如按下按鈕 (click)、滑鼠碰到 (mouseOver)、滑鼠移開 (mouseOut) 與鍵盤放開 (keyup)...等。而提供的事件種類非常的多元，說明如下表所示：

事件名稱	說明
blur	當元素失去焦點時觸發。
change	當元素內容改變時觸發。
click	當元素被滑鼠點擊事件時觸發。
dbclick	當元素被滑鼠連續點擊二次時觸發。
error	當圖片或文件下載發生錯誤時觸發。
focus	當元素取得焦點時觸發。
keydown	按下按鍵時觸發。

keyup	放開按鍵時觸發。
keypress	按下並放開按鍵時觸發。
load	網頁或圖片完成下載時觸發。
mousedown	按下滑鼠按鍵時觸發。
mouseup	放開滑鼠按鍵時觸發。
mouseenter	當滑鼠進入到元素區域時觸發。
mouseleave	當滑鼠離開元素區域時觸發。
mousemove	當滑鼠正在移動時觸發。
mouseover	當滑鼠進入到元素區域時觸發。
mouseout	當滑鼠離開元素區域時觸發。
resize	當視窗或框架大小被改變時觸發。
scroll	當元素被捲動時觸發。
select	當元素內容被選取時觸發。
submit	當元素被提交時觸發。

13.3.2 jQuery 事件語法

　　jQuery 事件的使用方式主要有以下兩種：第一種是在使用事件方法時，帶入處理函式做為參數，此時當事件發生時，便會執行處理函式；第二種是直接使用事件方法，不帶入任何參數，此方式會直接讓使用事件方法的元素觸發該事件。使用方法如下所示：

```
//元素發生事件時，執行函式
$("DOM 元素選擇器").事件名稱(function(){.. });
//使元素觸發事件
$("DOM 元素選擇器").事件名稱();
```

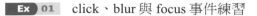 click、blur 與 focus 事件練習

製作猜燈謎小遊戲。當焦點在答案欄上時，則答案欄背景色為粉紅色；當焦點離開答案欄時，則答案欄背景色為黃色；按下 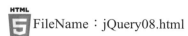 鈕會取得答案欄的內容進行對答，並依答對或答錯給予回應訊息。

FileName：jQuery08.html

```html
<!DOCTYPE html>
<html>
<head>
    <meta charset="utf-8" />
    <title></title>
    <script src="js/jquery-3.7.1.min.js"></script>
    <script>
        //網頁文件載入完成執行
        $(document).ready(function () {

            //按下 [對答] 鈕執行
            $("#btnCheck").click(function () {
                var ans = $("#txtAns").val(); //取得 txtAns 文字欄的 value
                var msg = "錯誤！！提示：打電話英文。";
                if (ans == "苦瓜") {
                    msg = "正解:苦瓜(call 龜)";
                }
                $("span").text(msg);
            })

            //焦點離開 txtAns 文字欄執行
            $("#txtAns").blur(function () {
                $("#txtAns").css("background", "yellow"); //文字欄背景黃色
            })

            //焦點在 txtAns 文字欄上執行
            $("#txtAns").focus(function () {
                $("#txtAns").css("background", "pink");  //文字欄背景粉紅色
            })
        });
    </script>
</head>
<body>
    <h2>猜燈謎遊戲</h2>
    <p>燈謎：電話給烏龜(猜蔬菜)</p>
```

```
        <p>答案：<input type="text" id="txtAns" /></p>
        <p><input type="button" value="對答" id="btnCheck" /></p>
        <span></span>
    </body>
</html>
```

執行結果如下所示：

13.3.3 事件方法 – on() 與 off()

　　on() 方法使用方式，主要分為單個事件綁定與多個事件綁定。單個事件綁定第一個參數帶入的是事件名稱，第二個參數帶入的是處理函式；多個事件綁定與其它 jQuery 方法多個設定相同，主要使用「：」冒號來區隔事件名稱與處理函式，使用「，」逗號區隔不同事件，並在最外層有個大括號「{ ... }」，以物件型態來進行多個設定。

　　off() 方法的功能，主要是移除由 on() 方法所綁定的事件，帶入的參數是目標元素使用 on() 方法綁定的事件名稱，當要移除多個事件需要使用空白區隔，使用方法如下：

```
// 綁定事件
$("DOM 元素選擇器").on("事件名稱" , function(){ ... });
$("DOM 元素選擇器").on({"事件名稱 1":function(){ ... } ,
        "事件名稱 2":function(){ ... }, ... "事件名稱 n":function(){ ... }});

// 移除事件
$("DOM 元素選擇器").off("事件名稱");
$("DOM 元素選擇器").off("事件名稱 1 事件名稱 2 ...事件名稱 n");
```

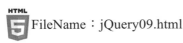 練習使用 on 方法來綁定事件

延續 jQuery08.html 範例，將 txtAns 文字欄改使用 on 方法綁定 blur 與 focus 事件，灰底處為修改後的程式碼，本例執行結果與 jQuery08.html 相同。

FileName：jQuery09.html

```
<!DOCTYPE html>
<html>
<head>
  <meta charset="utf-8" /><title></title>
  <script src="js/jquery-3.7.1.min.js"></script>
  <script>
    //網頁文件載入完成時執行
    $(document).ready(function () {
      //按下 [對答] 鈕執行
      $("#btnCheck").click(function () {
        var ans = $("#txtAns").val();
        var msg = "錯誤！！提示：打電話英文。";
        if (ans == "苦瓜") {
          msg = "正解:苦瓜(call 龜)";
        }
        $("span").text(msg);
      })
      // txtAns 文字欄使用 on 綁定 blur 與 focus 事件
      $("#txtAns").on( {
          "blur": function () {
            $("#txtAns").css("background", "yellow"); //文字欄背景黃色
          },
          "focus": function () {
            $("#txtAns").css("background", "pink"); //文字欄背景粉紅色
          }
      });
    });
  </script>
</head>
<body>
  <h2>猜燈謎遊戲</h2><p>燈謎：電話給烏龜(猜蔬菜)</p>
  <p>答案：<input type="text" id="txtAns" /></p>
  <p><input type="button" value="對答" id="btnCheck" /></p>
  <span></span>
</body>
</html>
```

13-17

綜合本章所學到 jQuery 的事件技術。讀者可以延續前面章節所設計的「數字計算器」練習題,透過 jQuery 的表單選取器技術將之改版成 jQuery 的版本,雖然改版之後的範例,在外觀與功能上看不出任何差異,但在程式架構上已經由 Javascript 的模型變成 jQuery 的模型。下圖是 jQuery10.htm 原本執行的畫面。

範例完整程式碼如下:

程式碼　　FileName:jQuery10.html

```
01  <!DOCTYPE html>
02  <html>
03  <head>
04      <meta charset="utf-8" />
05      <script src="js/jquery-3.7.1.min.js"></script>
06      <script>
07          $(document).ready(function () {
08
09              $("#btnOk").click(function () {
10                  var a = parseInt($("#txtA").val());
11                  var b = parseInt($("#txtB").val());
12                  var op = $("#selOp").val();
13                  $("span").text(getCompute(a, b, op));
14              })
15              function getCompute(a, b, op) {
16                  if (op == "+") {
17                      return a + b;
18                  } else if (op == "-") {
19                      return a - b;
20                  } else if (op == "*") {
21                      return a * b;
22                  } else if (op == "/") {
23                      return a / b;
```

```
24                    }
25                }
26            });
27        </script>
28  </head>
39  <body>
30      <p>請輸入 2 個數字</p>
31      <p>
32          <input type="number" id="txtA" min="" value="" />
33          <select id="selOp">
34              <option value="+">+</option>
35              <option value="-">-</option>
36              <option value="*">*</option>
37              <option value="/">/</option>
38          </select>
39          <input type="number" id="txtB" min="" value="" />=<span>?</span>
40      </p>
41      <p><input type="button" value="OK" id="btnOk" /></p>
42  </body>
43  </html>
```

說明

1) 第 09~14 行：定義 click()事件，按下 OK 鈕會執行此處。

2) 第 10 行：取得使用者輸入的第一個數字，轉換成數字，並設定為 a 變數。

3) 第 11 行：取得使用者輸入的第二個數字，轉換成數字，並設定為 b 變數。

4) 第 12 行：取得使用者選擇的運算符號，並設定為 op 變數。

5) 第 13 行：將 getCompute() 函式的結果，顯示在 <span> 標籤內。

6) 第 15~25 行：定義 getCompute() 函式，執行 click()事件會呼叫此處。

7) 第 16~17 行：判斷 op 變數是否為"+"，若成立則把 ans 設定成 a、b 兩數相加。

8) 第 18~19 行：判斷 op 變數是否為"+"，若成立則把 ans 設定成 a、b 兩數相減。

9) 第 20~21 行：判斷 op 變數是否為"*"，若成立則把 ans 設定成 a、b 兩數相乘。

10)第 22~23 行：判斷 op 變數是否為"/"，若成立則把 ans 設定成 a、b 兩數相除。

13.4 | 特效應用

「特效」在動態網頁中可以展現出華麗的效果,也可以說是一種特別的元素呈現效果,它可以帶給進入到網站裡的使用者不同感受,加了特效的物件不再像一般的標籤一樣,只能單純出現和消失,而是能猶如動畫般的移動。

13.4.1 特效方法

jQuery 常用的特效為:隱藏和顯示、淡入與淡出以及滑鼠特效,靈活運用這些特效,網頁具互動性且使用者體驗佳,其使用方法如下說明:

1. 隱藏與顯示

   首先介紹的效果是隱藏和顯示特效,也是元素特效中最基礎的一種。靈活運用此特效,可以有效地在元素該顯示的時候出現,不該出現時隱藏。顯示和隱藏特效主要由 show()、hide() 方法組成,方法中可以帶入速度參數,意思是從原本狀態轉換到改變狀態的執行時間,使用方法如下所示:

   ```
   $("DOM 元素選擇器").show( [速度參數] );
   $("DOM 元素選擇器").hide( [速度參數] );
   ```

2. 淡入和淡出

   淡入和淡出特效主要由 fadeIn()、fadeOut() 方法,以及可以互相切換的 fadeToggle() 方法組成,使用方法如下所示:

   ```
   $("DOM 元素選擇器").fadeIn( [速度參數] );
   $("DOM 元素選擇器").fadeOut( [速度參數] );
   $("DOM 元素選擇器").fadeToggle( [速度參數] );
   ```

3. 滑動

   滑動特效主要由向上滑動 slideUp()、向下滑動 slideDown() 方法,以及可以互相切換的 slideToggle()方法組成,使用方法如下所示:

   ```
   $("DOM 元素選擇器").slideDown( [速度參數] );
   $("DOM 元素選擇器").slideUp( [速度參數] );
   $("DOM 元素選擇器").slideToggle( [速度參數] );
   ```

上述特效方法，在使用上皆有速度參數設定，所以 jQuery 提供指定速度參數的關鍵字，以供開發人員使用，關鍵字如下表說明：

關鍵字	效果
slow	緩慢速度的顯示/隱藏。
Normal	普通速度的顯示/隱藏。
Fast	快速度的顯示/隱藏。
毫秒	預設值為 0。輸入 1500 代表 1.5 秒。

4. 串接方法進行特效

也可以將特效方法進行串接，例如下面寫法先隱藏，接著依序進行淡入特效、向上滑動特效，最後才是向下滑動特效呈現出元素。

```
$("DOM 元素選擇器").hide().fadeIn().slideUp().slideDown();
```

Ex 01　練習設計隱藏、顯示、淡入淡出、滑動等特效。

FileName：jQuery11.html

```
<!DOCTYPE html>
<html>
<head>
    <meta charset="utf-8" /><title></title>
    <script src="js/jquery-3.7.1.min.js"></script>
    <script>
        $(document).ready(function () {
            $("#btn_show").on("click", function () {
                $("#img_dog").show(500);          //顯示
            });
            $("#btn_hide").on("click", function () {
                $("#img_dog").hide("slow");       //隱藏
            });
            $("#btn_fadein").on("click", function () {
                $("#img_dog").fadeIn("fast");              //淡入
            });
            $("#btn_fadeout").on("click", function () {
                $("#img_dog").fadeOut("normal");          //淡出
            });
            $("#btn_fadetoggle").on("click", function () {
```

```
            $("#img_dog").fadeToggle(1500);          //淡入淡出切換
        });
        $("#btn_slidedown").on("click", function () {
            $("#img_dog").slideDown();                //向下滑動
        });
        $("#btn_slideup").on("click", function () {
            $("#img_dog").slideUp("fast");            //向上滑動
        });
        $("#btn_slidetoggle").on("click", function () {
            $("#img_dog").slideToggle("slow");        //向下向上滑動切換
        });
    });
   </script>
 </head>
<body>
   <p>
     <input type="button" id="btn_show" value="顯示" />
     <input type="button" id="btn_hide" value="隱藏(慢速)" />
     <input type="button" id="btn_fadein" value="淡入(快速)" />
     <input type="button" id="btn_fadeout" value="淡出(正常)" />
   </p>
   <p>
     <input type="button" id="btn_fadetoggle"
         value="淡入/淡出 切換(1.5秒)" />
     <input type="button" id="btn_slidedown" value="向下滑" />
     <input type="button" id="btn_slideup" value="向上滑(快速)" />
     <input type="button" id="btn_slidetoggle" value="滑動 切換(慢速)" />
   </p>
   <p><img src="images/dog.png" id="img_dog" /></p>
</body></html>
```

執行結果如右圖：

13.4.2 動畫效果

　　jQuery 還有提供一個很棒的動畫效果，就是 animate() 函式，有練習過 CSS 動畫特效的讀者們一定記得關鍵影格@keyframes，而這個動畫效果方法也和關鍵影格一樣，可以控制元素的 CSS 樣式來製作動畫，但它與 CSS 提供的@keyframes 最大的不同的是，使用 jQuery 來控制動畫，具備強大的互動性，可綁定在任何事件或是任何時間點上開始動畫，這是單靠 CSS 變化所不能完成的任務。

　　但此效果也有需要加強的地方，就是沒有具備顏色變化的效果，如需要這類功能，需要另外從 jQuery 網站下載 jQuery UI 套件，套件中具備 Color Animations，可透過漸層方式變化顏色，本書將不討論，在此僅說明 animate() 方法的使用，方法使用主要帶入物件做為第一個參數，可一次設定多個 CSS 屬性變化，屬性名稱與屬性值以「:」來分隔，屬性與屬性間以「,」來區隔，第二個帶入的是 CSS 屬性改變的執行時間；第三個則可以帶入 callback 函式，當動畫效果結束時執行，適當運用可以製作連續動畫，使用方法如下所示:

> $("DOM 元素選擇器").animate({"CSS 屬性名稱 1" : "CSS 屬性值 1" ,
> "CSS 屬性名稱 2" : "CSS 屬性值 2" .....} , 執行時間 , callback 函式);

　　在參數的部分，第一個代入的是多個 css 屬性，每個 css 設定間都使用「,」符號進行區隔，第二個帶入的參數值主要為 fast、slow 以及毫秒，需要注意的是 css 屬性名稱，必須使用 camel 標記方法所轉變的名稱，例如，margin-left 需要改寫成 marginLeft 撰寫，且屬性值若為數字變化，可以使用「+=」遞增方式或「-=」遞增方式設定。

 **Ex 01**　animate({css 屬性設定}, 執行時間 , callback 函式)

以下範例練習先在監聽文件 ready 事件中，使用 on() 方法來為#btn_animate 綁定 click 事件，在處理函式中，將 #img_dog 標籤元素套用 animate() 方法，當按鈕元素 click 事件發生時，緩慢 "slow" 的執行#img_dog 圖片元素左外距遞增 50px，上外距遞增 5px，當動畫執行完畢時，執行回呼函式，在函式中快速"fast"的執行#img_dog 圖片元素左外距遞減 50px，上外距遞減 5px。

FileName：jQuery12.html

```html
<!DOCTYPE html>
<html>
<head>
    <meta charset="utf-8" />
    <title></title>
    <script src="js/jquery-3.7.1.min.js"></script>
    <script>
        $(document).ready(function () {
            $("#btn_animate").on("click", function () {
                $("#img_dog").animate
                    ({ marginLeft: '+=50px', marginTop: '+=5px' }, "slow",
                    function () {
                        $("#img_dog").animate
                            ({ marginLeft: '-=50px', marginTop: '-=5px' }, "fast");
                    }
                );
            });
        });
    </script>
</head>
<body>
    <p><input type="button" value="開始動畫" id="btn_animate" /></p>
    <p><img src="images/dog.png" id="img_dog" /></p>
</body>
</html>
```

回呼函式

執行結果如下圖所示：

執行時間:slow

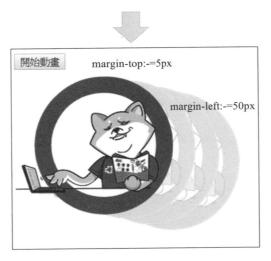

13.5　jQuery 網頁開發實例

本章節介紹如何使用 jQuery 函式設計下拉式選單以及旅遊相簿網頁。

13.5.1　下拉式選單

範例　jQueryDropDownList.html

下拉式選單是網頁中最常用的功能選單形式。其功能具備清單顯示與隱藏，能夠將下拉選單的部分隱藏，當使用者滑鼠接觸到選單時，選單才會滑出顯示，沒有使用到此選單時又會隱藏，用來保持畫面的乾淨。此處配合 HTML、CSS 與 jQuery，讓您瞭解下拉選單的製作原理。

執行結果

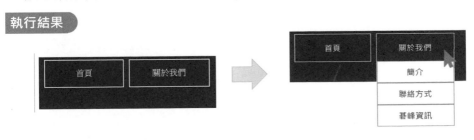

Step 01　建立 jQueryDropDownList.html 網頁

Step 02 撰寫下拉選單結構的 HTML 程式碼，如下灰底程式碼：

程式碼 FileName: jQueryDropDownList.html

```
01 <!DOCTYPE html>
02 <html>
03 <head>
04 <meta http-equiv="Content-Type" content="text/html; charset=utf-8"/>
05 <title></title>
06  <meta charset="utf-8" />
07 </head>
08 <body>
09  <div class="header">
10      <div class="option">
11          <p>首頁</p>
12      </div>
13      <div id="sel" class="option">
14          <p>關於我們</p>
15          <ul id="about" class="option-cont">
16              <li>簡介</li>
17              <li>聯絡方式</li>
18              <li>碁峰資訊</li>
19          </ul>
20      </div>
21  </div>
22</body>
23 </html>
```

Step 03 繼續在網頁的 <head>~</head> 內撰寫下拉選單的 CSS 樣式。如下灰底處程式碼：

程式碼 FileName: jQueryDropDownList.html

```
......略......
03 <head>
04
05 <title></title>
06 <meta charset="utf-8" />
```

```
07    <style>
08        .header {
09            height: 100px;
10            width: 100%;
11            background-color: black;
12        }
13        .option {
14            float: left;
15            width: 150px;
16            border: 1px solid white;
17            text-align: center;
18            margin-top: 5px;
19            margin-left: 10px;
20            color: white;
21        }
22        .option-cont {
23            list-style-type: none;
24            padding: 0;
26            display: none;
27        }
28            .option-cont li {
29                background-color: white;
30                color: black;
31                border: 1px solid #808080;
32                padding: 10px;
33            }
34        .active {
35            display: block;
36        }
37    </style>
38 </head>
```

.header 類別選擇器設定頁首的 css 樣式

.option 類別選擇器設定按鈕的 css 樣式

.option-cont 類別選擇器設定清單的 css 樣式

新增 .active 類別選擇器，讓 display 屬性設為 block 以區塊方式顯示

....略....

Step 04　測試網頁

執行結果如右圖所示：

當選單標籤#about加入顯示清單的類別.active，清單則會顯示：

```
<div id="sel" class="option">
    <p>關於我們</p>
    <ul id="about" class="option-cont active">
        ...清單內容...
    </ul>
</div>
```

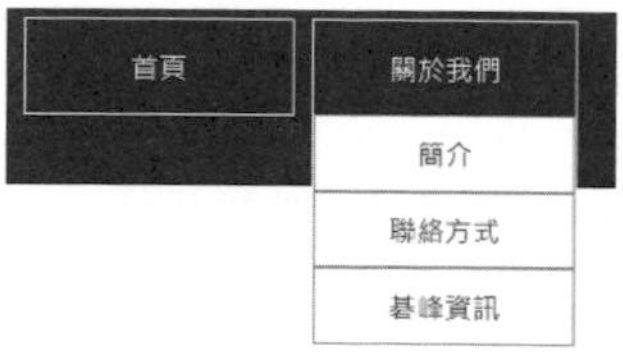

Step 05 在 <head>~</head> 內撰寫操作下拉選單的 jQuery 程式碼，如下灰底處：

程式碼 FileName: jQueryDropDownList.html

...略...

```
37    </style>
38    <script src="js/jquery-3.7.1.min.js"></script>
39    <script>
40        //  網頁載入完成時執行
41        $(document).ready(function () {
42            //將#sel元素綁定mouseenter和mouseleave事件
43            //mouseenter和mouseleave事件被觸發時會執行fnToggleClass函式
44            //滑鼠碰到#sel顯示#about關於我們選單
45            //滑鼠離開#sel隱藏#about關於我們選單
46            $("#sel").on({
47                "mouseenter": fnToggleClass,
48                "mouseleave": fnToggleClass
49            });
50        });
51
52        function fnToggleClass() {
53            //切換顯示#about，即關於我們的選單
54            $("#about").toggleClass("active");
55        }
56    </script>
57 </head>
```

...略...

Step 06 測試網頁

如左下圖滑鼠碰到「關於我們」，即顯示下拉選單；如右下圖滑鼠離開「關於我們」，下拉選單隨即隱藏。

onmouseenter 事件　　　　　　　　　　　onmouseleave 事件

13.5.2　具動畫效果的旅遊相簿

範例　jQueryAlbum.html

整合本章介紹的 jQuery 函式製作具巡覽與淡入動畫效果的旅遊相簿。

執行結果

按下預覽圖示後，可看到原始大小的圖片，且圖片會以淡入動畫程現

圖片改變

按下向右箭頭按鈕可以將預覽圖片區塊向左移動顯示更多圖片

13-29

Step 01   瞭解相簿架構

在撰寫相簿程式碼前，可以先透過發想，想像相簿的原始架構，來清楚記錄相簿該使用哪些區塊元素組成，如下圖為從想像的角度來看相簿的架構圖：

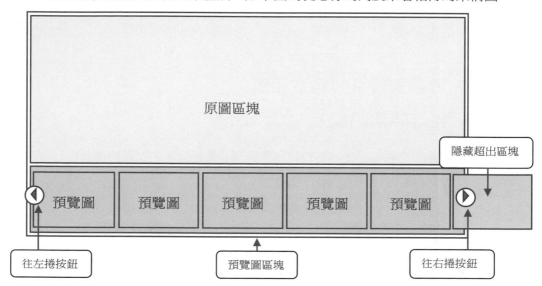

Step 02   建立 jQueryAlbum.html 網頁

Step 03   撰寫相簿的原圖區塊以及預覽圖區塊的 HTML 程式碼，如下灰底處：

程式碼   FileName: jQueryAlbum.html

```
01 <!DOCTYPE html>
02 <html>
03 <head>
04 <meta http-equiv="Content-Type" content="text/html; charset=utf-8"/>
05    <title></title>
06    <meta charset="utf-8" />
07 </head>
08 <body>
09    <div id="div-show">
10        <img id="show" src="images/pic_1.jpg">       原圖區塊
11    </div>
```

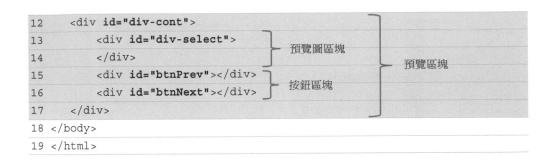

```
12      <div id="div-cont">
13          <div id="div-select">          預覽圖區塊
14          </div>
15          <div id="btnPrev"></div>         按鈕區塊      預覽區塊
16          <div id="btnNext"></div>
17      </div>
18  </body>
19  </html>
```

Step 04　設定相簿區塊樣式

　　使用 CSS 將每個區塊排列和相簿架構圖上的區塊一致。在 <head>~</head> 之間加入灰底的 CSS 程式碼：

⟨HTML⟩ 程式碼　　FileName:jQueryAlbum.html

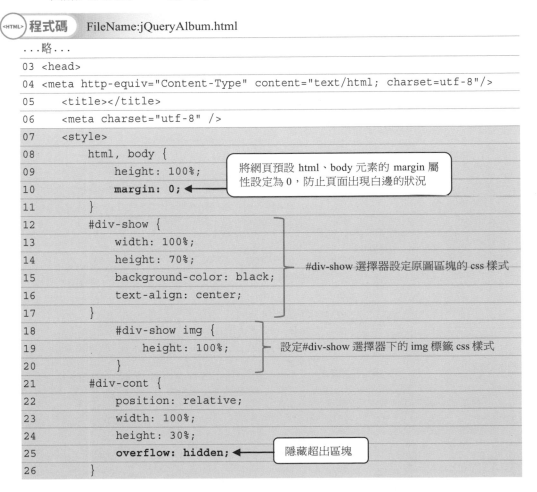

```
...略...
03  <head>
04  <meta http-equiv="Content-Type" content="text/html; charset=utf-8"/>
05      <title></title>
06      <meta charset="utf-8" />
07      <style>
08          html, body {
09              height: 100%;
10              margin: 0;
11          }
12          #div-show {
13              width: 100%;
14              height: 70%;
15              background-color: black;
16              text-align: center;
17          }
18          #div-show img {
19              height: 100%;
20          }
21          #div-cont {
22              position: relative;
23              width: 100%;
24              height: 30%;
25              overflow: hidden;
26          }
```

將網頁預設 html、body 元素的 margin 屬性設定為 0，防止頁面出現白邊的狀況

#div-show 選擇器設定原圖區塊的 css 樣式

設定#div-show 選擇器下的 img 標籤 css 樣式

隱藏超出區塊

13-31

```
27        #btnPrev {
28            width: 30px;
29            height: 30px;
30            background-image: url("images/icon/prev.png");
31            background-size: cover;
32            position: absolute;
33            top: 40%;
34            left: 5px;
35        }
36        #btnNext {
37            width: 30px;
38            height: 30px;
39            background-image: url("images/icon/next.png");
40            background-size: cover;
41            position: absolute;
42            top: 40%;
43            right: 5px;
44        }
45        #div-select {
46            height: 100%;
47            width: 1000%;
48            position: absolute;
49            background-color: black;
50            left: 0%;
51            transition: 1.5s;
52        }
53            #div-select div {
54                height: 85%;
55                width: 240px;
56                float: left;
57                margin-left: 14px;
58                margin-top: 10px;
59            }
60            #div-select img {
61                width: 100%;
62                height: 100%;
63            }
64    </style>
65 </head>
...略...
```

往左箭頭鈕

#btnPrew 選擇器設定，往左捲區塊的 css 樣式

往右箭頭鈕

#btnNext 選擇器設定，往右捲區塊的 css 樣式

此為設定預覽圖區塊的總寬度，因為目前希望相片預覽圖可以放入多個相片，所以在這邊設定寬度為總頁面寬度的 10 倍

當按下往左捲及往右捲按鈕時，必須更改此屬性，故預先設定為 0

當標籤有任何 CSS 變動時會以 1.5 秒的時間進行變化

設定#div-select 選擇器下 div 預覽圖區塊的 css 樣式

設定#div-select 選擇器下 img 標籤預覽圖的 css 樣式

Step 05　測式網頁，結果呈現相簿的排版。

Step 06　在<head>~</head>內撰寫操作旅遊相簿相關互動的 jQuery 程式碼，如下灰底程式碼：

程式碼　　FileName: jQueryAlbum.html

...略...

```
65    </style>
66    <script src="js/jquery-3.7.1.min.js"></script>
67    <script>
68        var select = 0;
69        var sel_val = 0;
70        // 網頁載入完成執行
71        $(document).ready(function () {
72            $("#div-select").empty();
73            // 將預覽圖 div1~div13 新增到#div-select 元素
74            for (var i = 1; i <= 13; i++) {
75                $("#div-select").append
76                (
77                    "<div id='div" + i + "'><img src='images/pic_" +
                       i + ".jpg'></div>"
78                );
79                // 預覽圖區塊 div1~div13 新增 click 事件處理函式 fnChange
80                // 按下預覽圖會傳送 num 參數，此參數為圖片編號
81                $("#div" + i).on("click", { num: i }, fnChange);
82            }
```

13-33

```
83              // 判斷往左與右鈕是否出現
84              iconShow();
85              // 按下往左鈕執行 fnPrev 函式
86              $("#btnPrev").on("click", fnPrev);
87              // 按下往右鈕執行 fnNext 函式
88              $("#btnNext").on("click", fnNext);
89          })
90
91          function fnChange(event) {
92              // 取得選取的圖片編號並組成完成圖檔
93              var filename = "images/pic_" + event.data.num + ".jpg"
94              // 顯示圖片
95              $("#show").attr("src", filename);
96              // 以 1 呈現淡出動畫
97              $("#show").hide().fadeIn(1000);
98          }
99      // 判斷往左與右鈕是否出現
100     function iconShow() {
101         if (select < 1) {
102             $("#btnPrev").attr("style", "display:none;");
103         } else if (select > 1) {
104             $("#btnNext").attr("style", "display:none;");
105         } else {
106             $("#btnPrev").removeAttr("style");
107             $("#btnNext").removeAttr("style");
108         }
109     }
110     // 往左鈕事件處理函式
111     function fnPrev() {
112         //往右捲動動畫
113         if (select != 0) {
114             select -= 1;
115             sel_val += 100;
116             $("#div-select").css("left", sel_val + "%");
117         }
118         iconShow()
119     }
120     // 往右鈕事件處理函式
121     function fnNext() {
```

122	//往左捲動動畫
123	select += 1;
124	sel_val -= 100;
125	$("#div-select").css("left", sel_val + "%");
126	iconShow();
127	}
128	</script>
129	</head>
...略...	

Step 07　測試網頁，觀察相簿互動效果。

14

Bootstrap 套件
與基礎元件使用

走進你生命的那些人，有些人是來報恩的，而有些人是注定來幫你上課的。

▶ 學習目標

本章將學習如何引用最新版的 Bootstrap 5 套件，且導入格線系統觀念與響應式網頁的區隔斷點方式。同時介紹 Bootstrap 相關元件，如表格、表單、按鈕、卡片、縮圖元件與導覽列等等。若充分應用，便可快速開發出響應式的網頁。

14.1 Bootstrap 簡介與下載

　　剛開始接觸跨平台網頁技術 (HTML、CSS、JavaScript) 的新手們，常面臨到如何在不同的裝置與解析度中，提供使用者良好的顯示與操作介面，這部分的網站設計方式即稱為響應式網站 (Responsive Web Design, RWD) 設計，也就是讓網頁排版可以隨著裝置的螢幕大小來給予適當的網頁排版，為了達到此目的，網頁開發者需要花費比原本排版還要多好幾倍的時間來製作。也因此我們需要一個標準套件來快速製作出響應式網站，而 Bootstrap 提供了許多 JavaScript 套件以及響應式 CSS 排版設計，讓網頁開發人員有預設的範本，可以快速達成響應式網站的設計要求，也因此熟悉 Bootstrap 已經成為網頁開發人員必備知識，也是新手用來快速開發響應式網站時，不可或缺的套件。

Bootstrap 簡介

　　Bootstrap 是基於 HTML、CSS、JavaScript 所開發的一種前端網頁框架套件，主要用來快速開發網站或 Web 應用程式，是一套具備自適應功能 (RWD) 的框架，不需自行調整螢幕解析度，意思是不管在任何裝置上都能完整呈現畫面。Bootstrap 目前最新版本為 Bootstrap 5，它提供多達數十種的組件，包括下拉式清單、導覽列及許多動態網頁功能，供開發人員可以透過套件快速開發兼具美觀及實用性的前端網頁。下圖為 Bootstrap 框架首頁 (https://getbootstrap.com/)，網頁中有詳細介紹及如何使用 Bootstrap 豐富的功能來開發網站。

下載與引用 Bootstrap

　　若要在網頁中使用 Bootstrap 套件，則必須先引用，引用方法分為兩種：一為直接引用網路上所提供之 CDN 碼，但此種方式必須在有網路時才能使用；二為進入 Bootstrap 網站下載其套件，將檔案放入網站目錄中再進行引用。Bootstrap 套件下載與引用方式如下說明：

Step 01 進入 Bootstrap 官網 (https://getbootstrap.com) 按下「Download」連結

Step 02 再點選 **Download** 鈕下載 Bootstrap 套件，其檔名為「bootstrap-5.3.2-dist.zip」，解壓縮之後會有 css 和 js 的資料夾。

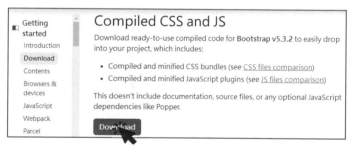

往下拖曳可看到 Bootstrap CDN 碼，開發人員也可以在網頁檔中，直接使用 Bootstrap CDN 碼來引用 Bootstrap 相關功能。

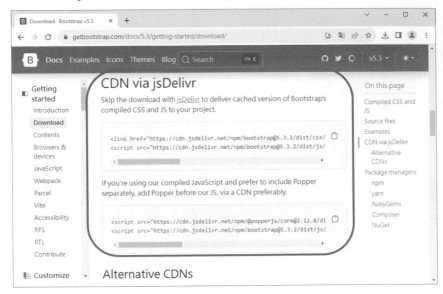

Step 03 將 Bootstrap 套件放在網站根目錄中

本書為了在離線狀況下也能使用 Bootstrap，故範例不使用 CDN 方式，所以請將「bootstrap-5.3.2-dist.zip」解壓縮之後的 css 和 js 資料夾放入網站中；同時 Bootstrap 也會使用到 jQuery 函式，因此請將 jquery-3.7.1.min.js 檔也一同放入網站根目錄。(書附範例的 Bootstrap 資料夾亦提供 Bootstrap 5 套件)

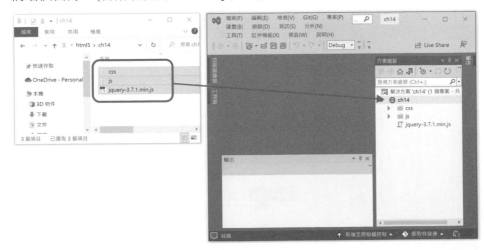

Step 04　引用 Bootstrap 套件

Bootstrap 套件必須引用 bootstrap.min.css、bootstrap.bundle.min.js 與 jquery-3.7.1.min.js。要注意的是：jQuery 函式 jquery-3.7.1.min.js 必須在 bootstrap.bundle.min.js 之前就先行引用，如下圖程式所示：

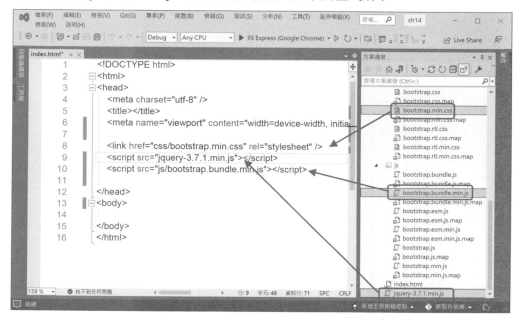

完成之後，該網頁即可使用 Bootstrap 的相關元件了。

14.2　格線系統

　　Grid system 格線系統，最早以前是一種設計的風格模式，因為能有效將版面形成方格狀，讓閱讀上變得非常方便且較為整齊，因而衍生出網頁所使用的格線系統，目前這種設計方法也漸漸被設計師所使用。而正因為它的簡潔與便利，在網頁排版時從設計到開發都具有連貫性與擴充性，且在既定的框架進行開發，也能達到省時省力的效果。格線系統最主要構成要素為欄 (column) 與間隙 (gutter) 所組成，透過切格的方式，把版面區分為好幾個欄位，通常使用這種方式時，會將兩側留白 (Gird padding) 讓視覺體驗更佳。

14.2.1 Bootstrap 格線系統

在 Bootstrap 所提供的格線系統當中，也是利用同樣觀念，將版面區分為欄 (column) 與列 (row)，並使其平等切割為 12 等分。以 Bootstrap 官方網站範例來說，也是相同的切割為 12 等分，且兩側留白，如下圖所示：

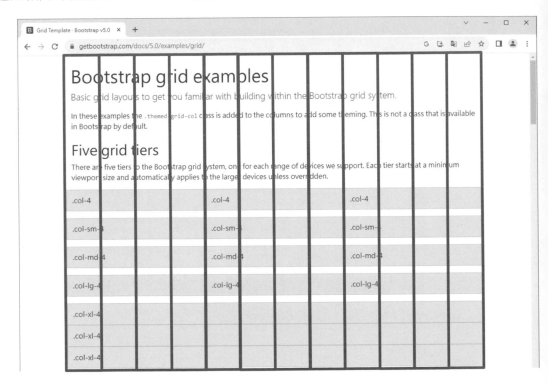

舉例來說，grid01.html 使用基礎 CSS 進行設定，指定 <div> 為畫面 100%，另一個 <div> 為畫面 80%和 20%；而 grid02.html 欲達到和 grid01.html 一樣的效果，可以使用 Bootstrap 格線系統進行設定。此時可以看見當使用原先的設定方式時，必須設定 <div> 的寬度比，當設定數量多時會顯得複雜許多；但使用格線系統輔助已具有既定的框架，即可快速進行開發。grid01.html 和 grid02.html 程式碼如下所示：

 FileName：grid01.html

```html
<!DOCTYPE html>
<html>
<head>
<meta http-equiv="Content-Type" content="text/html; charset=utf-8"/>
```

```
    <title>grid01</title>
    <meta charset="utf-8" />
  </head>
  <body>
    <div style="width:100%;background-color:yellow">整條的區塊</div>
    <div style="width:80%;background-color:pink;float:left">
          占比 80%的區塊
    </div>
    <div style="width:20%;background-color:orange;float:right">
          占比 20%的區塊
    </div>
  </body>
</html>
```

 FileName：grid02.html

```
<!DOCTYPE html>
<html>
<head>
<meta http-equiv="Content-Type" content="text/html; charset=utf-8"/>
    <title>grid02</title>
      <meta charset="utf-8" />
    <link href="css/bootstrap.min.css" rel="stylesheet" />
    <script src="jquery-3.7.1.min.js"></script>
    <script src="js/bootstrap.bundle.min.js"></script>
  </head>
  <body>
    <div class="col-md-12" style="background-color:yellow">
          整條的區塊
    </div>
    <div class="col-md-8" style="background-color:pink;float:left">
          占比 8 格的區塊
    </div>
    <div class="col-md-4" style="background-color:orange;float:right">
          占比 4 格的區塊
    </div>
  </body>
</html>
```

14.2.2 容器 Container

Container 代表著 Bootstrap 裡的容器，是最根本的排版元素，在使用網格系統時，一定要使用容器來放置，容器會因應每個響應式斷點來更改寬度，在之前第七章我們學習到@media 是響應式網站中不可或缺的元素，而 Bootstrap 已經研究並按照各大行動裝置電腦螢幕大小，設置響應式斷點，分別為 1200px、992px、768px、576px 等斷點，其架構如下所示：

```
@media (min-width: 576px) {
    當裝置畫面寬度為 576px 或以上執行此段樣式...
}
@media (min-width: 768px) {
    當裝置畫面寬度為 768px 或以上執行此段樣式...
}
@media (min-width: 992px) {
    當裝置畫面寬度為 992px 或以上執行此段樣式...
}
@media (min-width: 1200px) {
    當裝置畫面寬度為 1200px 或以上執行此段樣式...
}
```

特別注意的是，當我們使用 Bootstrap 的格線系統進行佈局時，Container 的設定十分重要。為了使版面能順利的調整且將兩側留邊 (Grid Padding)，row (列) 必須放置於 .container (固定寬度) 或是.container-fluid (100%寬度) 類別的容器之內。

實際練習兩者間的差異，可以看見當使用 .container 時，不論瀏覽器的寬度大小是否足夠，都會將兩側留白；當使用 .container-fluid 時，不論瀏覽器的寬度大小是否足夠，兩側均不會留白。而此處所用到的 row 與 col-md 類別樣式，將會在以下小節中詳細解說。如下所示：

FileName：grid03.html

```
<div class="container">
    <div class="row">
        <div class="col-md-8" style="background-color:pink">左側區塊</div>
        <div class="col-md-4" style="background-color:lightskyblue">
            右側區塊
        </div>
    </div>
</div>
<div class="container-fluid">
    <div class="row">
        <div class="col-md-8" style="background-color:pink">左側區塊</div>
        <div class="col-md-4" style="background-color:lightskyblue">
            右側區塊
        </div>
    </div>
</div>
```

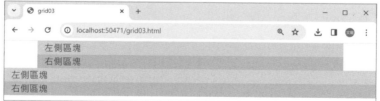

14.2.3 水平群組 Row 設計

　　水平群組可以確保每個欄(column)能保持在同一行,所以在新增.container 容器之後,我們會在裡頭新增水平群組,才能使裡面的資料完整的保持成群組,不會產生跑版的問題。

```
class="row"
```

Ex 01 練習 .container 容器內新增三個水平 Row

FileName：grid04.html

```html
<div class="container" style="background-color:lightblue">
    <div class="row">資訊科技股份有限公司</div>
    <div class="row">資訊科技股份有限公司</div>
    <div class="row">資訊科技股份有限公司</div>
</div>
```

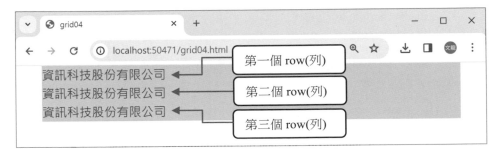

14.2.4 欄 Column 設計

在格線系統中需要放置於 row 區塊中，並隨著行大小變更寬度，Bootstrap 提供多個不同尺寸的欄位供開發人員使用。必須注意使用上需要直接在水平行直接新增，且只能是行的子類別。

```
class = "col"
```

當行內的 <div> 區塊欄位套用此類別時，區塊會按照父類別寬度來改變大小，若有多個區塊在同一行套用此類別，則會平均分配欄寬。

 Ex 01 下方範例為了方便介紹和識別，我們將每個區塊用不同顏色來當背景，並在上方新增兩個 <div> 作為寬度的尺標，接著在 row 內建立三個 col，並調整瀏覽器觀察其改變。

FileName：grid05.html

```html
<div style="width:768px; background-color:lightblue">768px 尺標</div>
<div style="width:1200px; background-color:lightgreen">
    1200px 尺標
```

```
    </div>
  <div class="container">
    <div class="row">
      <div class="col" style="background-color:red">
        資訊科技股份有限公司
      </div>
      <div class="col" style="background-color:white">
        資訊科技股份有限公司
      </div>
      <div class="col" style="background-color:orange">
        資訊科技股份有限公司
      </div>
    </div>
  </div>
```

col 數字分欄

另外也能在 col 後方加入數字欄位，代表的是區塊佔據的欄數，此種套用方式，可以更改欄的寬度比例，需要注意的是 Bootstrap 設定每一行總欄數為 12，故每行的每個區塊相加總合都必須是 12，接下來將示範多種欄的類別設定。

class="col-數字"

Ex 02　在 .container 容器後使用 row，進行分列組成水平群組，為了能讓欄數總和為 12，第一個 row 內分別為 col-3、col-6、col-3；第二個 row 分別為 col-2、col-4、col-4、col-2。如下範例所示：

FileName : grid06.html

```
<div class="container">
  <br>
  <div class="row">
    <div class="col-3" style="background-color:gray">
      跟著實務學習網頁設計
    </div>
    <div class="col-6" style="background-color:white">
      第一次寫跨平台網頁就上手
    </div>
    <div class="col-3" style="background-color:orange">好書推薦</div>
  </div>
  <br>
  <div class="row">
    <div class="col-2" style="background-color:gray">
      跟著實務學習網頁設計
    </div>
    <div class="col-4" style="background-color:white">
      第一次寫跨平台網頁就上手
    </div>
    <div class="col-4" style="background-color:orange">好書推薦</div>
    <div class="col-2" style="background-color:green">
      網頁設計圖書
    </div>
  </div>
</div>
```

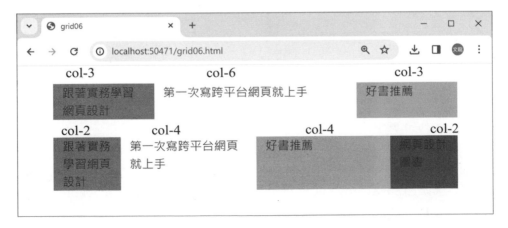

裝置螢幕分欄

　　Bootstrap 提供一個非常方便的尺寸選項，例如在網頁閱讀文章或圖片，在電腦上閱覽沒問題很清楚，但在手持裝置上閱覽，卻發生圖文擠在一起，等比例縮小的狀況，所以在這時候尺寸選項就派上用場了，區塊可以依照設定的尺寸斷點，將區塊寬度改變成滿欄(12 欄) 的方式呈現資訊。如官方範例所示，當使用 col-數字時，不管裝置螢幕如何縮放，都只能非等比縮小，而在上面的「col-螢幕尺寸-數字」則可以依照不同裝置大小，形成較為適當的排列方式，如下圖所示：

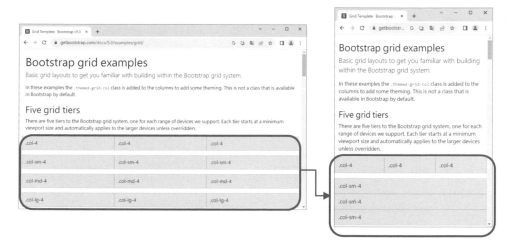

　　以下為裝置螢幕尺寸斷點區分表詳細說明，當螢幕尺寸小於該斷點後，將把每個欄位寬度變成 12，意思即為占滿一行：

寫法	尺寸斷點
.col-數字	依官方文件說明指示，當螢幕寬度小於 576px 時會進行設定，適用於手機等超小型設備使用。此為預設值設定。
.col-sm-數字	當螢幕寬度大於等於 576px 時會進行設定，適用於平板電腦等小型設備使用。
.col-md-數字	當螢幕寬度大於等於 768px 時會進行設定，適用於桌上型電腦等螢幕設備使用。

.col-lg-數字	當螢幕寬度大於等於 992px 時會進行設定，適用於大型螢幕設備使用。
.col-xl-數字	當螢幕寬度大於等於 1200px 時會進行設定，適用於超大型螢幕設備使用。

Ex 03 採用目前最常使用的兩種尺寸斷點進行練習。當使用 \<div\> 的 class 設為 col-12 col-sm-4 時，則裝置螢幕寬度小於 576px 時，即一個 \<div\> 佔用 12 欄，若是裝置螢幕大小寬度要大於等於 576px，則一個 \<div\> 佔用 4 欄。 \<div\> 的 class 設為 col-6 col-lg-4 時，則裝置螢幕寬度小於 576px 時，即一個\<div\> 佔用 6 欄，若是裝置螢幕大小寬度要大於等於 992px，則一個 \<div\> 佔用 4 欄 。為了閱讀方便，在最上方加入兩個 \<div\> 尺標做為參考。如下所示：

 FileName：grid07.html

```
<div style="background-color:orange;width:992px">992px 尺標</div>
<div style="background-color:green;width:576px">576px 尺標</div>

<div class="container">                      手機畫面時一個<div>佔用 12 欄
  <br>                                       平板畫面時一個<div>佔用 4 欄
  <div class="row">                                      ↓
    <div class="col-12 col-sm-4" style="background-color:gray">
        跟著實務學習網頁設計
    </div>
    <div class="col-12 col-sm-4" style="background-color:red">
        第一次寫跨平台網頁就上手
    </div>
    <div class="col-12 col-sm-4"
        style="background-color:orange">好書推薦</div>
  </div>
  <br>
```

```
<div class="row">
    <div class="col-6 col-lg-4" style="background-color:gray">
        跟著實務學習網頁設計
</div>
    <div class="col-6 col-lg-4" style="background-color:red">
        第一次寫跨平台網頁就上手
    </div>
    <div class="col-6 col-lg-4"
        style="background-color:orange">好書推薦</div>
    </div>
</div>
```

手機畫面時一個\<div\>佔用 6 欄
大型螢幕時一個\<div\>佔用 4 欄

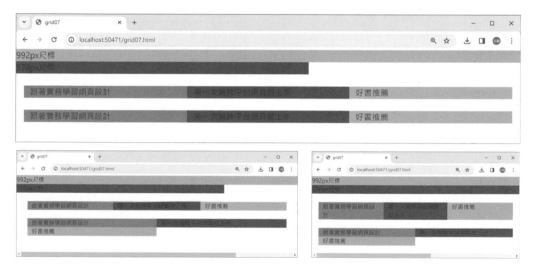

14.3　Bootstrap 常用元件

　　由於 Bootstrap 提供的元件很多，本節只介紹常用的表格、卡片、表單、按鈕、圖片、縮圖元件與導覽列的使用，至於其他的 Bootstrap 元件的使用，可參考其他相關進階書籍。

14.3.1 表格

表格在網頁設計中是常用的編排技巧，HTML 可使用 <table> 標籤定義表格，<table> 可使用 border 屬性設定表格框線的粗細。至於 <table> 是由一個或多個<tr>、<th> 以及 <td> 標籤所組成，其中<tr>標籤定義表格中的一行，<th> 標籤定義一個表格標題，<td> 標籤定義一個儲存格。

表格中含有兩筆產品記錄，其中每一行記錄有編號、品名、單價以及數量四個欄位 (儲存格)，其寫法如下說明：

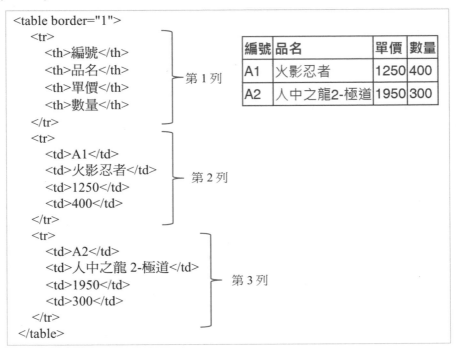

HTML 預設表格不美觀，因此開發人員可透過 Bootstrap 為 <table> 標籤提供的類別樣式來進行美化。如下即是常用的類別樣式說明：

Bootstrap 表格類別	說明與執行結果
\<table class="table"\>	基本表格樣式。(table01.html) 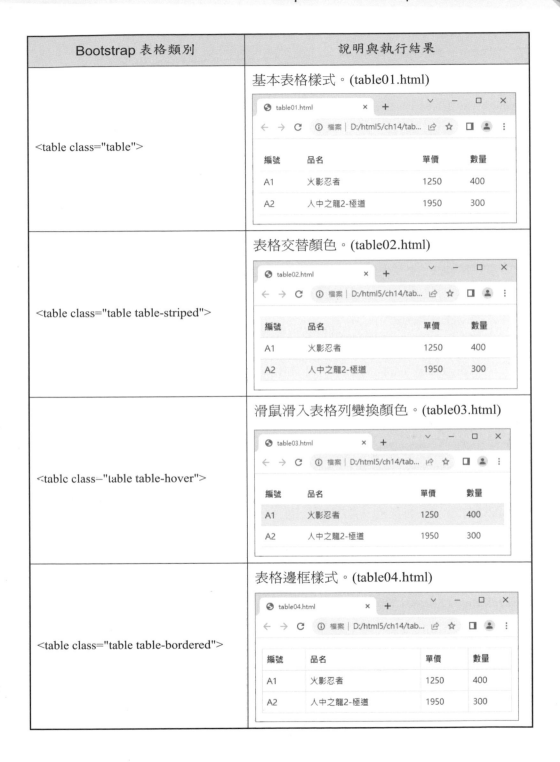
\<table class="table table-striped"\>	表格交替顏色。(table02.html)
\<tablc class="table table-hover"\>	滑鼠滑入表格列變換顏色。(table03.html)
\<table class="table table-bordered"\>	表格邊框樣式。(table04.html)

<table class="table table-responsive">	響應式表格樣式。提供樣式如下：(table05.html) ● table table-responsive：手機用。 ● table table-responsive-sm：平板用。 ● table table-responsive-md：桌機用。 ● table table-responsive-lg：大型螢幕用。 ● table table-responsive-xl：超大螢幕用。

14.3.2 卡片

卡片 (Card) 元件可用來做一些元件的群組設定，卡片包含頁首、主體、頁尾三個區塊，其中主體是必要的，至於頁首和頁尾則可以選擇性加入，其語法如下所示：

```
<div class="card">
  <div class="card-header">頁首</div>
  <div class="card-body">主體</div>
  <div class="card-footer">頁尾</div>
</div>
```

卡片各區塊預設為白色，當然也可以指定其他背景色，其背景色可指定 bg-primary (深藍色)、bg-success (綠色)、bg-info (淺藍色)、bg-warning (橘黃色)、bg-danger (紅色)、bg-secondary (深灰色)、bg-dark (黑色)、bg-light (淺灰色)。若指定 <div> 的 class 為"card-header bg-success" 即表示頁首為綠色，若指定 <div> 的 class 為"card-body bg-dark" 即表示主體為黑色，其它以此類推。

Ex 01 使用卡片元件設定風景介紹之網頁介面，其中頁首為綠色，頁尾為橘黃色，如下所示：

 FileName：card01.html

```
...略...
  <div class="container" style="margin-top:20px;">
    <div class="card">
      <div class="card-header bg-success">姬路城</div>
      <div class="card-body">
        <p><img src="images/img01.JPG" style="max-width:100%;" /></p>
        日本保留度最為完整的城堡與世界文化遺產之一，同時是 ...
```

```
            </div>
            <div class="card-footer bg-warning">旅遊全記錄</div>
        </div>
    </div>
...略...
```

執行結果如下所示：

14.3.3 表單與文字欄

表單是 Web 應用程式提供使用者進行輸出入操作的介面，是由 <form> 定義網頁的表單，在 <form> 標籤中使用 <input> 標籤定義出各類型的輸出入介面，如文字方塊、日期清單、選項鈕、核取方塊或檔案上傳元件等等。Bootstrap 提供 <input> 標籤使用 .form-control 類別樣式，使 <input> 欄位具有輸入提示和響應式功能。

Bootstrap 使用 <div class="form-group"> 定義出表單欄位的群組，該標籤內含 <label> 標籤用來顯示欄位名稱，<input> 定義出欄位類型。

Ex 01 使用卡片元件與表單，用來設計會員登入網頁含有帳號與密碼欄位，如下所示：

FileName：form01.html

```
...略...
  <form method="post" autocomplete="off">
    <div class="container" style="margin-top:20px;">
      <div class="card">
        <div class="card-header">會員登入區</div>
        <div class="card-body">
          <div class="form-group">
            <label for="txtUserId">帳號</label>
            <input type="text" class="form-control"
                id="txtUserId" name="txtUserId" />        ⎫ 帳號
          </div>
          <div class="form-group">
            <label for="txtPwd">密碼</label>
            <input type="password" class="form-control"
                id="txtPwd" name="txtPwd" />              ⎫ 密碼
          </div>
          <p><input type="submit" value="登入"
                class="btn btn-success" /></p>
        </div>
      </div>
    </div>
  </form>
...略...
```

此處使用 Bootstrap 按鈕元件樣式，待 14.3.4 節再做介紹

執行結果如圖：

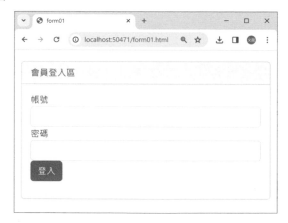

Ex 02 使用卡片元件、多行文字欄位搭配下拉式清單，製作出電腦問卷表單，程式碼如下所示：

FileName：form02.html

```
...略...
  <form>
    <div class="container" style="margin-top:20px;">
      <div class="card">
        <div class="card-header">電腦問卷</div>
        <div class="card-body">
          <div class="form-group">
            <label for="txtqus">請問您的電腦使用配備為何？</label>
            <textarea class="form-control" id="txtArea"
              rows="2"></textarea>
          </div>
          <div class="form-group">
            <label for="txtCon">喜愛的廠商：</label>
            <select class="form-control" id="selCon">
              <option value="asus">華碩</option>
              <option value="gigabyte"> 技嘉</option>
              <option value="msi">微星</option>
              <option value="other">其他</option>
            </select>
          </div>
          <p><input type="submit" value="傳送問卷"
                class="btn btn-success" /></p>
        </div>
      </div>
    </div>
  </form>
...略...
```

詢問問題

執行結果如圖：

14.3.4 按鈕

按鈕是 Web 應用程式讓使用者進行確認的輸入介面，Bootstrap 幫助開發人員在不同的情境下使用不同樣式的按鈕。而在 Bootstrap 提供的按鈕樣式，可以讓 <button>、<input type="button">、<input type="submit"> 以及 <a> 標籤使用。以下是 Bootstrap 5 常用的按鈕樣式說明：

Bootstrap 5 按鈕類別	說明
class="btn"	預設按鈕樣式。
class="btn btn-primary"	主要功能按鈕。(按鈕背景色深藍色)
class="btn btn-secondary"	次要功能按鈕。(按鈕背景色深灰色)
class="btn btn-info"	呈現具有資訊提示的按鈕。(按鈕背景色淺藍色)
class="btn btn-success"	呈現具有成功資訊的按鈕。(按鈕背景色淺綠色)
class="btn btn-warning"	呈現具有警告提醒的按鈕。(按鈕背景色橘黃色)
class="btn btn-danger"	呈現具有危險作用的按鈕。(按鈕背景色紅色)
class="btn btn-dark"	呈現黑色底白字按鈕。(按鈕背景色黑色)
class="btn btn-light"	呈現亮灰色底黑字按鈕。(按鈕背景色亮灰色)
class="btn btn-link"	呈現超連結文字樣式。

Ex 01 上表的按鈕樣式配合 <input> 標籤，設計不同情境使用的按鈕，寫法如下：

 FileName：button01.html

```html
<div class="container" style="margin-top:20px;">
  <input type="button" class="btn" value="Basic" />
  <input type="button" class="btn btn-primary" value="Primary" />
  <input type="button" class="btn btn-secondary" value="Secondary" />
  <input type="button" class="btn btn-info" value="Info" />
  <input type="button" class="btn btn-success" value=" Success " />
  <input type="button" class="btn btn-warning" value="Warning" />
  <input type="button" class="btn btn-danger" value="Danger" />
  <input type="button" class="btn btn-dark" value="Dark" />
  <input type="button" class="btn btn-light" value="Light" />
  <input type="button" class="btn btn-link" value="Link" />
</div>
```

Basic Primary Secondary Info Success Warning Danger Dark Light Link

14.3.5 圖片

　　以往設計網頁圖片時，如設計圓角圖片，或幫圖片加上框線...等，都要先使用影像處理軟體如 Photoshop 後置處理圖片；當然也可以使用 CSS 設計相關圖片樣式，但撰寫 CSS 少說也要十幾行程式碼。現在透過 Bootstrap，<img> 標籤只要透過下表的類別樣式，就可以輕鬆達成各種圖片外觀設計。如下表說明：

Bootstrap 圖片類別	說明
class="rounded"	呈現圓角圖片。 可設定 rounded、rounded-0 (無圓角)、rounded-1、rounded-2、rounded-3、rounded-4、rounded-5 的圓角等級。
class="rounded-circle"	呈現圓形圖片。
class="img-thumbnail"	呈現縮圖，含有 1px 灰色的圓角框線。
class="img-fluid"	圖片以響應式自動調整適應螢幕尺寸

　　<div> 若加上 img-thumbnail 類別樣式，該區域會變成含有圓角框線的縮圖元件，縮圖元件除了可以放置圖片，還可以加入標題、按鈕或其他元素等等，如果能善用，即能編排出專業具美感的網頁。

14.3.6 縮圖元件

　　承上所述，當 <div> 套用 img-thumbnail 類別樣式，會變成縮圖元件。此項操作，也能搭配前述的格線系統，利用格線間的特性來擺放文字、圖片、影片等等。而通常縮圖元件都會被用來做為旅遊相簿或是商品目錄的製作。

Ex 01 設定 <div> 欄 class 樣式為 col-12 col-md-6，表示若為手機畫面時，則每一區塊即佔一列，若為桌上型電腦螢幕大小，即二個區塊佔用一行，每一個區塊使用 img-thumbnail 類別樣式，以便呈現縮圖元件，並搭配圖片、文字與超連結按鈕豐富該區塊內容，範例如下所示：

 FileName：thumbnail01.html

```html
<div class="container" style="margin-top:20px;" >
  <div class="row">
    <div class="col-12 col-md-6">
      <div class="img-thumbnail">
        <img src="images/ad01.jpg" />
        <h3>Python 書籍</h3>
        <p>最佳入門 Python 電子書</p>
        <p><a href="https://reurl.cc/l7QmME"
             class="btn btn-success">書籍連結</a></p>
      </div>
    </div>
    <div class="col-12 col-md-6">
      <div class="img-thumbnail">
        <img src="images/ad02.jpg" />
        <h3>MVC 書籍</h3>
        <p>最佳入門 ASP.NET MVC，無痛上手</p>
        <p><a href="https://reurl.cc/2EY1NX"
             class="btn btn-success">書籍連結</a></p>
      </div>
    </div>
  </div>
</div>
```

第一個
縮圖元件

第二個
縮圖元件

14.3.7 導覽列元件

　　導覽列是網站的主功能表，它包含了巡覽至網站頁面的功能，同時還能對網站做搜尋的工作，當網站的深度非常深，資訊量很大時，導覽列可以很快的回到指定的頁面。Bootstrap 提供的導覽列功能相當完整，同時還提供響應式的功能，能根據畫面做不同版面的調整。導覽列的架構如下，可根據功能進行套用。

```
<nav class="navbar navbar-expand-sm navbar-dark bg-dark">
  <div class="container-fluid">
    <a class="navbar-brand" href="#">網站 Logo</a> ◀——網站名稱或 Logo
```

漢堡
選單在手機
畫面時呈現

```
<button class="navbar-toggler" type="button"
    data-bs-toggle="collapse" data-bs-target="#mynavbar">
    <span class="navbar-toggler-icon"></span>
</button>
```

切換顯示此功能項目

導覽列
項目

```
<div class="collapse navbar-collapse" id="mynavbar">
    <ul class="navbar-nav me-auto">
        <li class="nav-item">
            <a class="nav-link" href="#">首頁</a>
        </li>
        <li class="nav-item">
            <a class="nav-link" href="#">連結一</a>
        </li>
        <li class="nav-item">
            <a class="nav-link" href="#">連結二</a>
        </li>
        ......
        <li class="nav-item dropdown">
            <a class="nav-link dropdown-toggle" href="#"
                role="button" data-bs-toggle="dropdown">
                下拉式清單主選項
            </a>
            <ul class="dropdown-menu">
                <li><a class="dropdown-item" href="#">下拉式清單子選項一</a></li>
                <li><a class="dropdown-item" href="#">下拉式清單子選項二</a></li>
                <li><a class="dropdown-item" href="#">下拉式清單子選項三</a></li>
                ......
            </ul>
        </li>
        ......
    </ul>
    <form class="d-flex">
        <input class="form-control me-2" type="text"
            placeholder="Search">
        <button class="btn btn-primary"
            type="button">Search</button>
    </form>
</div>
    </div>
</nav>
```

導覽列中
的下拉式
清單

搜尋文字欄

搜尋按鈕

關於 Bootstrap 還有許多元件與使用方式，可參閱 https://getbootstrap.com 網站範例說明。

15

Bootstrap JS
互動組件

有了想法後，通常「做了以後失敗」比「只是想想但卻沒有行動」的人成功機率來的大。

▶ 學習目標

Bootstrap 包含多種互動元件，運用得宜則可以增加網頁的互動性，讓用戶可以有更好的使用體驗。本章將介紹標籤頁、圖片輪播、互動視窗、手風琴組件...等組件，同時在本章最後一節將整合 14 章與 15 章所學實際完成一個響應式網頁，讓您的學習看得見成品。

15.1 標籤頁組件(Bootstrap Tab)

當網頁的內容一多，要想在一個頁面呈現多組畫面且可以進行切換，就必須使用標籤頁組件(Bootstrap Tab)，該元件可以將多個畫面整合在單一頁面上管理，不僅方便切換，操作方式就好像是視窗程式的分頁標籤頁功能一般。如下圖 Yahoo 首頁也有使用標籤頁來分類不同新聞。

標籤頁組件可分為「導覽區」和「內容區」。導覽區是由項目清單 <ul> 與 <li> 組成，<ul> 須套用.nav nav-tabs 樣式，<li> 須套用 nav-item 樣式，<li> 為導覽區的連結項目，也就是標籤頁上的項目。內容區是 <div> 須套用 .tab-content 樣式，此 <div> 內會放置每一個標籤頁項目所對應的內容，內容區內的每一個標籤內容 <div> 皆要套用 container tab-pane active 樣式。

標籤頁的項目透過 <a href="#block1" data-bs-toggle="tab"> 切換到內容區對應的 id 元素區域，其中指定 data-bs-toggle="tab" 用來啟動 JavaScript 來進行切換頁面。標籤頁組件架構如下所示：

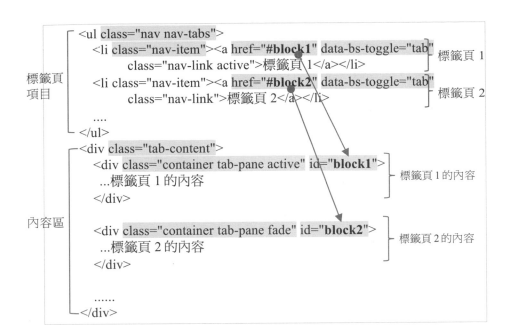

Ex 01 使用標籤頁組件建立「除夜有懷」、「贈孟浩然」、「塞下曲」三個標籤頁項目，當按下指定的唐詩名，標籤內容即顯示相對應的唐詩內容。

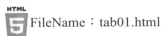 FileName：tab01.html

```html
...略...
  <link href="css/bootstrap.min.css" rel="stylesheet" />
  <script src="jquery-3.7.1.min.js"></script>
  <script src="js/bootstrap.bundle.min.js"></script>
</head>
<body>

  <div class="container" style="margin-top:20px;">
    <ul class="nav nav-tabs">
      <li class="nav-item"><a href="#block1" data-bs-toggle="tab"
          class="nav-link active">除夜有懷</a></li>
      <li class="nav-item"><a href="#block2" data-bs-toggle="tab"
          class="nav-link">贈孟浩然</a></li>
      <li class="nav-item"><a href="#block3" data-bs-toggle="tab"
          class="nav-link">塞下曲 </a></li>
    </ul>
    <div class="tab-content">
      <div class="container tab-pane active" id="block1">
        <br />
```

```
        <h4>
            迢遞三巴路，羈危萬裡身。<br>
            亂山殘雪夜，孤燭異鄉人。<br>
            漸與骨肉遠，轉於僮仆親。<br>
            那堪正飄泊，明日歲華新。
        </h4>
    </div>

    <div class="container tab-pane fade" id="block2">
        <br />
        <h4>
            吾愛孟夫子，風流天下聞。<br>
            紅顏棄軒冕，白首臥鬆雲。<br>
            醉月頻中聖，迷花不事君。<br>
            高山安可仰，徒此揖清芬。
        </h4>
    </div>

    <div class="container tab-pane fade" id="block3">
        <br />
        <h4>
            飲馬渡秋水，水寒風似刀 。<br>
            平沙日未沒，黯黯見臨洮 。<br>
            昔日長城戰，咸言意氣高 。<br>
            黃塵足今古，白骨亂蓬蒿 。
        </h4>
    </div>

    </div>
    </div>
</body>
...略...
```

執行結果如下圖：

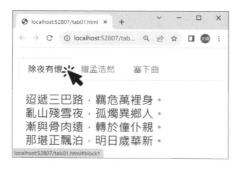
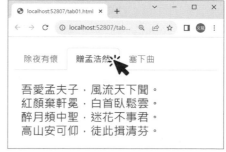

15.2　圖片輪播組件(Bootstrap Carousel)

　　圖片輪撥組件可使用在幻燈片、文本或照片元素的顯示方式上，對網站來說也是一個常被使用的功能。透過以幻燈片的方式來顯示廣告圖片、或是將重要訊息的圖片以捲動的方式進行呈現，用以吸引使用者的注意。

　　圖片輪播組件是使用 <div> 套用 carousel slide 樣式所設定。該組件內可分為「導覽區」、「圖片顯示區」和「前後切換連結」三個區塊。

1. 導覽區(連結導引項目)

   <ul> 套用 carousel-indicators 樣式設定，每一個 <li> 項目會依圖片的數量呈現「—」連結項目，可讓使用者進行切換幻燈片圖示。

2. 圖片顯示區

   <div> 套用 carousel-inner 樣式設定此區域，該區域內的 <div> 套用 carousel-item 樣式且內置<img>，此時該區塊會變成幻燈片圖示，有幾組幻燈片就設定幾組 <div class="carousel-item"><img></div>。

3. 前後切換連結

   使用 <a class="carousel-control-prev" data-bs-slide="prev"> 連結切換至前一張幻燈片；使用 <a class="carousel-control-next" data-bs-slide="next"> 連結切換至下一張幻燈片。

　　圖片輪播組件架構如下所示：

```
<div id="myCarousel" class="carousel slide" data-bs-ride="carousel">
    <!-- 連結導引項目 -->
    <ul class="carousel-indicators">
        <li data-bs-target="#myCarousel" data-bs-slide-to="0"      切換至幻燈片 1
            class="active" ></li>
        <li data-bs-target="#myCarousel" data-bs-slide-to="1" ></li>   切換至幻燈片 2
        .......
    </ul>
    <!--圖片顯示區, 幻燈片圖片 -->
    <div class="carousel-inner">
        <div class="carousel-item active">
            <img src="images/pic01.jpg" >             幻燈片圖片 1
        </div>
        <div class="carousel-item">
            <img src="images/pic02.jpg"  >            幻燈片圖片 2
```

15-5

```
        </div>
        ........
    </div>
    <!-- 前後切換連結-->
    <a class="carousel-control-prev" data-bs-target="#myCarousel"
        href="#" data-bs-slide="prev">              ⎫
      <span class="carousel-control-prev-icon"></span>  ⎬ 切換至前一張
    </a>                                             ⎭
    <a class="carousel-control-next" data-bs-target="#myCarousel"
        href="#" data-bs-slide="next">              ⎫
      <span class="carousel-control-next-icon"></span>  ⎬ 切換至下一張
    </a>                                             ⎭
  </div>
```

Ex 01 將 pic1.jpg~pic3.jpg 使用圖片輪播組件呈現幻燈片效果。如下所示：

FileName：carousel01.html

```
...略...
  <link href="css/bootstrap.min.css" rel="stylesheet" />
  <script src="jquery-3.7.1.min.js"></script>
  <script src="js/bootstrap.bundle.min.js"></script>
  <style>
    /* 圖片呈現 100% */
    .carousel-inner img {
      width: 100%;
      height: 100%;
    }
  </style>
</head>
<body>

  <div class="container" style="margin-top:20px;">
    <h2>圖片輪播</h2>
    <div id="myCarousel" class="carousel slide" data-bs-ride="carousel">
      <!-- 連結導引項目 -->
      <ul class="carousel-indicators">
        <li data-bs-target="#myCarousel" data-bs-slide-to="0"
            class="active" ></li>
        <li data-bs-target="#myCarousel" data-bs-slide-to="1" ></li>
        <li data-bs-target="#myCarousel" data-bs-slide-to="2" ></li>
      </ul>
      <!--圖片顯示區, 幻燈片圖片 -->
```

```
        <div class="carousel-inner">
          <div class="carousel-item active">
            <img src="images/pic01.jpg" >
          </div>
          <div class="carousel-item">
            <img src="images/pic02.jpg"  >
          </div>
          <div class="carousel-item">
            <img src="images/pic03.jpg" >
          </div>
        </div>
        <!-- 前後切換連結-->
        <a class="carousel-control-prev" href="#myCarousel"
            data-bs-slide="prev">
          <span class="carousel-control-prev-icon"></span>
        </a>
        <a class="carousel-control-next" href="#myCarousel"
            data-bs-slide="next">
          <span class="carousel-control-next-icon"></span>
        </a>
      </div>
    </div>
...略...
```

執行結果如下圖：

15.3 互動視窗組件(Bootstrap Modal)

Bootstrap 提供的互動視窗組件可用來增加一個對話方塊,此對話方塊功能可用來做為用戶提示,或是自訂想要的對話方塊內容。

互動視窗是使用 <div class="modal"> 所建立的,若指定 class="modal fade",表示該互動視窗會以淡入動畫的方式呈現;接著互動視窗內還要再指定 <div class="modal-dialog"> 標籤,且此標籤內要再加入 <div class="modal-content"> 互動視窗的內容區域,最後再設計內容區域內的頁首 <div class="modal-header">、主體 <div class="modal-body"> 與頁尾 <div class="modal-footer"> 三個區域。

由於互動視窗不會自己開啟,必須由按鈕或連結來觸發,做法是在按鈕或連結的元素指定 data-bs-toggle="modal",接著使用 data-bs-target 屬性,指定要開啟的互動視窗 id 識別名稱;若要關閉互動視窗,則按鈕或連結的元素要設定「data-bs-dismiss="modal"」屬性。

互動視窗組件架構如下所示:

```
<!-- 開啟互動視窗的按鈕 -->
<button type="button" class="btn btn-info" data-bs-toggle="modal"
    data-bs-target="#myModal">
    開啟互動視窗的按鈕
</button>

<!-- 互動視窗 -->
<div class="modal fade" id="myModal">
  <div class="modal-dialog">
    <div class="modal-content">

    <!-- 互動視窗頁首 -->
    <div class="modal-header">
       <h3 class="modal-title">頁首</h3>
       <button type="button" class="close"
          data-bs-dismiss="modal">×</button>
    </div>

    <!-- 互動視窗主體 -->
    <div class="modal-body">
       互動視窗主體內容
    </div>
```

指定開啟 myModal
互動視窗

頁首區域

主體區域

```
            <!-- 互動視窗頁尾 -->
            <div class="modal-footer">
              <button type="button" class="btn btn-primary">
                 確定
              </button>
              <button type="button" class="btn btn-secondary"
                 data-bs-dismiss="modal">                 頁尾區域
                 取消
              </button>
            </div>
          </div>
        </div>
      </div>
```

Ex 01 　按下 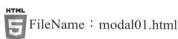 鈕開啟互動視窗並呈現 ASP.NET MVC 與 C#書籍的介紹。
如下所示：

HTML5 FileName：modal01.html

```
...略...
  <link href="css/bootstrap.min.css" rel="stylesheet" />
  <script src="jquery-3.7.1.min.js"></script>
  <script src="js/bootstrap.bundle.min.js"></script>
</head>
<body>
  <div class="container" style="margin-top:20px;">
    <h2>互動視窗</h2>

    <!-- 開啟互動視窗的按鈕 -->
    <button type="button" class="btn btn-info" data-bs-toggle="modal"
      data-bs-target="#myModal">
      .NET 書籍
    </button>

    <!-- 互動視窗 -->
    <div class="modal fade" id="myModal">
      <div class="modal-dialog">
        <div class="modal-content">

          <!-- 互動視窗頁首 -->
          <div class="modal-header">
```

```
            <h3 class="modal-title">.NET 優質書籍</h3>
            <button type="button" class="close"
                data-bs-dismiss="modal">×</button>
        </div>

        <!-- 互動視窗主體 -->
        <div class="modal-body">
            <img src="images/AEL022900.jpg" width="200" />
            <img src="images/AEL023500.jpg" width="200" />
            <div>
```
　　　　作者連續榮獲十五年 MVP 榮銜，致力於微軟技術的推廣已超過十多年，熱心於社群中分享所學。本書以實務教導、清晰的解說，讓您輕鬆地邁向 ASP.NET MVC 與 C#之路。
```
            </div>
        </div>

        <!-- 互動視窗頁尾 -->
        <div class="modal-footer">
            <button type="button" class="btn btn-primary">
                確定
            </button>
            <button type="button" class="btn btn-secondary"
                data-bs-dismiss="modal">取消</button>
        </div>
    </div>
  </div>
  </div>

  </div>
...略...
```

執行結果如右圖：

15.4　手風琴組件(Bootstrap Collapse)

　　手風琴組件是以多個折疊效果的區域所組成的，在 Bootstrap 5 中每一個折疊效果的區域是使用卡片所組成的，手風琴預設會顯示第一個卡片 (card)，卡片可設定頁首 (class="card-header") 和主體 (class="card-body") 區域，當點選其他卡片頁首，即展開該卡片的折疊區域，同時關閉其他卡片區域；卡片頁首 <button> 元素的 data-bs-target 屬性，指定要開啟折疊的區域，該區域會內含卡片的主體區域。手風琴組件架構如下所示：

```
<div id="accordion">
    <!--卡片 1-->
    <div class="card">
        <div class="card-header" id="headingOne">
            <h5 class="mb-0">
                <button class="btn" data-bs-toggle="collapse"
                    data-bs-target="#collapseOne" aria-expanded="true"
                        aria-controls="collapseOne">
                    卡片頁首
                </button>
            </h5>
        </div>
        <div id="collapseOne" class="collapse show"
            aria-labelledby="headingOne"
            data-bs-parent="#accordion">
            <div class="card-body">
                卡片主體
            </div>
        </div>
    </div>
    .......
    .......
    <!--卡片 2-->
    <!--卡片 3-->
    .......
    .......
    </div>
</div>
```

手風琴組件　卡片　卡片頁首區域　卡片主體區域

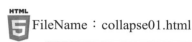 建立手風琴組件內含三個卡片(card)，此三個卡片(card)元件用來放置 ASP.NET MVC、C#與 C&C++書籍的介紹，如下所示：

FileName：collapse01.html

```html
...略...
  <link href="css/bootstrap.min.css" rel="stylesheet" />
  <script src="jquery-3.7.1.min.js"></script>
  <script src="js/bootstrap.bundle.min.js"></script>
  <style>
    img{
       float:left;
       width:240px;
    }
  </style>
</head>
<body>

  <div class="container" style="margin-top:20px;">
    <h3>碁峰優質好書</h3>
    <!--手風琴組件(折疊效果群組組件)-->
    <div id="accordion">
      <!--卡片-->
      <div class="card">
        <div class="card-header" id="headingOne">
          <h5 class="mb-0">
            <button class="btn" data-bs-toggle="collapse"
                data-bs-target="#collapseOne" aria-expanded="true"
                aria-controls="collapseOne">
                跟著實務學習 ASP.NET MVC 5.x-打下前進
                ASP.NET Core 的基礎
            </button>
          </h5>
        </div>
        <div id="collapseOne" class="collapse show"
            aria-labelledby="headingOne" data-bs-parent="#accordion">
            <div class="card-body">
              <img src="images/AEL022900.jpg" />
              <br />本書由微軟 MVP、微軟認證專家、資策會外聘講師
與科技大學教師共同編著，著重於實務經驗操作、沒有艱澀的理論空
談。讓初學者照本書範例從做中學，快速上手以至臻境。
            </div>
        </div>
```

```
        </div>
      <!--卡片-->
      <div class="card">
        <div class="card-header" id="headingTwo">
          <h5 class="mb-0">
            <button class="btn collapsed" data-bs-toggle="collapse"
              data-bs-target="#collapseTwo" aria-expanded="false"
              aria-controls="collapseTwo">
              Visual C# 2022 碁峰必修課
            </button>
          </h5>
        </div>
        <div id="collapseTwo" class="collapse"
          aria-labelledby="headingTwo" data-bs-parent="#accordion">
          <div class="card-body">
            <img src="images/AEL025300.jpg"  />
            <br />由微軟 MVP、大學教師以及 MCSD、MCPD 認證專
家共同編著,並由大學教授程式設計教師提供寶貴意見與審校,是一本
適合大專院校教學,以及 MTA、MCP、MCPD、MCSD 認證課程的先修
教材。內容豐富,範例操作與解說皆有圖例、分析與詳細說明,讓初學
者學習完全無障礙。
          </div>
        </div>
      </div>
      <!--卡片-->
      <div class="card">
        <div class="card-header" id="headingThree">
          <h5 class="mb-0">
            <button class="btn collapsed" data-bs-toggle="collapse"
              data-bs-target="#collapseThree" aria-expanded="false"
              aria-controls="collapseThree">
              C & C++程式設計經典
            </button>
          </h5>
        </div>
        <div id="collapseThree" class="collapse"
          aria-labelledby="headingThree" data-bs-parent="#accordion">
          <div class="card-body">
            <img src="images/AEL023500.jpg" />
            <br />由微軟 MVP、大學教師共同編著,並由大學教授程
式設計教師提供寶貴意見與審校。範例淺顯易懂且具代表性與實用性,
非常適合教學與自修,是一本 C&C++程式設計的最佳入門進階書。書中
介紹如何在 Dev C++與 Visual Studio 2019 的環境下開發 C&C++程式,
```

並詳實告知在不同的開發環境下撰寫 C&C++應注意的地方，以最輕鬆的
方式學習 C&C++程式設計。

```
            </div>
          </div>
        </div>
      </div>
    </div>
...略...
```

執行結果如下圖：

15.5　實例-科技公司資訊網站

利用第 14 與 15 章所學到的 Bootstrap 元件的功能，如格線系統、導覽列、圖片
輪播、縮圖元件...等功能，用來製作一個擁有 RWD 的科技公司資訊網站。

網頁架構

網頁皆使用了 Bootstrap 元件與組件，如下圖所示：

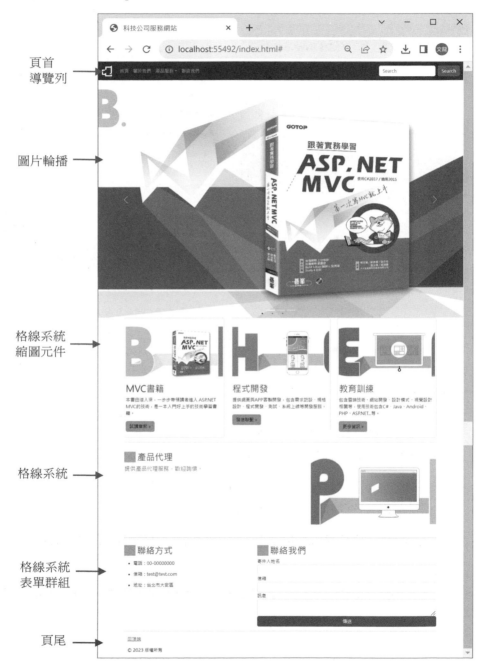

頁首
導覽列

圖片輪播

格線系統
縮圖元件

格線系統

格線系統
表單群組

頁尾

手機時呈現畫面如下：

網站說明如下：

1. 頁首以導覽列表示，放入了 logo、首頁、關於我們、產品服務、聯絡我們以及搜尋功能，產品服務裡使用了下拉式選單，可以選擇其他功能。

2. 照片或是產品的資訊可以放置在圖片輪播裡，讓使用者不僅可以馬上了解此網頁所要主打的內容，同時還能豐富網站的視覺。

3. 以往條列式顯示產品的複雜資訊，使用縮圖元件把產品資訊縮減，變成簡單而美觀的網站。

4. 聯絡我們以及聯絡方式，可讓使用者清楚知道聯繫網站人員的相關資訊。

上機練習

Step 01　建立科技公司資訊網站，同時將 Bootstrap 套件與 jQuery 函式放入網站內，最後再將書附範例 DTC 資料夾下的 images 資料夾，複製到目前網站下。

Step 02　新增 index.html 網頁。

Step 03　在 index.html 套用 Bootstrap 與 jQuery，同時再設計.title2 類別樣式，此樣式會呈現 ■ 青色的矩形區塊。

程式碼　FileName:index.html

```
01  <!DOCTYPE html>
02  <html>
03  <head>
04      <title>科技公司網站</title>
05      <meta charset="utf-8" />
06      <link href="css/bootstrap.min.css" rel="stylesheet" />
07      <script src="jquery-3.7.1.min.js"></script>
08      <script src="js/bootstrap.bundle.min.js"></script>
09
10      <style>
11          .title2 {
12              padding-left:5px;
13              margin-top:10px;
14              border-left-style:solid;
15              border-left-color:mediumturquoise;
16              border-left-width:40px;
17          }
18      </style>
19
20  </head>
21  <body>
22  <body>
23  <html>
```

Step 04　設計網頁的頁首與導覽區段：

程式碼　FileName:index.html

...略...

21	`<body>`
22	`<!--頁首-->`
23	`<header>`
24	`<!--巡覽列-->`
25	`<nav class="navbar navbar-expand-sm navbar-dark bg-dark">`
26	`<div class="container-fluid">`
27	`<a class="navbar-brand" href="#">`
	`<img src="images/logo.png" style="width:40px;" /></a>`
28	`<button class="navbar-toggler" type="button"`
	`data-bs-toggle="collapse" data-bs-target="#mynavbar">`
29	`<span class="navbar-toggler-icon"></span>`
30	`</button>`
31	`<div class="collapse navbar-collapse" id="mynavbar">`
32	`<ul class="navbar-nav me-auto">`
33	`<li class="nav-item">`
34	`<a class="nav-link" href="#">首頁</a>`
35	`</li>`
36	`<li class="nav-item">`
37	`<a class="nav-link" href="#">關於我們</a>`
38	`</li>`
39	`<li class="nav-item dropdown">`
40	`<a class="nav-link dropdown-toggle"`
	`href="#" role="button" data-bs-toggle="dropdown">產品服務</a>`
41	`<ul class="dropdown-menu">`
42	`<li><a class="dropdown-item" href="#">技術書籍</a></li>`
43	`<li><a class="dropdown-item" href="#">程式開發</a></li>`
44	`<li><a class="dropdown-item" href="#">產品代理</a></li>`
45	`</ul>`
46	`</li>`
47	`<li class="nav-item">`
48	`<a class="nav-link" href="#">聯絡我們</a>`
49	`</li>`
50	`</ul>`
51	`<form class="d-flex">`
52	`<input class="form-control me-2"`
53	`type="text" placeholder="Search">`
54	`<button class="btn btn-primary"`
55	`type="button">Search</button>`
56	`</form>`

57	`</div>`
58	`</div>`
59	`</nav>`
60	`</header>`
61	`<body>`
62	`<html>`

上面程式執行結果如下圖：

Step 05　設計網頁的圖片輪播組件：

程式碼　FileName:index.html

...略...

61	`<!--圖片輪播-->`
62	`<div id="myCarousel" class="carousel slide" data-bs-ride="carousel">`
63	`    <ul class="carousel-indicators">`
64	`        <li data-bs-target="#myCarousel" data-bs-slide-to="0"`
	`            class="active"></li>`
65	`        <li data-bs-target="#myCarousel" data-bs-slide-to="1"></li>`
66	`        <li data-bs-target="#myCarousel" data-bs-slide-to="2"></li>`
67	`    </ul>`
68	`    <div class="carousel-inner">`
69	`        <div class="carousel-item active">`
70	`            <img src="images/slide1.jpg" class="d-block w-100">`
71	`        </div>`
72	`        <div class="carousel-item">`
73	`            <img src="images/slide2.jpg" class="d-block w-100">`
74	`        </div>`
75	`        <div class="carousel-item">`
76	`            <img src="images/slide3.jpg" class="d-block w-100">`
77	`        </div>`
78	`    </div>`
79	`    <a class="carousel-control-prev" data-bs-target="#myCarousel"`
80	`        href="#" data-bs-slide="prev">`

15-19

81	`        <span class="carousel-control-prev-icon"></span>`
82	`    </a>`
83	`    <a class="carousel-control-next" data-bs-target="#myCarousel"`
84	`        href="#" data-bs-slide="next">`
85	`        <span class="carousel-control-next-icon"></span>`
86	`    </a>`
87	`</div>`
88	`<body>`
89	`<html>`

上面程式執行結果如右圖：

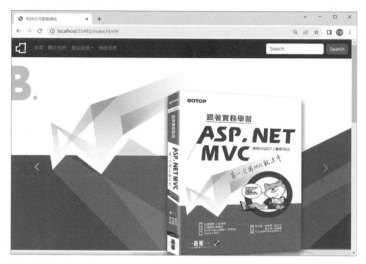

Step 06 建立容器，同時在容器內設計格線系統與縮圖元件區域，用來顯示公司服務項目與產品：

<HTML> **程式碼** FileName:index.html

...略...

88	`    <!--容器-->`
89	`    <div class="container marketing">`
90	`        <!--格線系統，縮圖元件-->`
91	`        <div class="row">`
92	`            <div class="col-12 col-sm-4">`
93	`                <div class="img-thumbnail">`
94	`                    <img class="rounded" src="images/portfolio-img1.jpg"` `                        style="max-width:100%">`

95	`<h2>MVC 書籍</h2>`
96	`<p>`本書由淺入深，一步步帶領讀者進入 ASP.NET MVC 的技術，是一本入門好上手的技術學習書籍。`</p>`
97	`<p><a class="btn btn-info" href="#">`試讀章節 `&raquo;` `</a></p>`
98	`</div>`
99	`</div>`
100	`<div class="col-12 col-sm-4">`
101	`<div class="img-thumbnail">`
102	`<img class="rounded"` `src="images/portfolio-img2.jpg"` `style="max-width:100%">`
103	`<h2>`程式開發`</h2>`
104	`<p>`提供網頁與 APP 客製開發，包含需求訪談、規格設計、程式開發、測試、系統上線等開發服務。`</p>`
105	`<p><a class="btn btn-info" href="#">` Google Play `&raquo;</a></p>`
106	`</div>`
107	`</div>`
108	`<div class="col-12 col-sm-4">`
109	`<div class="img-thumbnail">`
110	`<img class="rounded"` `src="images/portfolio-img3.jpg"` `style="max-width:100%">`
111	`<h2>`教育訓練`</h2>`
112	`<p>`包含雲端技術、網站開發、設計模式、視覺設計相關等，使用技術包含 C#、Java、Android、PHP、ASP.NET...等。`</p>`
113	`<p><a class="btn btn-info" href="#">`更多資訊 `&raquo;</a></p>`
114	`</div>`
115	`</div>`
116	`</div>`
117	`<hr>`
118	`<div class="row featurette">`
119	`<div class="col-md-7">`
120	`<h2 class="title2">`產品代理`</h2>`
121	`<p class="lead">`提供產品代理服務，歡迎詢價。`</p>`

122	`            </div>`
123	`            <div class="col-md-5">`
124	`                <img src="images/portfolio-img4.jpg">`
125	`            </div>`
126	`        </div>`
127	`        <hr>`
128	`    </div>`
129	`<body>`
130	`<html>`

上面程式執行結果如下圖：

Step 07 　在容器內新增聯絡區域，該區域使用格線系統建立，其中聯絡方式佔 5 欄，聯絡我們表單佔 7 欄，程式碼如下所示：

程式碼　FileName:index.html

`...略...`

88	`    <!--容器-->`
89	`    <div class="container marketing">`
	`...略...`
127	`        <hr>`
128	`        <div class="row featurette">`
129	`            <div class="col-md-7 order-md-2">`
130	`                <h2 class="title2">聯絡我們</h2>`

```
131                    <div class="form-group">
132                        <label for="txtName">寄件人姓名</label>
133                        <input type="text" class="form-control"
                               name="txtName" id="txtName" required>
134                    </div>
135                    <div class="form-group">
136                        <label for="txtEmail">信箱</label>
137                        <input type="email" class="form-control"
                               name="txtEmail" id="txtEmail" required>
138                    </div>
139                    <div class="form-group">
140                        <label for="msg">訊息</label>
141                        <textarea class="form-control" required></textarea>
142                    </div>
143                    <button type="submit" class="btn btn-primary"
                           style="width:100%;">傳送</button>
144                </div>
145                <div class="col-md-5 order-md-1">
146                    <h2 class="title2">聯絡方式</h2>
147                    <ul>
148                        <li style="margin-top:15px;">電話：00-00000000</li>
149                        <li style="margin-top:15px;">
                               信箱：test@test.com</li>
150                        <li style="margin-top:15px;">
                               地址：台北市大安區</li>
151                    </ul>
152                </div>
153            </div>
154            <hr>
155        </div>
156 <body>
157 <html>
```

上面程式執行結果如下圖：

Step 08 最後在容器下方新增頁尾區域

程式碼 FileName:index.html

```
...略...
158        <!--頁尾-->
159        <footer class="container">
160            <p class="float-right"><a href="#">回頂端</a></p>
161            <p>&copy; 2023 版權所有</p>
162        </footer>
163 <body>
164 <html>
```

Step 09 測試網頁

　　可以將每一個小元件或組件組合成一個完成的網頁，例如把以上建置的頁首導覽列、圖片輪播、格線系統、縮圖元件、聯絡我們表單區域、頁尾整合起來，就完成了使用 Bootstrap 所製作的響應式網頁。

16 jQuery Mobile 跨平台網頁設計

▶ 學習目標

jQuery 推出的 jQuery Mobile 讓熟悉網頁開發與 Web 技術的開發人員能用原本熟悉的技術開發出跨平台網站,本節將介紹 jQuery Mobile 的開發架構與網頁常用元件。讓開發人員透過網頁開發技術也能設計跨平台行動網站。

16.1 App 開發技術與 jQuery Mobile 簡介

在行動裝置普及的世代,各大手機品牌皆推出自家的作業系統在市場上互相競爭,例如:iOS、Android 等手機作業系統與各種不同的機型,讓消費者有更多樣化的選擇,但也因為如此,手機應用程式開發技術相當多樣化,開發人員面對不同平台就需要使用不同的技術與開發工具;例如開發 iOS App 必須使用 Swift 或 Objective-C 且要購買 Mac 電腦,開發 Android App 須使用 Java 與 Android SDK。至於 App 開發方法主要分為以下兩大類:

1. Native App:稱為原生應用程式,主要使用原生的程式語言進行開發,譬如:Android App 使用 Java、iOS App 使用 Swift 與 Objective-C。此類 App 最大優點就是速度快、可完整支援硬體裝置;但缺點就是無跨平台能力、開發人員必須學習該系統的專用語言。

2. Web App:簡單的說就是使用 HTML5、CSS3 與 JavaScript 建置行動網站,Web App 透過內嵌瀏覽器執行,同時利用 Web 技術實作出行動裝置上功能。最大優點是使用 Web 標準技術、所以可以達成跨平台;缺點就是執行速度不如 Native App,API 功能有限,無法呼叫硬體功能。

大部份網頁開發人員對 Web 技術比較熟悉,因此在跨入 App 開發時,可以先設計 Web App 來測試產品是否可應用在行動裝置上,等到產品成熟了再決定開發成 Native App。本章先介紹 jQuery 推出的 jQuery Mobile 來製作跨平台的行動裝置網頁,讓開發人員透過 jQuery Mobile 套件設計出跨平台 Web App(即行動網頁),同時支援 iOS、Android 與各類瀏覽器。jQuery Mobile 網址為「https://jquerymobile.com」。

16.2 jQuery Mobile 開發

16.2.1 下載 jQuery Mobile 函式庫

開發 jQuery Mobile 網頁首要條件就是引用 jQuery Mobile 函式庫,而函式庫的底層主要透過 jQuery 函式庫所撰寫,所以開發 jQueryMobile 行動網頁之前必須先引用 jQuery 函式庫，下面將介紹如何下載 jQuery 與 jQuery Mobile 相關函式庫檔案，並說明檔案內容。步驟如下所示：

操作步驟

Step 01　下載 jQuery 函式庫

需注意的是，在 jQuery Mobile 網站中知道 jQuery 函式庫版本最多只能支援到 2.1 以下的版本，比起在第 12 章中所下載的 jquery-3.7.1.min.js 版本還要舊。

還好 jQuery 還是有提供較舊的 jquery-1.11.1.min.js 版本，且完全與 jQuery Mobile 函式庫最新版本 1.4.5 相容，請連上「https://code.jquery.com/jquery-1.11.1.min.js」，下載 jquery-1.11.1.min.js 函式庫。

Step 02　下載 jQuery Mobile 函式庫

連結到「https://jquerymobile.com/download/」網站，然後點選「Zip File: jquery.mobile-1.4.5.zip」連結文字，下載 1.4.5 版 jQuery Mobile 函式庫。

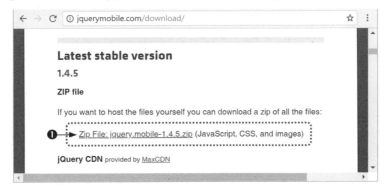

Step 03 解壓縮 jQuery Mobile 函式庫

請將 jquery.mobile-1.4.5.zip 放到「C:\html5\jQueryMobile 函式庫」資料夾下解壓縮,該資料夾中的檔案如下圖所示。其中 jquery.mobile-1.4.5.min.css、jquery.mobile-1.4.5.min.js 是 jQuery Mobile 主要函式庫;images 資料夾存放 jQuery Mobile 使用的圖檔;至於 demos 資料夾內是 jQuery Mobile 的範例程式。

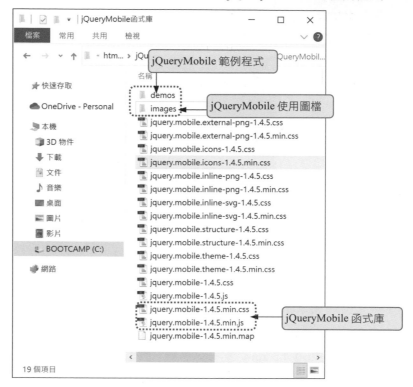

16.2.2 引用 jQuery Mobile 函式庫

jQuery 與 jQuery Mobile 函式庫準備好之後,接著依下面步驟學習如何引用這些函式庫。

操作步驟

Step 01 建立名稱為 ch16 的網站,建立名稱 FirstJQM.html

Step 02　網站中加入 jQuery Mobile 函式庫

請將「C:\html5\jQueryMobile 套件」資料夾下的 jquery.mobile-1.4.5.min.css 、 jquery.mobile-1.4.5.min.js、images 資料夾和上節下載的 https://code.jquery.com/ jquery-1.11.1.min.js 檔複製到 ch16 網站下。(書附範例亦提供上述檔案)

Step 03　在網站中新增 FirstJQM.html 網頁

Step 04　在網頁中引用 jQuery 與 jQuery Mobile 函式庫

在 <head>~</head> 標籤中使用 <script> 標籤來引用 1.11.1 版本的 jQuery 函式庫以及引用剛剛所新增的 jQuery Mobile 函式庫檔案，使該網頁可以使用 jQuery 函式與 jQuery Mobile 套件來開發跨平台行動網頁。

程式碼　FileName:FirstJQM.html

```
01  <!DOCTYPE html>
02  <html>
03  <head>
04      <meta charset="utf-8" />
05      <meta name="viewport" content="width=device-width, initial-scale=1">
06      <title></title>
07      <script src="jquery-1.11.1.min.js"></script>
08      <script src="jquery.mobile-1.4.5.min.js"></script>
09      <link href="jquery.mobile-1.4.5.min.css" rel="stylesheet" />
10  </head>
11  <body>
12
13  </body>
14  </html>
```

設定螢幕寬度是裝置的寬度，畫面載入初始時縮放比例指定為 100%

注意 jQuery 函式庫引入位置，必需在 jQuery Mobile 函式庫之前，套件才可以正常初始化，否則將會出現錯誤。

Step 05 撰寫行動網站頁面程式碼

撰寫如下灰底處程式碼，在網頁上建立一個行動裝置的頁面 (data-role="page")，行動裝置的頁面可以放置頁首 (data-role="header")、內容 (data-role="content") 以及頁尾 (data-role="footer") 三個區域。

〈HTML〉程式碼 FileName:FirstJQM.html

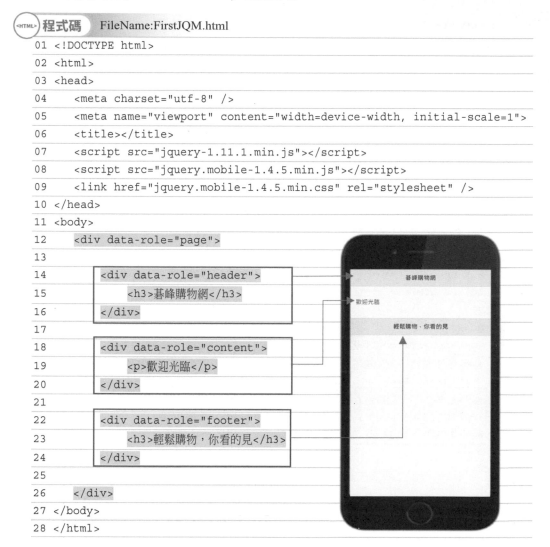

```
01  <!DOCTYPE html>
02  <html>
03  <head>
04      <meta charset="utf-8" />
05      <meta name="viewport" content="width=device-width, initial-scale=1">
06      <title></title>
07      <script src="jquery-1.11.1.min.js"></script>
08      <script src="jquery.mobile-1.4.5.min.js"></script>
09      <link href="jquery.mobile-1.4.5.min.css" rel="stylesheet" />
10  </head>
11  <body>
12      <div data-role="page">
13
14          <div data-role="header">
15              <h3>碁峰購物網</h3>
16          </div>
17
18          <div data-role="content">
19              <p>歡迎光臨</p>
20          </div>
21
22          <div data-role="footer">
23              <h3>輕鬆購物，你看的見</h3>
24          </div>
25
26      </div>
27  </body>
28  </html>
```

16.3　jQuery Mobile 網頁架構

　　jQuery Mobile 行動網頁是由一個或一個以上的頁面 (page) 組合而成，頁面主要可放置首頁 (header)、內容 (content)、頁尾 (footer) 三個區域，而頁面和三個區域都是在 <div> 標籤中使用 data-role 屬性來定義的，其說明如下表所示：

data-role 屬性值	說明
data-role="page"	定義區塊為顯示在瀏覽器中的頁面。
data-role="header"	定義區塊為上方的頁首 (標題、按鈕)。
data-role="content"	定義區塊為頁面中的內容，內容可加入各種不同元素。
data-role="footer"	定義區塊為下方的頁尾。

　　首頁與首尾的 <div> 標籤可再指定 data-position="fixed"。data-position="fixed" 若設定在頁首，則頁首區域會永遠顯示在頁面的最上方；data-position="fixed" 若設定在頁尾，則頁尾區域會永遠顯示在頁面的最下方。例如 jqm01.html 在頁尾 <div> 中加入 data-position="fixed"，結果該頁面的頁尾置於最下方。

```
<div data-role="page" id="page-main">
    <div data-role="header">
        <h3>碁峰購物網</h3>
    </div>                          Ⓐ頁首

    <div data-role="content">
        <p>歡迎光臨</p>
    </div>                          Ⓑ內容

    <div data-role="footer"
            data-position="fixed">
        <h3>輕鬆購物，你看的見</h3>   Ⓒ頁尾
    </div>
</div>
```

16.4 | jQuery Mobile 網頁常用元件

16.4.1 網路資源連結

jQuery Mobile 的頁面切換與超連結功能皆可以使用 \<a\> 標籤設定,只要將 href 屬性指定到下表所要連結的網路資源即可。

href 屬性值	連結功能
href="tel:電話號碼或行動電話"	指定播打電話
href="sms:行動電話?body=簡訊內容"	指定發送簡訊
href="mailto:信箱?subject=標題&body=內容"	傳送電子郵件。
href="網頁檔名"	連結指定的網頁。
href="#id 識別名稱"	切換至指定 id 的 \<div\> 頁面。

Ex 01 在 jQueryMobile 行動網頁中建立 page-main 和 page-present 兩個頁面, page-main 的連結可切換到 page-present 頁面,在 page-present 頁面中可指定撥打電話,發送簡訊、寄送電子信箱以及返回 page-main 頁面的連結。

FileName:jqm02.html

```
<div data-role="page" id="page-main">
   <div data-role="header"><h3>碁峰購物網</h3></div>
   <div data-role="content">
      <p>歡迎光臨</p>
      <a href="#page-present">前往聯絡方式</a>
   </div>
   <div data-role="footer" data-position="fixed">
      <h3>輕鬆購物,你看的見</h3>
   </div>
</div>
<div data-role="page" id="page-present">
   <div data-role="header"><h3>聯絡方式</h3></div>
   <div data-role="content">
      <p>1. <a href="tel:0227882408">聯絡碁峰</a></p>
      <p>2. <a href="sms:0926123456?body=簡訊測試">發送簡訊</a></p>
```

```
       <p>3. <a href="mailto:customer@gotop.com.tw?subject=讀者來信
&body=關於書籍問題">讀者來信</a></p>
       <p>
         <a href="#page-main" data-role="button">返回</a>
       </p>
     </div>
     <div data-role="footer" data-position="fixed">
       <h3>輕鬆購物，你看的見</h3>
     </div>
   </div>
```

執行結果如下，當在左下圖按下「前往聯絡方式」連結文字；如右下圖就會連接到 id 為 page-present 的 page 頁面。

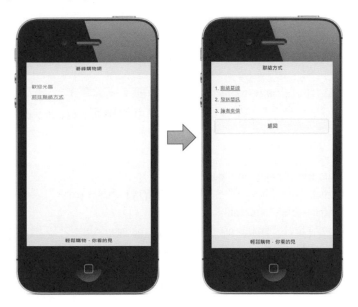

16.4.2 頁面切換特效

jQuery Mobile 行動網頁在頁面切換的動作中，<a> 標籤提供了頁面切換轉場動畫的 data-transition 屬性，透過此屬性可在切換頁面時，呈現各式各樣華麗的動畫效果。data-transition 屬性可使用的切換頁面效果如下表說明：

data-transition 屬性值	切換頁面效果
data-transition="slide"	切換頁面由右方滑入。(預設值)
data-transition="slideup"	切換頁面由下方滑入。
data-transition="slidedown"	切換頁面由上方滑入。
data-transition="pop"	使用彈出效果進行切換頁面。
data-transition="fade"	使用淡入淡出方式進行切換頁面。
data-transition="flip"	使用 3D 翻轉方式進行切換頁面。
data-rel="dialog"	使用對話方塊的方式彈出新的頁面。
data-ajax="false"	取消 Ajax 並連結到指定的新網頁。若傳送資料到另一個網頁時，建議採用此種方式。
data-direction="reverse"	按照 data-transition 設定，給予相反的效果。通常使用在返回上一步驟或上一頁的連結中。

Ex 01 延續上例在 page-main 頁面新增各種不同效果的切換頁面功能，如右方滑入、下方滑入、彈出效果...等 7 個可切換到 page-present 頁面的連結。

FileName：jqm03.html

```
<div data-role="page" id="page-main">
  <div data-role="header"><h3>碁峰購物網</h3></div>
  <div data-role="content">
    <p><a href="#page-present" data-transition="slide">右方滑入</a></p>
    <p><a href="#page-present" data-transition="slideup">
        下方滑入</a></p>
    <p><a href="#page-present" data-transition="slidedown">
        上方滑入</a></p>
    <p><a href="#page-present" data-transition="pop">彈出效果</a></p>
    <p><a href="#page-present" data-transition="fade">淡入淡出</a></p>
    <p><a href="#page-present" data-transition="flip">翻頁效果</a></p>
    <p><a href="#page-present" data-rel="dialog">對話方塊</a></p>
    <p>
      <a href="https://www.facebook.com/gotop/" data-ajax="false">
        碁峰粉絲專頁
      </a>
    </p>
```

```
    </div>
    <div data-role="footer" data-position="fixed">
        <h3>輕鬆購物，你看的見</h3>
    </div>
</div>
<div data-role="page" id="page-present">
    <div data-role="header"><h3>聯絡方式</h3></div>
    <div data-role="content">
        <p>1. <a href="tel:0227882408">聯絡碁峰</a></p>
        <p>2. <a href="sms:0926123456?body=簡訊測試">發送簡訊</a></p>
        <p>3. <a href="mailto:customer@gotop.com.tw?subject=讀者來信
&body=關於書籍問題">讀者來信</a></p>
        <p>
            <a href="#page-main" data-role="button">返回</a>
        </p>
    </div>
    <div data-role="footer" data-position="fixed">
        <h3>輕鬆購物，你看的見</h3>
    </div>
</div>
```

　　執行結果如下，當在左下圖按下「對話方塊」連結文字；如右下圖就會以對話方塊方式呈現 page-present 頁面。

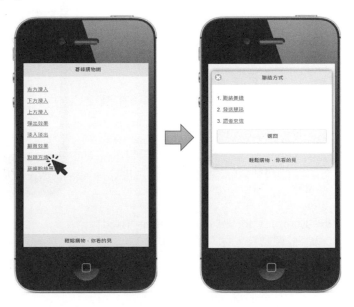

16.4.3 ListView 清單元件

資料列表是行動網頁或 App 最常使用的呈現方式之一，在 jQueryMobile 中提供 ListView 清單元件可以列表出項目，做法就是在<ul>標籤中指定 data-role="listview"，此時<ul>即變成 ListView 清單元件，而<li>標籤即可用來指定 ListView 清單中的每一個項目；而在清單中還可以使用<span class="ui-li-count"> ~</span>標籤來設計清單項目的提示氣泡。

Ex 01 在頁面中建立 ListView 清單元件，清單中的項目顯示使用者的購物車、待出貨、購買紀錄與退貨紀錄等資訊；同時在購物車和待出貨項目中使用提示氣泡。

HTML
5 FileName：jqm04.html

```
<div data-role="page" id="page-main">
  <div data-role="header"><h3>碁峰購物網</h3></div>
  <div data-role="content">
    <ul data-role="listview">
      <li>
        <a href="#">
          購物車
          <span class="ui-li-count">3</span>
        </a>
      </li>
      <li>
        <a href="#">
          待出貨
          <span class="ui-li-count">1</span>
        </a>
      </li>
      <li><a href="#">購買紀錄</a></li>
      <li><a href="#">退貨紀錄</a></li>
    </ul>
  </div>
  <div data-role="footer" data-position="fixed">
    <h3>輕鬆購物，你看的見</h3>
  </div>
</div>
```

　　ListView 清單元件另外還可以使用圓角外框來進行呈現，其做法就是在 <ul> 標籤中加入 data-inset="true"；而清單項目若要變成標題來進行區隔，只要在 <li> 標題中加上 data-role="list-divider" 即可。

Ex 02　在頁面中建立購物專區與會員專區兩個 ListView 清單元件，清單元件以圓角外框呈現。

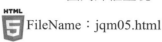FileName：jqm05.html

```
<div data-role="page" id="page-main">
  <div data-role="header"><h3>碁峰購物網</h3></div>
  <div data-role="content">
    <ul data-role="listview" data-inset="true">
      <li data-role="list-divider">購物專區</li>
      <li><a href="#">購物車<span class="ui-li-count">3</span></a></li>
      <li><a href="#">待出貨<span class="ui-li-count">1</span></a></li>
      <li><a href="#">購買紀錄</a></li>
      <li><a href="#">退貨紀錄</a></li>
    </ul>
    <ul data-role="listview" data-inset="true">
      <li data-role="list-divider">會員專區</li>
      <li><a href="#">我的評價<span class="ui-li-count">8</span></a></li>
      <li><a href="#">留言紀錄<span class="ui-li-count">32</span></a></li>
      <li><a href="#">瀏覽紀錄</a></li>
      <li><a href="#">更新資料</a></li>
    </ul>
  </div>
  <div data-role="footer" data-position="fixed">
    <h3>輕鬆購物，你看的見</h3>
  </div>
</div>
```

執行結果如下圖所示：

ListView 清單元件
呈現圓角外框

項目以標題呈現

　　在清單中呈現圖片能讓列表項目更加豐富，做法就是在 <li> 標籤中使用 <img> 標籤來顯示圖片，圖片大小建議寬高要一樣大；使用 <h3> 標籤顯示標題；使用 <p> 標籤來顯示該項目的說明。

Ex 03　ListView 清單元件中顯示 iPhone 15 和 OPPO A98 兩筆產品記錄，產品項目中的資料為手機圖片，手機名稱和單價。

HTML5 FileName：jqm06.html

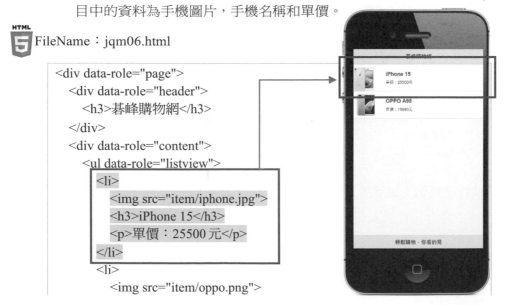

```
<div data-role="page">
   <div data-role="header">
      <h3>碁峰購物網</h3>
   </div>
   <div data-role="content">
      <ul data-role="listview">
         <li>
            <img src="item/iphone.jpg">
            <h3>iPhone 15</h3>
            <p>單價：25500 元</p>
         </li>
         <li>
            <img src="item/oppo.png">
```

```
          <h3>OPPO A98</h3>
          <p>單價：15990 元</p>
        </li>
      </ul>
    </div>
    <div data-role="footer" data-position="fixed">
      <h3>輕鬆購物，你看的見</h3>
    </div>
  </div>
```

　　購物網站中搜尋功能是必備的，有了搜尋功能可以讓使用者以關鍵字進行搜尋產品，在 ListView 清單元件亦提供搜尋功能。只要在<ul>標籤中指定 data-filter="true"，此時清單元件上方會顯示搜尋文字欄，同時再指定 data-filter-placeholder="請輸入關鍵字"，則可在搜尋文字欄設定浮水印的提示文字。

Ex 04　延續上例，在 ListView 清單元件上設定搜尋文字欄，讓使用者可以使用關鍵字進行搜尋產品。

FileName：jqm07.html

```
<div data-role="page">
  <div data-role="header">
    <h3>碁峰購物網</h3>
  </div>
  <div data-role="content">
    <ul data-role="listview"
        data-filter="true"
        data-filter-placeholder="請輸入關鍵字">
      <li>
        <img src="item/iphone.jpg">
        <h3>iPhone 15</h3>
        <p>單價：25500 元</p>
      </li>
      <li>
        <img src="item/oppo.png">
        <h3>OPPO A98</h3>
        <p>單價：15990 元</p>
      </li>
    </ul>
```

```
    </div>
    <div data-role="footer" data-position="fixed">
        <h3>輕鬆購物，你看的見</h3>
    </div>
</div>
```

執行結果如下圖所示：

搜尋文字欄出現
浮水印提示文字

輸入產品的關鍵
字馬上顯示和關
鍵字有關的項目

16.4.4 可摺疊區塊元件

jQueryMobile 提供可摺疊區塊元件可用來將某個主題的相關資訊內容摺疊起來，當按下該主題連結時即展開呈現其內容，最大的好處是可進行收納較多的資訊。只要在 <div> 標籤內指定 data-role="collapsible"，此時該標籤內的 <h3> 的內容即會變成可摺疊區塊的主題，而內層的<div>即是可展開與收納的可摺疊區塊內容。

Ex 01 建立可折疊區塊，當按下商品介紹即可展開呈現 iPhone 15 的完整資訊。

FileName：jqm08.html

```
<div data-role="page">
    <div data-role="header">
        <h3>碁峰購物網</h3>
    </div>
    <div data-role="content">
        <div data-role="collapsible">
            <h3>商品介紹</h3>          ← 可摺疊區塊
            <div style="text-align:center">    元件的標題
                <p>
                    <img src="item/iphone.jpg"   style="max-width:90%" />
                </p>
                <p>iPhone 15</p>
                <p>單價：25500</p>
            </div>
        </div>
    </div>
    <div data-role="footer" data-position="fixed">
        <h3>輕鬆購物，你看的見</h3>
    </div>
</div>
```

可摺疊區塊
元件

執行結果如下圖所示：

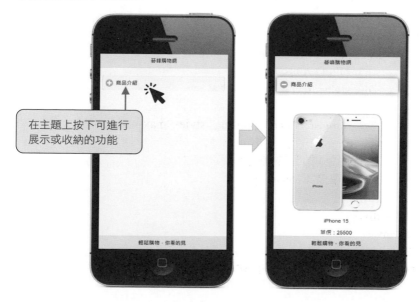

在主題上按下可進行
展示或收納的功能

16-17

16.4.5 可摺疊區塊群組元件

將多個可摺疊區塊放入 <div data-role="collapsible-set">~</div> 標籤內,這些可摺疊區塊即組成一個群組,稱之為可摺疊區塊群組。

Ex 01 建立可折疊區塊群組,分別放置 iPhone 15 和 OPPO A98 兩筆記錄的完整資訊。

FileName:jqm09.html

```
<div data-role="page">
  <div data-role="header">
    <h3>碁峰購物網</h3>
  </div>
  <div data-role="content">
    <div data-role="collapsible-set">          將可摺疊區塊放入此
      <div data-role="collapsible">             標籤內即形成群組
        <h3>iPhone 15</h3>
        <div style="text-align:center">
          <p>
            <img src="item/iphone.jpg" style="max-width:90%" />
          </p>
          <p>潮哥必備</p>
          <p>單價:25500</p>
        </div>
      </div>
      <div data-role="collapsible">
        <h3>OPPO A98</h3>
        <div style="text-align:center">
          <p>
            <img src="item/oppo.png" style="max-width:90%" />
          </p>
          <p>最強拍照神機</p>
          <p>單價:15990</p>
        </div>
      </div>
    </div>
  </div>
  <div data-role="footer" data-position="fixed">
```

```
            <h3>輕鬆購物，你看的見</h3>
          </div>
        </div>
```

執行結果如右圖所示：

群組內包含兩個
可摺疊區塊元件

16.4.6 巡覽列元件

巡覽列元件即是一組群組按鈕，在視窗程式、商務網站或 App 中常見其蹤影，jQueryMobile 亦提供此元件。當<div>標籤內指定 data-role="navbar"，此時<ul>和<li>的項目清單即會變成巡覽列，巡覽列可置於頁首、內容與頁尾三個區域中。

Ex 01 延續 jqm07.html 範例，在頁尾建立巡覽列元件，該元件有聯絡我們、會員專區、商品三個按鈕。

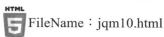FileName：jqm10.html

```
<div data-role="page">
  <div data-role="header">
    <h3>碁峰購物網</h3>
  </div>
  <div data-role="content">
    <ul data-role="listview"
        data-filter="true"
        data-filter-placeholder="請輸入關鍵字">
      <li>
        <img src="item/iphone.jpg">
        <h3>iPhone 15</h3>
```

```
                <p>單價：25500 元</p>
              </li>
              <li>
                <img src="item/oppo.png">
                <h3>OPPO A98</h3>
                <p>單價：15990 元</p>
              </li>
            </ul>
          </div>
          <div data-role="footer" data-position="fixed">
            <div data-role="navbar">          ← 建立巡覽列元件
              <ul>
                <li><a href="#" data-icon="home">聯絡我們</a></li>
                <li><a href="#" data-icon="check">會員專區</a></li>
                <li><a href="#" data-icon="forward">商品</a></li>
              </ul>
            </div>
            <h3>輕鬆購物，你看的見</h3>
          </div>
        </div>
```

執行結果如圖所示：

巡覽列元件有聯絡我們、會員專區、商品三個按鈕

ITS HTML & CSS 國際認證模擬試題【A 卷】

1. 您正在為 Gotop 建立首頁。該頁面使用 JavaScript。若瀏覽器不支援 JavaScript，則必須顯示下面訊息：

   你的瀏覽器沒有支援 Javascript！

   請將 head 元素區的元素移至作答區「①②③④」的屬性值進行配對。head 元素區中的元素可能只使用一次，也可能使用多次，也可能完全用不到。

Head 元素		
`<script>`	`<meta>`	`<title>`
`<noscript>`	`<link>`	`<base>`

作答區	
href="style.css"	①
src="_js/form.js"	②
Gotop	③
你的瀏覽器沒有支援 Javascript！	④

   答案：① _____ ② _____ ③ _____ ④ _____

2. 下面顯示了 The Gotop Food Club 的網頁搜尋結果。

www.thefoodclub.org

The Gotop Food Club

The Gotop Food Club 提供的每道餐點份量都恰到好處，可供您的家人一次享用。我們精心準備的餐點新鮮送達，10-15 分鐘內即可食用。The Gotop Food Club 餐點由訓練有素且屢獲殊榮的廚師設計與準備，採用優質新鮮食材，直送到家。

請依上圖網頁結果回答下面問題。

①當值設為 keyword 時，哪個 meta 屬性會用於產生顯示的搜尋結果？

A. charset	B. content	C. http-equiv	D. name

②哪個 meta 屬性與搜尋結果中產生的文字段落相符？

A. keywords	B. description	C. author	D. viewport

③哪個 meta 屬性會與 name 配對，用於顯示搜尋結果中顯示的文字？

A. content	B. display	C. text	D. type

答案：① ＿＿＿　　　　② ＿＿＿＿　　　　③ ＿＿＿＿

3. 試問如下標籤何者屬於 head 區塊，正確選擇 [是]，錯誤選擇 [否]。

( ) <style> h1 {color:red;} </style>

( ) <title>關於我們</title>

( ) <link rel="stylesheet" href="default.css" />

( ) <h1>歡迎光臨</h1>

( ) <! DOCTYPE html>

4. 您正為 Gotop 建立首頁。您需要確定哪些 HTML 元素可建立簡單網頁。
   請將 HTML 片段中的六個正確片段移至作答區，並按正確順序排列。

HTML 片段

```
<! DOCTYPE html>
```

```
<html>
```

```
<head>
    <title>Gotop</title>
```

```
</head>
```

```
<body>
    <h1>Welcome to Gotop</h1>
    <p>Our new store on 1 Main Street is now open. < /p>
</body>
```

```
</html>
```

```
<title>Gotop</title>
```

```
<h1>Welcome to Gotop</h1>
```

作答區

5. 您正在為 Gotop Sports Corporation 設計一個網頁。

   您需要建立 head 區段。您應該依序使用哪四個標籤片段？

   請將四個正確的標籤片段移至作答區中，然後按照正確的順序排列。

   注意：正確順序不只一種，只要順序正確都可得到分數。

標籤片段
`<h3>Contact Us</h3>`
`<head>`
`</head>`
`<header>New Releases</header>`
`<meta charset="utf-8">`
`<title>About Gotop Sports Corporation</title>`
`<meta enctype="utf-8">`

作答區

6. 您為 Gotop 建立網站。該網站必須在瀏覽器索引標籤上顯示「Gotop」，
   以及顯示標題為「關於我們」。您需要建立該網站的結構。

   請將所有標籤片段移至作答區，並按照正確的順序排列。

標籤片段
`<title>Gotop </title>`
`<head>`
`</head>`

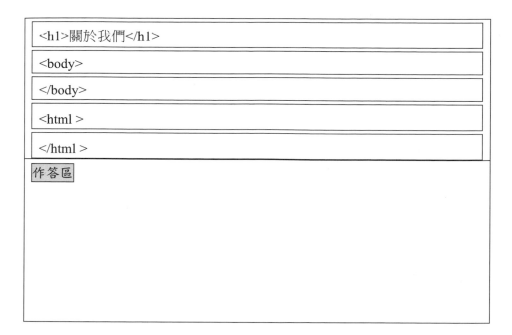

```
<h1>關於我們</h1>
```

```
<body>
```

```
</body>
```

```
<html >
```

```
</html >
```

作答區

7. 請分析下面網頁中的 CSS：

```
<! DOCTYPE html>
<html>
    <head>
      <style>
        p {
           background-color: blue;
        }
        .light {
           background-color: yellow;
        }
        light p {
           background-color: green;
        }
      </style>
    </head>
    <body style="background-color: pink">
      <div class="light">
        <p>JavaScript 基礎必修課</p>
      </div>
```

```
      </body>
</html>
```

文字「JavaScript 基礎必修課」的結果背景顏色為何？

A. blue	B. yellow	C. green	D. pink

答案：_____

8. 您建置一個網站希望擁有三個主要連結，分別為「首頁」、「產品」和「關於」。您將建立頁面元素的階層式結構並編輯樣式表。

若想要將樣式套用到文件中的所有元素。

您應該使用哪一個元素選擇器？

A. +	B. >	C. *	D. :

答案：_____

9. 您建置一個網站希望擁有三個主要連結，分別為「首頁」、「產品」和「關於」。您已將所有這些元素指派給名稱為 main 的類別。您需要建立一個適用於所有三個連結的選擇器。試問您應該使用哪個選擇器？

A. .main	B. #main	C. a#main	D. a[name="main"]

答案：_____

10. 您想要完成連結元素的虛擬類別，以便頁面載入時連結顯示為紅色 (red)，按下連結時顯示為綠色 (green)，當游標移到連結上時顯示為橘色 (orange) 若先前按下過連結，則為藍色(blue)。

作答時，請將適當的 CSS 選取器移至作答區「①②③④」正確的位置。

CSS 選取器			
a:active	a:visited	a:link	a:hover
作答區	
a:link	①
a:visited	②
a:hover	③
a:active	④

答案：① ＿＿＿＿＿＿＿＿＿＿＿＿　　　② ＿＿＿＿＿＿＿＿＿＿＿＿

　　　③ ＿＿＿＿＿＿＿＿＿＿＿＿　　　④ ＿＿＿＿＿＿＿＿＿＿＿＿

11.請將每個 CSS 詞彙移至範例作答區「①②③④⑤」進行對應。

CSS 詞彙		
值	屬性	識別碼選取器
宣告	類別選取器	

範例作答區	
1.8em	①
.container	②
#container	③
margin-top	④
font-family :Arial ;	⑤

答案：① ＿＿＿＿＿＿＿　② ＿＿＿＿＿＿＿＿　③ ＿＿＿＿＿＿＿＿

　　　④ ＿＿＿＿＿＿＿　⑤ ＿＿＿＿＿＿＿

12.您正在建立以下 HTML 頁面的內容：

1. 學習 HTML

　　a. 基礎標籤

　　b. 語意標籤

2. 學習 CSS

請完成 HTML 標籤程式碼？作答時，請將適當的 HTML 標籤移至作答區正確的位置。每個標籤區段可能只使用一次，也可能使用多次，也可能完全用不到。

HTML 標籤				
h1	h2	li	oi	ui

作答區

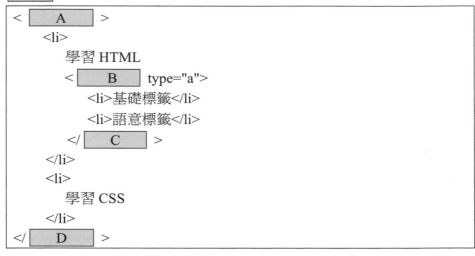

```
<     A     >
    <li>
        學習 HTML
        <     B     type="a">
            <li>基礎標籤</li>
            <li>語意標籤</li>
        </     C     >
    </li>
    <li>
        學習 CSS
    </li>
</     D     >
```

上述 A、B、C、D 應填入？

A.	B.	C.	D.

13. 您正在建立一個顯示部落格項目的 HTML 頁面。想確保頁面可以經由搜尋引擎妥善編製索引。您需要為頁面上的區域使用適合的語意標籤。

請將每個語意標籤適當的項目移到對應的用途處「①②③」。

語意標籤

nav	article	aside

用途

顯示部落格項目。	①
顯示部落格項目相關註解。	②
顯示外部網站上相關資訊超連結。	③

答案：① _____　② _____　③ _____

14. 您在為一間花店建立網站。

首頁包含不同類型花卉的影像。當使用者按下一種花時，就會載入另一個網頁，顯示該花店販售的該類型花卉。

康乃馨的連結必須符合以下需求：

● 必須顯示 carnation.png 影像。

● 當按下影像，必須連結頁面 carnations.html。

請從「①②」中選取正確的選項以完成標籤。

①	②

①程式區塊處答案應為？

A. <a href="carnations.html">	B. <a href="carnation.png">
C. <a src="carnation.png">	D. <a src="carnations.html">

②程式區塊處答案應為？

A. <img href="carnations.html"/></a>	B. <img href="carnation.png"/></a>
C. <img src="carnation.png"/></a>	D. <img src="carnations.html"/></a>

答案：①＿＿＿＿　　　　②＿＿＿＿

15. 您正在建立包含一篇具有兩個章節之文章的 HTML 文件。

您需要讓使用者能輕易的從文件頂部瀏覽至章節 2(Section2)。

請依問題選擇正確的選項。

①定義頁面頂部連結的標籤應該是 ？

A. <a href="#Section2">章節 2</a>	B. <a id="#Section2">章節 2</a>
C. <a href="Section2">章節 2</a>	D. <a target="#Section2">章節 2</a>
E. <a href="#">章節 2</a>	

②定義章節 2 目標的標籤應該是？

A. <a href="#Section2">章節 2</a>	B. <hi id="#Section2">章節 2</h1>
C. <h1 href="Section2">章節 2</h1>	D. <a target="#Section2">章節 2</a>
E. <h1 target="Section2">章節 2</h1>	

答案：①＿＿＿＿　　　　②＿＿＿＿

16. 下列哪個標籤可建立下拉式清單？

A. <textarea>	B. <option>
C. <select>	D. <fieldset>

答案：① _____

17. 您正在建立一個 Web 表單提供訪客註冊郵寄清單。該表單收集資料的畫面如下：

請依下面問題選取正確的選項。

①哪個程式碼片段會顯示標籤為 A 的表單元素？

A. <input type="radio" name="firstname">
B. <input type="text" name="checkbox">
C. <input type="checkbox" name="subscribe" value="Yes">
D. <input type="text" name="Yes">

②哪個程式碼片段會顯示標籤為 B 的表單元素？

A. <input type="radio" name="frequency" value="daily" checked>
B. <input type="radio" name="frequency" value="weekly">
C. <input type="submit" value="Submit">
D. <input type="text" name="frequency" value="daily" checked>

③哪個程式碼片段會顯示標籤為 C 的表單元素？

A. <input type="radio" name="frequency" value="daily" checked>   Daily

> B. \<input type="checkbox" name="Submit" value="Submit"\>
> C. \<input type="submit" value="Submit"\>
> D. \<option value="Submit"\>Submit\</option\>

答案：① _____　　　② _____　　　③ _____

18. 您設計一個 Gotop 公司網頁。您需要在該網頁上顯示名為 sunset.png 的影像。如果使用者的網際網路連線速度較慢，或者有視覺障礙，則需要顯示或大聲讀出文字「Sunset Logo」。

請從每個「①②③」中選取正確的選項以完成標籤程式碼。

< 　①　 　②　 ="sunset.png" 　③　 ="Sunset Logo"/>

①程式區塊處答案應為？

A. img	B. picture

②程式區塊處答案應為？

A. src	B. srcset

③程式區塊處答案應為？

A. alt	B. title

答案：① _____　　　② _____　　　③ _____

19. Gotop 希望您新增一張影像到公司首頁。該影像應為 100 像素寬× 50 像素高。如果影像無法載入，首頁應顯示公司名稱。

請從「①②③④⑤」中選取正確的選項以完成標籤程式碼。

　①　 　②　 ="companyLogo. jpg" 　③　 ="Gotop"
　④　 　⑤　 />

①程式區塊處答案應為？

A. \<input	B. \<p	C. \<img

②程式區塊處答案應為？

A. alt	B. src	C. div

③程式區塊處答案應為？

A. style	B. span	C. alt

④程式區塊處答案應為？

A. height="50"	B. height="50em"	C. height="50pixels"

⑤程式區塊處答案應為？

A. width="100"	B. width="100em"	C. width="100 pixels"

答案：①＿＿＿　②＿＿＿　③＿＿＿　④＿＿＿　⑤＿＿＿

20.您需要為不同的畫面尺寸顯示不同的影像。

請從「①②③④⑤⑥」中選取正確的選項以完成標籤程式。

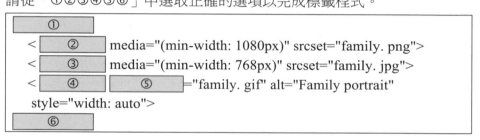

```
        ①
<       ②       media="(min-width: 1080px)" srcset="family. png">
<       ③       media="(min-width: 768px)" srcset="family. jpg">
<   ④       ⑤       ="family. gif" alt="Family portrait"
 style="width: auto">
        ⑥
```

①程式區塊處答案為？

A. <image>	B. <picture>	C. <img>	D. <object>

②程式區塊處答案應為？

A. image	B. img	C. source	D. src

③程式區塊處答案應為？

A. image	B. img	C. source	D. src

④程式區塊處答案應為？

A. image	B. img	C. source	D. src

⑤程式區塊處答案應為？

| A. image | B. img | C. source | D. src |

⑥程式區塊處答案應為？

| A. <image> | B. <picture> | C. <img> | D. <object> |

答案：①＿＿＿　②＿＿＿　③＿＿＿　④＿＿＿　⑤＿＿＿　⑥＿＿＿

21.如下標籤片段何者可顯示音效介面上的 [播放] 和 [暫停] 控制項？

| A. <audio preload="auto"> | B. <audio preload="controls"> |
| C. <audio autoplay> | D. <audio controls> |

答案：＿＿＿＿

22.如下哪兩個 HTML5 程式碼片段可在頁面載入時自動播放視訊？

| |
| A. <video src="myVideo.ogg" width="320" height="320" controls> |
| B. <video src="myVideo.ogg" width="320" height="320" autoplay> |
| C. <video src="myVideo.ogg" width="320" height="320" preload="auto"> |
| D. <video src="myVideo.ogg" width="320" height="320" controls
　　　autoplay> |

答案：＿＿＿＿

23.CSS position 屬性的預設值為何？

| |
| A. absolute |
| B. fixed |
| C. relative |
| D. static |

答案：＿＿＿＿

24.您應該使用 CSS position 屬性的哪個屬性值來相對於檢視區以定位元素？

A. position: fixed;	B. position: static;
C. relative;	D. absolute;

答案：＿＿＿＿＿＿

25.如下哪兩種 CSS 屬性可用來將數個 HTML 元素並列置放？

A. display	B. float
C. overflow	D. position

答案：＿＿＿＿＿＿

26.您建立下列網頁：

爵士俱樂部

快來加入吧！

並撰寫如下 HTML：

```
<body>
    <h1 style="font-size: 30px;">爵士俱樂部</h1>
    <p>快來加入吧！</p>
</body>
```

您需要建立必要 CSS 樣式來設定段落格式。請將正確的 CSS 屬性移到作答區①②③④⑤⑥對應的屬性值。

CSS 屬性	
color	text-align
font-style	text-indent
font-weight	text-decoration
text-deccoration-color	font-size

作答區	
left	①
italic	②
underline	③
50px	④
purple	⑤
bold	⑥

答案：① ＿＿＿＿＿＿＿　② ＿＿＿＿＿＿　③ ＿＿＿＿＿＿＿

　　　④ ＿＿＿＿＿＿＿　⑤ ＿＿＿＿＿＿　⑥ ＿＿＿＿＿＿＿

27.建立一個標題樣式使文字置中對齊，並在文字下方顯示一條藍色波浪線。
請從「①②」中選取正確的選項以完成標籤程式。

```
<style>
  h1 {
        ①
        ②

  }
</style>
```

①程式區塊處答案為？

A. text-align: center;	B. vertical-align: center;
C. text-indent: center;	position: center;

②程式區塊處答案應為？

A. font-style: underline blue wavy;
B. text-decoration-line: underline blue wavy;
C. text-decoration: underline blue wavy;
D. text-shadow: 2px 2px underline blue wavy;

答案：① ＿＿＿＿　② ＿＿＿＿

28. 您需要建立一個樣式表，使一組元素被 4 像素寬的紅色實線包圍，同時線條尺寸應該是元素尺寸的一部分。

您應該如何完成此標籤？作答時，請將標籤片段中適當的程式片段移至作答區中「①②」正確位置。每個標籤區段可能只使用一次，也可能使用多次，也可能完全用不到。

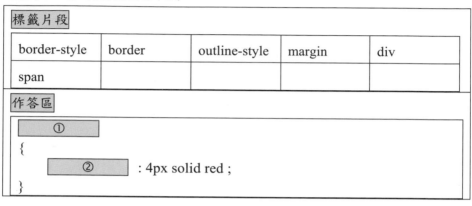

標籤片段				
border-style	border	outline-style	margin	div
span				

作答區

```
    ①
{
        ②      : 4px solid red ;
}
```

答案：① ＿＿＿＿　　② ＿＿＿＿

29. 試問下面哪個程式碼片段，可正確將段落背景設為藍色 (blue)，且具有邊框 (border) 為紅色 (red)？

A

```
p{
    background-color: blue;
    border: 10px outset red;
}
```

B

```
p {
    background-color = blue;
    border = 10px outset red;
}
```

C

```
p {
    background-color: blue;
    border-color: 10px red;
}
```

D

```
p {
    background-color: blue;
    border-color: 10px outset red;
}
```

答案：＿＿＿＿

30.Gotop 首頁使用簡單的 CSS 媒體查詢。可判斷當在不同裝置上顯示版面配置元素。針對手機、平板電腦和桌上型電腦，頁面顯示必須不同。

您需要完成每個裝置的媒體查詢。

請從「①②③④」中選取正確的選項進行完成標籤程式碼。

作答區

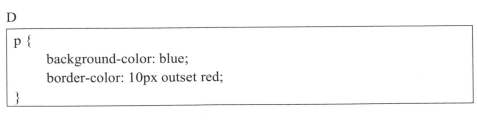

```
@media only screen       ①       {
    /* For mobile phones: * /
    nav {display: none; }
    main {width: 100%; }
    aside {width: none; }
    }
@media only screen    ②        ③       {
    /* For tablets: * /
    nav {display: none; }
    main {width: 75%; }
    aside {width: 25%; }
    }
@media only screen       ④       {
    /* For desktop: * /
    nav {display: block;}
    main {width: 75%; }
    aside {width: 25%; }
    }
```

①程式區塊處答案為？

A. and (max-width :100px)

B. and (max-width :480px)

C. and (min-width :481px)

②程式區塊處答案應為？

A. and (max-width :100px)

B. and (max-width :480px)

C. and (min-width :481px)

③程式區塊處答案應為？

A. and (max-width :480px)

B. and (min-width :768px)

C. and (max-width :768px)

④程式區塊處答案應為？

A. and (max-width :480px)

B. and (min-width :769px)

C. and (max-width :769px)

答案：① ＿＿＿　② ＿＿＿　③ ＿＿＿　④ ＿＿＿

31.對於下列每一項有關回應式配置的敘述，正確請填 [是]，錯誤請填 [否]。

（　　）媒體查詢會用於建立中斷點。

（　　）檢視區設定已新增到 <style> 元素中。

（　　）網格配置是透過將寬度屬性設為像素來建立的。

32.您建置網頁需分析下列 CSS：

```
<body>
    <h1 style="color:navy">前端網頁技術</h1>
    <ul>
        <li style="color:blue">HTML</li>
        <li style="color:blue">CSS</li>
        <li style="color:blue">JavaScript</li>
    </ul>
</body>
```

試問下面敘述說明何者成立？

A. 此 CSS 符合產業最佳做法。

B. 為 <li> 元素指定的顏色樣式應重新定義為內部樣式。

C. 為 <h1> 元素指定的顏色樣式應重新定義為內部樣式。

D. 為 <li> 元素指定的顏色樣式應移至<body>元素。

答案：＿＿＿

33. 開發人員要在網頁右側顯示標誌。該標誌需要與螢幕助讀程式相容。且
開發人員撰寫了以下標籤程式：

    <img src="Logo.png" style="width:100px;height:100px;float:right">

試問開發人員需要做什麼來驗證標籤程式？

A. 新增結束 img 標籤。

B. 指定影像資料夾路徑。

C. 新增 alt 屬性。

D. 在外部 CSS 檔案中為影像建立樣式規則。

答案：＿＿＿

34. 下面 HTML 程式碼片段標籤無效。

```
<header>
    <h1>熱門漫畫</h1>
    <p>請選擇 ...< /p>
    <nav>
        <a href="#A">火影忍者</a>
        <a href="#B">航海王</a>
        <a href="#C">多啦 A 夢</a>
    </header>
</nav>
```

試問該程式碼有什麼問題？

A. < /nav> 標籤應位於</header>標籤上方。

B. <nav> 標籤不得位於<header>標籤內。

C. <p>標籤不得位於 <header>標籤內。

D. <header> 標籤僅限於一個子標籤。

答案：＿＿＿＿

35.如下程式語法錯誤，樣式未套用於文件。試問如下 A、B、C、D、E、F 哪個程式片段有錯誤？

```
<style>
body {
        font-family : "Lucida Sans", "Lucida Sans Regular", Geneva,
            Verdana, sans-serif;  A
        font-size :12pt ;
        background:linen ;
}
header h1 { B
        border : 5px inset brown;
        padding : 10px;
        border-radius : 20px;
        text-align : center;
        font-size: 150%;  C
        text-shadow: 1px 1px brown;
}
h2, h3 {
        color : b37a00;    D
        font-size:1.75em; E
}
div>p {
        text-align: left;
        font-size : 2vw;  F
}
</style>
```

答案：＿＿＿＿

36.您在 style 區塊中撰寫如下 CSS 樣式：

```
<style>
  #style1 {
      color: red;
      font-size: 30px;
  }
  #style2 {
      color: blue;
      font-size: 40px;
  }
  #style3 {
      color: green;
      font-size: 20px;
  }
 </style>
```

同時撰寫下面 HTML 程式碼。

```
01 <body style="color : purple; font-size: 10px;">
02    <p id="style1">Fasten your seat belt</p>
03    <p>Look both ways before pulling out .</ p>
04    <p id="style3" style="color : red;">Watch your speed .</ p>
05    <p style="color : green; font-size: 20px;">Be ready to stop. </ p>
06    <p style="color : red; ">Study the rules of the road .</ p>
07    <p style="font-size: 30px;">You'll bc driving in no time .</ p>
08</body>
```

請回答程式的功能說明。

①第 02 行以何種顏色顯示文字？

| A. 紅 | B. 藍 | C. 綠 | D. 紫 |

②第 02 行以何種字型大小顯示文字？

| A. 20 像素 | B. 30 像素 | C. 40 像素 | D. 10 像素 |

③第 03 行以何種顏色顯示文字？

| A. 紅 | B. 藍 | C. 綠 | D. 紫 |

答案：① _____　② _____　③ _____

37. 網頁中 my_styles.css 的外部樣式表包含以下三個規則：

```
h1 { color: blue; }
h2 { color: purple; }
p { color: grey; }
```

網頁中的 head 區段包含下面標籤程式：

```
<link rel="stylesheet" type="text/css" href="my_styles.css">
  <style>
    h1 { color: maroon; }
    h2 { color: blue; }
    p { color: black; }
  </style>
```

如下標籤撰寫在網頁 body 中：

```
<h1 style="color : black; ">Gotop</h1>
<h2>Rock Climbing 101</h2>
<p style="color : blue; ">Coming soon! </p>
<h1>Awards</h1>
<p>Certificates will be awarded in June .</p>
```

下列每一項敘述，正確請填 [是]，錯誤請填 [否]。

(　) [Certificates will be awarded in June.] 顯示為 grey(灰色)。

(　)「Coming soon!」顯示為 blue(藍色)。

(　)「Awards」顯示為 maroon(紫褐色)。

(　)「Rock Climbing 101」顯示為 purple(紫色)。

38.您要將下面資料表建立在網頁中：

餐點	單價
牛肉麵	$120
豬排飯	$100

您撰寫了下面 HTML。

```
01 <table>
02   <TAG1>
03     <TAG2>餐點<TAG2>
04     <TAG2>單價<TAG2>
05   <TAG1>
06   <TAG1>
07     <TAG3>牛肉麵<TAG3>
08     <TAG3>$120<TAG3>
09   <TAG1>
10   <TAG1>
11     <TAG3>豬排飯<TAG3>
12     <TAG3>$100<TAG3>
13   <TAG1>
14 </table>
```

請完成上面程式中 TAG1、TAG2、TAG3 標籤。

①TAG1 的開始和結束標籤應為：

A. <tr></tr>	B. <th></th>	C. <td></td>

②TAG2 的開始和結束標籤應為：

A. <tr></tr>	B. <th></th>	C. <td></td>

③TAG3 的開始和結束標籤應為：

A. <tr></tr>	B. <th></th>	C. <td></td>

答案：① ＿＿＿　　② ＿＿＿　　③ ＿＿＿

39.開發人員正在建立一個顯示新聞文章清單的 HTML 網頁。

清單需求如下：

● 每篇文章必須有自己的語意區塊。

● 每個文章都必須有標題。

● 每篇文章都必須有一個包含其內容的區段。

對於支援該功能的瀏覽器，內容必須隱藏，直到使用者按下將其顯示為止。

如下是隱藏文章內容時文章的顯示方式：

▶Article HeadLine

如下是顯示文章內容時文章的顯示方式：

▼Article HeadLine

This is the article body.

請從「①②③④⑤⑥」中選取正確標籤程式。①②③④⑤⑥程式片段可使用<article>、</article>、<details>、</details>、<summary>、</summary>，請填入正確答案。

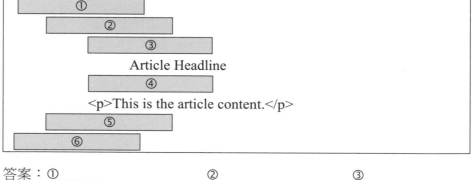

答案：① _____　　　② _____　　　③ _____

　　　④ _____　　　⑤ _____　　　⑥ _____

40.下圖展現了顯示在行動電話畫面上的網頁。

開發人員需要新增中繼資料程式碼以確保影像與手機的顯示比例相符。

請從下面程式「①②」中選取正確的選項以完成標籤程式。

```
<meta        ①        "        ②        "
        content="width=device-width, initial-scale=1.0">
```

①程式區塊處答案為？

A. charset=

B. content=

C. http-equiv=

D. name=

②程式區塊處答案應為？

A. description

B. keyword

C. refresh

D. viewport

答案：① ＿＿＿＿　② ＿＿＿＿

ITS HTML & CSS 國際認證模擬試題【B 卷】

1. 您需要在網頁中新增 meta 元素以符合下列需求：

   ● 請找出詞彙幫助網頁在搜尋引擎中顯示。

   ● 字串「Gotop 線上商店」應出現在搜尋引擎中的連結下方。

   ● 您必須指定程式碼與畫面設定。

   請在作答區「①②③④」指定正確的選項以完成標籤程式。

   作答區

   ```
   <head>
        <title>Gotop</title>
        <meta        ①        ="utf-8">
        <meta name="viewport"        ②        
        <meta name="keywords"        ③        
        <meta name="description"        ④        
   </head>
   ```

   ①程式區塊處答案應為？

   A. name

   B. charset

   C. http-equiv

②程式區塊處答案應為？

> A. content="width=device-width, initial-scale=1">
>
> B. content="toys, games, electronics, video games, Sunset, Toys">
>
> C. content="Gotop 線上商店">

③程式區塊處答案應為？

> A. content="width=device-width, initial-scale=1">
>
> B. content="toys, games, electronics, video games, Sunset, Toys">
>
> C. content="Gotop 線上商店">

④程式區塊處答案應為？

> A. content="width=device-width, initial-scale=1">
>
> B. content="toys, games, electronics, video games, Sunset, Toys">
>
> C. content="Gotop 線上商店">

答案：① ＿＿＿ ② ＿＿＿ ③ ＿＿＿ ④ ＿＿＿

2. 您建立網頁使用 JavaScript。若瀏覽器不支援 JavaScript，則必須顯示如下訊息：

你的瀏覽器沒有支援 Javascript！

請將 head 元素區的元素移至作答區「①②③④」的屬性值進行配對。

Head 元素		
<script>	<meta>	<title>
<noscript>	<link>	<base>

作答區	
href="style.css"	①
src="_js/form.js"	②
Gotop	③
你的瀏覽器沒有支援 Javascript！	④

答案：① ＿＿＿＿ ② ＿＿＿＿ ③ ＿＿＿＿ ④ ＿＿＿＿

3. 下面顯示了 The Gotop Food Club 的網頁搜尋結果。

www.thefoodclub.org

The Gotop Food Club

The Gotop Food Club 提供的每一份餐點都是恰到好處的份量，足夠供應您的整個家庭一餐。我們精心準備的餐點保持新鮮，可以在 15-20 分鐘內即刻享用。這些美味的餐點是由經過精心訓練且屢獲殊榮的廚師設計和製作，使用最優質的新鮮食材，直接送到您的家中。

請依上圖網頁結果回答下面問題。

①當值設為 keyword 時，哪個 meta 屬性會用於產生顯示的搜尋結果？

A. charset	B. content	C. http-equiv	D. name

②哪個 meta 屬性與搜尋結果中產生的文字段落相符？

A. keywords	B. description	C. author	D. viewport

③哪個 meta 屬性會與 name 配對，用於顯示搜尋結果中顯示的文字？

A. content	B. display	C. text	D. type

答案：①＿＿＿　　　　②＿＿＿　　　　③＿＿＿

4. 試問如下標籤何者屬於 head 區塊，正確選擇 [是]，錯誤選擇 [否]。

(　) <style> h1 {color:red;} </style>

(　) <title>關於我們</title>

(　) <link rel="stylesheet" href="default.css" />

(　) <h1>歡迎光臨</h1>

(　) <! DOCTYPE html>

5. 您正為 Gotop 建立首頁。您需要確定哪些 HTML 元素可建立簡單網頁。
請將 HTML 片段中的六個正確片段移至作答區,並按正確順序排列。

HTML 片段

<! DOCTYPE html>

<html>

<head>
 <title>Gotop</title>

</head>

<body>
 <h1>Welcome to Gotop</h1>
 <p>Our new store on 1 Main Street is now open. < /p>

</body>

</html>

<title>Gotop</title>

<h1>Welcome to Gotop</h1>

作答區

6. 您為 The Gotop Club 建立網站。該網站將在瀏覽器索引標籤上顯示為
「The Gotop Club」。同時會有一個段落歡迎使用者造訪該網站。

您需要建立該網站的結構。

請將所有程式碼標籤片段移至作答區,並按照正確的順序排列。

標籤片段

```
<! DOCTYPE html>
```

```
<html>
```

```
<head>
```

```
</html>
```

```
<title>The Gotop Club</title>
```

```
<body>
    <p>Welcome to The Gotop Club website.</p>
```

```
</body>
```

```
</head>
```

作答區

7. 如下程式碼何者顯示使用 HTML5 巢狀標籤的正確方法？

A. \<p>This is HTML5\\text formatting\\\</p>

B. \<p>This is HTML5\\text formatting\\\</p>

C. \<p>This is HTML5\\text formatting\</p>\\

D. \<p>This is HTML5\\text formatting\</p>\\

答案：＿＿＿＿

8. 您在為「碁峰資訊」設計網站。您撰寫了以下標籤程式碼。

```
01 <! DOCTYPE html>
02 <html>
03   <head>
04     <title>碁峰資訊</title>
05   </head>
06   <body>
07     <p>歡迎光臨碁峰資訊！！！< /p>
08   </body>
09 </html>
```

哪個樣式將用於轉譯程式碼？

A. 將使用內部樣式。

B. 將使用外部樣式。

C. 將使用行內樣式。

D. 將使用瀏覽器預設樣式。

答案：＿＿＿＿

9. 請分析下列標籤。

```
<! DOCTYPE html>
<html>
    <head>
        <style>
            p {
                color : purple;
            }
        </style>
    </head>
    <body>
        <p style="color :red; text-decoration: underline;"">
            碁峰資訊
        </p>
    </body>
</html>
```

根據內部樣式表和行內樣式,哪項敘述為正確？

A. 文字「碁峰資訊」將顯示紫色且不加底線。
B. 文字「碁峰資訊」將顯示紫色且加底線。
C. 文字「碁峰資訊」將顯示紅色且不加底線。
D. 文字「碁峰資訊」將顯示紅色且加底線。

答案：＿＿＿＿

10. 您建置一個網站希望擁有三個主要連結，分別為「首頁」、「產品」和「關於」。您將建立頁面元素的階層式結構並編輯樣式表。

若想要將樣式套用到文件中的所有元素。

您應該使用哪一個元素選擇器？

A. +	B. >	C. *	D. :

答案：＿＿＿＿

11. 您建置一個網站希望擁有三個主要連結，分別為「首頁」、「產品」和「關於」。您已將所有這些元素指派給名稱為 main 的類別。您需要建立一個適用於所有三個連結的選擇器。試問您應該使用哪個選擇器？

A. .main	B. #main	C. a#main	D. a[name="main"]

　　答案：＿＿＿＿

12. 您想要完成連結元素的虛擬類別，以便頁面載入時連結顯示為紅色 (red)，按下連結時顯示為綠色 (green)，當游標移到連結上時顯示為橘色 (orange) 若先前按下過連結，則為藍色 (blue)。

　　您應如何完成此標籤？作答時，請將適當的 CSS 選取器移至作答區「①②③④」正確的位置。

CSS 選取器			
a:active	a:visited	a:link	a:hover

作答區	
①	{color:red ;}
②	{color:blue ;}
③	{color:orange ;}
④	{color:green ;}

13. 將已造訪連結的字體顏色變更為 magenta 的正確語法是下列何者？

A

```
a.link {
    color: magenta;
}
```

B

```
a:visited {
    color: magenta;
}
```

C

```
a#link {
    color = magenta;
}
```

D

```
a:visited {
    color = magenta;
}
```

答案：＿＿＿

14. 您正在設計網頁，該網頁頁面包含顯示類別的標題，以及該類別中的項目清單。網頁範例如下所示。

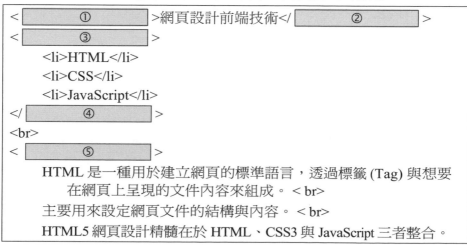

請在「①②③④⑤⑥」中選取正確的答案以完成程式碼標籤。

```
<        ⑥        />
```

①程式區塊處答案應為？

| A. span | B. table | C. h1 |

②程式區塊處答案應為？

| A. span | B. table | C. h1 |

③程式區塊處答案應為？

| A. ol | B. ul | C. p |

④程式區塊處答案應為？

| A. ol | B. ul | C. p |

⑤程式區塊處答案應為？

| A. table | B. p | C. li |

⑥程式區塊處答案應為？

| A. table | B. p | C. li |

答案：① ____ ② ____ ③ ____ ④ ____ ⑤ ____ ⑥ ____

15. 您正在設計一個網頁。網頁中每個區段有一個標題和一行說明。

如下範例為網頁的顯示結果

網頁設計最佳選擇

跟著實務學習HTML、CSS與JavaScript

請由作答區「①②③④⑤⑥」中選取正確的答案以完成程式碼標籤。

作答區

①

② 網頁設計最佳選擇 ③

④ 跟著實務學習 HTML、CSS 與 JavaScript ⑤

⑥

①程式區塊處答案應為？

| A. <div> | B. <h1> | C. <span> |

②程式區塊處答案應為？

| A. <div> | B. <h1> | C. <head> |

③程式區塊處答案應為？

| A. </div> | B. </h1> | C. </head> |

④程式區塊處答案應為？

| A.
 | B. <p> | C. <span> |

⑤程式區塊處答案應為？

| A. </br> | B. </p> | C. </span> |

⑥程式區塊處答案應為？

| A. </div> | B. </h1> | C. </span> |

答案：① _____　② _____　③ _____　④ _____　⑤ _____　⑥ _____

16.您需要建立下列網頁：

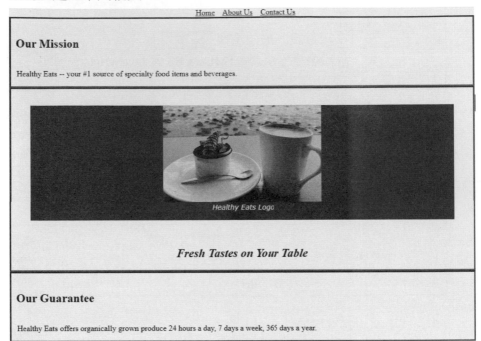

請由下列選擇 5 個標籤片段，並按照正確的順序排列。

A

```
<nav>
        <a href="#">Home</a>
        <a href="#">About Us</a>
        <a href="#">Contact Us</a>
</nav>
```

B

```
<article>
        <h1>Our Mission</h1>
          <p>
              Healthy Eat -- your #1 source of specialty food items and
                  beverages.
          </p>
</article>
```

C

```
<article>
        <figure>
            <img src="images/logo.JPG" alt="Helthy Eats logo"
                width="300" height="195" />
            <figcaption>Healthy Eats Logo</figcaption>
        </figure>
        <h2>
            Fresh Tastes on Your Table
        </h2>
</article>
```

D

```
<article>
        <h1>Our Guarantee</h1>
        <p>
            Healthy Eats offers organically grown produce 24 hours a day,
                7 days a week, 365 days a year.
        </p>
</article>
```

E

```
<footer>
        <hr />
        Copyright (c) 2021, Healthy Eats
</footer>
```

F

```
<aside>
        <a href="#">Home</a>
        <a href="#">About Us</a>
        <a href="#">Contact Us</a>
</aside>
```

G

```
<footer>
    <h1>Our Gurarantee</h1>
    <p>
        Healthy Eats offers organically grown produce 24 hours a day,
            7 days a week, 365 days a year.
    </p>
</footer>
```

H

```
    <summary>
        <figure>
            <img src="images/logo.JPG" alt="Helthy Eats logo"
                width="300" height="195" />
        </figure>
        <figcaption>Healthy Eats Logo</figcaption>
        <h2>
            Fresh Tastes on Your Table
        </h2>
    </summary>
```

答案：＿＿＿＿＿＿＿＿＿＿＿＿

17.您建立基隆旅遊說明的 HTML 網頁。部分內容如下所示：

請使用最合適的 HTML 語意標籤來描述網頁內容。

請將適當的 HTML5 語意標籤 nav、figure、table、figcaption、header 移至作答區「①②③④⑤⑥」正確位置。每個標籤可能只使用一次，也可能使用多次？甚至完全用不到。

作答區

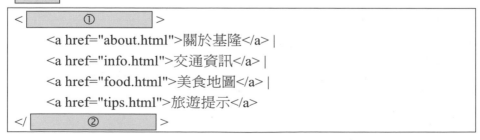

```
<        ①        >
    <a href="about.html">關於基隆</a> |
    <a href="info.html">交通資訊</a> |
    <a href="food.html">美食地圖</a> |
    <a href="tips.html">旅遊提示</a>
</       ②        >
```

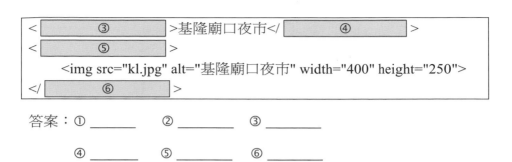

```
<    ③    >基隆廟口夜市</    ④    >
<    ⑤    >
    <img src="kl.jpg" alt="基隆廟口夜市" width="400" height="250">
</    ⑥    >
```

答案：① _____   ② _____   ③ _____

④ _____   ⑤ _____   ⑥ _____

18. 下列敘述說明正確請答 [是]，錯誤答 [否]。

( ) 相對連結要求您使用通訊協定和伺服器路徑。

( ) 可以使用相對連結來參考不同伺服器上的影像檔案。

( ) 可以透過僅指定子目錄名稱和檔名來連結到目前網頁子目錄中的文件。

( ) 如下網址是設定絕對連結格式的範例：

https://www.gotop.com/products.html

19. 網頁設計人員正在為 clients.html 頁面建立影像連結。當訪客按下 clients.gif 圖形時，clients.html 頁面必須顯示在新視窗中。該圖形必須為螢幕助讀程式提供文字並在頁面載入時顯示文字。

請從「①②③④⑤」中填入正確的選項以完成程式碼標籤。

① 程式區塊處答案應為？

A. a

B. img

C. figure

② 程式區塊處答案應為？

A. src="clients.gif" title="Clients image"

B. href="clients.html" target="_blank"

C. href="clients.html" target="_self"

D. src="clients.gif" alt="Clients image"

③程式區塊處答案應為？

A. a

B. img

C. figure

④程式區塊處答案應為？

A. src="clients.gif" title="Clients image"

B. href="clients.html" target="_blank"

C. href="clients.html" target="_self" src="clients.gif" alt="Clients image"

D. src="clients.gif" alt="Clients image"

⑤程式區塊處答案應為？

A. </a>

B. </img>

C. </figure>

答案：① ＿＿＿ ② ＿＿＿ ③ ＿＿＿ ④ ＿＿＿ ⑤ ＿＿＿

20.在 HTML5 中哪個屬性可在 input 元素中顯示提示訊息?

A. autocomplete

B. name

C. placeholder

D. required

答案： ＿＿＿

21. 下列 HTML5 程式碼片段可用來驗證數字輸入介於 1 到 100 之間 (含) 的值?

> A. < input type="positive" limit="100">
>
> B. < input type="num" min="1" max="100">
>
> C. < input type="number" min="1" max="100">
>
> D. < input type="number" low="1" high="100">

答案:＿＿＿

22. Gotop 希望您新增一張影像到公司首頁。該影像應為 100 像素寬 × 50 像素高。如果影像無法載入,首頁應顯示公司名稱。

請從「①②③④⑤」中選取正確的選項以完成標籤程式碼。

> | ① | | ② | ="companyLogo. jpg" | ③ | ="Gotop" |
> | ④ | | ⑤ | /> | | |

①程式區塊處答案應為?

A. <input	B. <p	C. <img

②程式區塊處答案應為?

A. alt	B. src	C. div

③程式區塊處答案應為?

A. style	B. span	C. alt

④程式區塊處答案應為?

A. height="50"	B. height="50em"	C. height="50pixels"

⑤程式區塊處答案應為?

A. width="100"	B. width="100em"	C. width="100 pixels"

答案:① ＿＿＿ ② ＿＿＿ ③ ＿＿＿ ④ ＿＿＿ ⑤ ＿＿＿

23. 您撰寫了下列 HTML 標籤以顯示影像：

   `<img src="flowers.png" alt="Flowers" title="Carnations">`

   請回答如下問題。

   ① 影像載入時會顯示什麼文字？

A. Carnations	B. Flowers

   ② 工具提示會顯示什麼文字？

A. Carnations	B. Flowers

   ③ 影像檔案必須位於哪裡？

A. 網站的根資料夾內
B. 與 HTML 頁面位於同一資料夾中

   答案：① _____   ② _____   ③ _____

24. 您需要為不同的畫面尺寸顯示不同的影像。

   請從「①②③④⑤⑥」中選取正確的選項以完成標籤程式。

   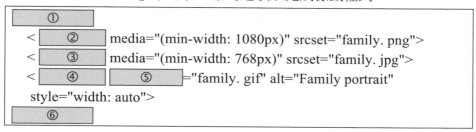

   ① 程式區塊處答案為？

A. `<image>`	B. `<picture>`	C. `<img>`	D. `<object>`

   ② 程式區塊處答案應為？

A. image	B. img	C. source	D. src

   ③ 程式區塊處答案應為？

A. image	B. img	C. source	D. src

④程式區塊處答案應為？

A. image	B. img	C. source	D. src

⑤程式區塊處答案應為？

A. image	B. img	C. source	D. src

⑥程式區塊處答案應為？

A. <image>	B. <picture>	C. <img>	D. <object>

答案：① ＿＿＿　② ＿＿＿　③ ＿＿＿　④ ＿＿＿　⑤ ＿＿＿　⑥ ＿＿＿

25. 您正在建立一個顯示「如何操作」影片的網頁。存取影片時，使用者必須能夠播放、暫停和搜尋。影片檔案名為 HowTo.mp4，與網頁位於同一資料夾中。

若使用者的瀏覽器不支援 HTML5，則頁面必須顯示如下訊息：

Your browser does not support playing this video.

您應該如何完成「①②③④」程式碼標籤？

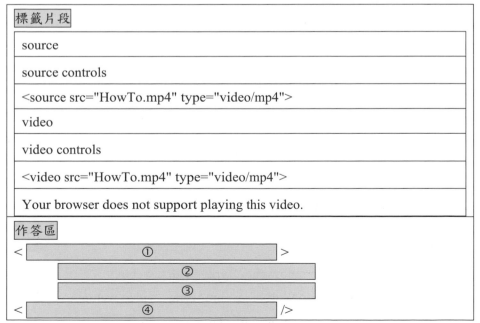

標籤片段

source
source controls
<source src="HowTo.mp4" type="video/mp4">
video
video controls
<video src="HowTo.mp4" type="video/mp4">
Your browser does not support playing this video.

作答區

< ① >
②
③
< ④ />

答案：

① _____

② _____

③ _____

④ _____

26.請編寫一個顯示宣傳影片的網頁。該影片有 mp4 和 webm 格式。mp4 格式優先。媒體檔案儲存在 video 子資料夾中。影片應以 320×240 的解析度顯示，並有暫停、音量和隱藏式字幕控制項。

請在「①②③④」中填入正確選項以完成標籤程式碼。

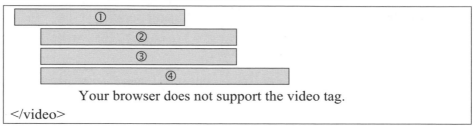
Your browser does not support the video tag.
</video>

①程式區塊處答案為？

A. <video width="320" height="240" controls>

B. <video width="320" height="240">

C. <video src="AWpromo.mp4" width="320" height="240" controls>

②程式區塊處答案應為？

A. <source src="AWpromo.mp4" type="video/webm">

B. <source type="video/mp4">

C. <source src="video\AWpromo.mp4" type="video/mp4">

③程式區塊處答案應為？

A. <source src="AWpromo.webm" type="video/webm">

B. <source src="video\AWpromo.webm" type="video/webm">

C. <source type="video\AWpromo.webm">

④程式區塊處答案應為？

A. \<track label="English" kind="subtitles" srclang="en"
        src="video\AWpromo-en.vtt" default>

B. \<video label="English" kind="subtitles" srclang="en"
        src="video\AWpromo-en.vtt" default>

C. \<track label="English" kind="subtitles" srclang="en"
        src="AWpromo-en.vtt" default>

D. \<audio label="English" kind="subtitles" srclang="en"
        src="video\AWpromo-en.vtt" default>

答案：① ____ ② ____ ③ ____ ④ ____

27.CSS position 屬性的預設值為何？

A. absolute

B. fixed

C. relative

D. static

答案： _____

28.哪個 CSS 程式碼片段可將影像水平置中?

A. img.center { display: block; }

B. img. center { text-align: center; }

C. img. center { display: block; text-align: center; }

D. img. center { display: block; margin-left: auto; margin-right: auto; }

答案： _____

29.請將左側清單中適當的 CSS position 屬性值移至右側的描述。

Position 屬性值		
fixed	static	inherit
relative	absolute	

描述	
元素會根據置於文件流中的順序而顯示。	①
元素會相對於第一個已定位之上階的所在位置，來決定擺放位置。	②
元素會相對於瀏覽器視窗來決定擺放位置。	③
元素會根據父元素的位置來決定擺放位置。	④

答案：① _____ ② _____ ③ _____ ④ _____

30.您需要為段落建立樣式，指定文字為雙倍行距，字元之間的間距為 5 px。
請在「①②」選取正確的選項以完成標籤程式碼。

```
<style>
  p {
         ①
         ②
  }
</style>
```

①程式區塊處答案為？

A. line-height :2cm ;	B. line-height :2px ;
C. line-height :2% ;	D. line-height :2em ;

②程式區塊處答案為？

A. font-stretch: 5px;	B. letter-spacing: 5px;
C. gap: 5px;	D. font-kerning: 5px;

答案：① _____ ② _____

31.您需要對標題 1 文字套用 20 px 圓角的粗、雙紅色邊框。

請在「①②」中選取正確的選項以完成 CSS 樣式。

```
<style>
  h1 {
        ①
        ②

  }
</style>
```

①程式區塊處答案為？

A. outline-style: thick double red;

B. text-decoration: thick double red;

C. border: thick double red;

D. outline-offset: thick double red;

②程式區塊處答案應為？

A. border-radius:20px;

B. border-spacing: 20px;

C. clip-path: circle(20px);

D. box-decoration-break: 20px;

答案：① _____ ② _____

32.哪個程式碼片段正確的將背景設為尺寸足以填充整個背景的影像?

A

```
#div1 {
    background: url(flower.jpg);
    background-size: cover;
}
```

B

```
#div1 {
    background: img(flower.jpg);
    background-size: contain;
}
```

C

```
#div1 {
    background: img(flower. jpg);
    background-size: 200px;
}
```

D

```
#div1 {
    background: url(flower.jpg);
    background-size: auto;
}
```

答案：_____

33. 您正在為公司設計一個網頁。該頁面必須具有回應能力，以便可以在行動和電腦瀏覽器上檢視。

● 在畫面寬度至少為 768 像素的瀏覽器上，指定顯示 NormalLogo.png 的歡迎背景影像。

● 在所有其他瀏覽器上，您需要顯示 SmallLogo.png 的歡迎背景影像。

請在作答區「①②③」中選取正確的選項以完成標籤。

作答區

```
.welcome {
    background-image: url("        ①        ");
}
@media only screen and (min-width:    ②    ){
    .welcome {
        background-image: url("    ③    ");
    }
}
```

①程式區塊處答案應為？

A. NormalLogo.png

B. SmallLogo.png

②程式區塊處答案應為？

A. 767px
B. 768px
C. 769px

③程式區塊處答案應為？

A. NormalLogo.png
B. SmallLogo.png

答案：① ＿＿＿　② ＿＿＿　③ ＿＿＿

34. 下列每一項有關回應式配置的敘述，正確請填 [是]，錯誤請填 [否]。

( ) 媒體查詢會用於建立中斷點。

( ) 檢視區設定已新增到 <style> 元素中。

( ) 網格配置是透過將寬度屬性設為像素來建立的。

35. 您建立 Gotop 的 HTML 頁面。其中要包含指定修訂編號和日期的註解。
請在作答區「①②」中選取正確的選項以完成標籤。

HTML 片段						
<--	< !--	/*	//	-- !>	-->	*/

作答區
①　Revision 1 on July 24, 2023　②

答案：① ＿＿＿　　② ＿＿＿

36. 您要在網頁上顯示 HTML5 標誌的影像。若頁面呈現緩慢，在影像載入時應顯示文字「HTML5 lcon」。
請從「①②③④」中選取正確的選項以完成標籤程式碼。

< ① ② ="html5.gif" ③ ="HTML 5 Icon"
④ ="width:128px;"/>

B-25

①程式區塊處答案應為？

A. figure	B. img	C. div

②程式區塊處答案應為？

A. href	B. src	C. target

③程式區塊處答案應為？

A. alt	B. name	C. title

④程式區塊處答案應為？

A. class	B. size	C. style

答案：① ＿＿＿　　② ＿＿＿　　③ ＿＿＿　　④ ＿＿＿

37.請檢視如下 HTML 程式碼。

```
<! DOCTYPE html >
    <body>
    <html >
    <head>
        <meta charset="utf-8" />
        <title>健康飲食歡樂送</title>
        <link href="css/eats.css" rel="stylesheet" />
    </head>
    <nav id="menu">
        <ul id="submenu" >
            <li><a href="home.html">關於我們</a></li>
            <li><a href="mission.html">工作使命</a></li>
            <li><a href="executive.html">執行團隊</a></li>
            <li><a href="contact.html">連絡我們</a></li>
        </ul>
    </nav>
    <section></section>
    </body>
</html>
```

該 HTML 程式碼片段有什麼問題？

> A. body 元素位於錯誤位置。
>
> B. nav 元素不能包含 ul 和 li 元素。
>
> C. nav 元素應位於 <head> 區段中。
>
> D. head 元素位於錯誤位置。

答案：＿＿＿

38. 如下程式語法錯誤，樣式未套用於文件。試問如下 A、B、C、D、E、F 哪個程式片段有錯誤？

```
<style>
body {
        font-family : "Lucida Sans", "Lucida Sans Regular", Geneva,
            Verdana, sans-serif;  A
        font-size :12pt ;
        background:linen ;
}
header h1 {  B
        border : 5px inset brown;
        padding : 10px;
        border-radius : 20px;
        text-align : center;
        font-size: 150%;  C
        text-shadow: 1px 1px brown;
}
h2, h3 {
        color : b37a00;    D
        font-size:1.75em; E
}
div>p {
        text-align: left;
        font-size : 2vw;  F
}
</style>
```

答案：＿＿＿＿

39.您在 style 區塊中定義以下樣式：

```
<style>
    #style1 {
        color: red;
        font-size: 30px;
    }
    #style2 {
        color: blue;
        font-size: 40px;
    }
    #style3 {
        color: green;
        font-size: 20px;
    }
</style>
```

您撰寫了以下這段 HTML，加上行號僅為參考之用。

```
01 <body style="color: purple; font-size: 10px;">
02     <p id="style1">繫好安全帶</p>
03     <p>退出前先看看兩側。</p>
04     <p id="style3" style="color:red; ">注意你的速度。</p>
05     <p style="color: green; font-size: 20px; "> Be ready to stop .</p>
06     <p style="color: red; ">研究道路規則。</p>
07     <p style="font-size: 30px; ">你很快就會開車了。</p>
08 </body>
```

請回答如下問題。

①第 03 行以何種顏色顯示文字?

A. 紅	B. 藍	C. 綠	D. 紫

②第 04 行以何種字型大小顯示文字?

A. 10 像素	B. 20 像素	C. 30 像素	D. 40 像素

③第 06 行以何種顏色顯示文字?

A. 紅	B. 藍	C. 綠	D. 紫

答案：①＿＿＿　②＿＿＿　③＿＿＿

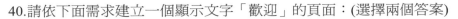

40.請依下面需求建立一個顯示文字「歡迎」的頁面：(選擇兩個答案)

● 紅色文字
● 90% 透明度
● 字體大小 45 像素

A.

```
<html>
<style>
     {color: red opacity: 0.1 font-size: 45px }
</style>
<body>
     <p>歡迎< /p>
</body>
</html>
```

B.

```
<html>
<style>
     p{color: red; opacity: 0.1; font-size: 45px; }
</style>
<body>
     <p>歡迎< /p>
</body>
</html>
```

C.

```
<html>
<style>
     p{color: red; opacity: 0.1; font-size: 45px; }
</style>
<body>
     <p style="color: blue">歡迎< /p>
</body>
</html>
```

D.

```
<html>
<body>
     <p style="color: #FF0000; opacity: 0.1; font-size: 45px;">歡迎</p>
</body>
</html>
```

答案：＿＿＿＿＿

跟著實務學習 HTML、CSS、JavaScript、Bootstrap、JQuery、JQueryMobile 網頁設計(含 ITS HTML&CSS 國際認證模擬試題)

作　　者：蔡文龍 / 歐志信 / 曾芷琳 / 蔡捷雲
企劃編輯：江佳慧
文字編輯：詹祐甯
設計裝幀：張寶莉
發 行 人：廖文良

發 行 所：碁峰資訊股份有限公司
地　　址：台北市南港區三重路 66 號 7 樓之 6
電　　話：(02)2788-2408
傳　　真：(02)8192-4433
網　　站：www.gotop.com.tw
書　　號：AEL026100
版　　次：2023 年 12 月初版
建議售價：NT$560

國家圖書館出版品預行編目資料

跟著實務學習 HTML、CSS、JavaScript、Bootstrap、JQuery、
JQueryMobile 網頁設計(含 ITS HTML&CSS 國際認證模擬試
題)/ 蔡文龍, 歐志信, 曾芷琳, 蔡捷雲著. -- 初版. -- 臺北市：
碁峰資訊, 2023.12
　　面；　　公分
　　ISBN 978-626-324-713-0(平裝)
　　1.CST：網頁設計
312.1695　　　　　　　　　　　　　　112021143